Second Edition

For utmost Accuracy & Productivity, MIDAS provides the best solutions in Structural Engineering. We Analyze and Design the Future.

Structural Analysis

midas Gen으로 배우는 구조역학 | 구조편 |

MIDAS

Introduction
머리말

MIDAS에 대한 여러분의 관심과 성원에 감사 드립니다.

이 책은 구조역학을 공부하는 학생이나 구조기술인이 정역학 및 동역학과 관련된 예제의 해석과 결과확인 과정을 통해 구조물의 역학적 거동을 분석하고 예측하는 능력을 키울 수 있도록 하기 위하여 제작되었습니다.

역학서적에서 배우는 다양한 해법의 원리를 이해하고 절차를 숙달하는 과정은 대단히 중요합니다. 그리고 이러한 기본 과정을 바탕으로 실제 구조물에 대하여 힘의 흐름을 분석하고 응력의 발생을 예측하는 능력을 갖기 위해서는 다양한 조건의 예제에 대한 폭넓은 역학적 경험과 지식이 필요합니다. 그러나 이론적 해법에 의한 필산(筆算, 수계산)으로 구조물의 거동을 분석하는 것은 계산 자체에 많은 시간과 노력이 요구되므로 다양한 구조물의 역학적 조건을 경험해 보기는 어렵습니다.

이 책에서는 역학서적에서 흔히 볼 수 있는 간단한 예제에 대하여 전산구조해석을 통해 그 해를 구하는 절차를 설명합니다. 또한 정역학과 동역학 문제는 물론, 지점침하나 온도변화, 좌굴문제 등 실제 구조물에서 발생 가능한 여러 가지 상황들을 구조해석 모델에 반영하는 방법을 제시합니다.

각 예제에서는 하중 또는 경계조건 등에 변화를 준 몇 개의 모델을 해석하여 결과를 비교하는 과정이 포함되어 있습니다. 이 책에 제시된 예제를 모두 실습한 이후에도 다양한 예제들을 동일한 방법으로 검토하고 분석하면 소수 예제의 계산에 의해서는 습득하기 어려운 역학적 사고와 예측 능력을 키워나갈 수 있기를 기대합니다. 나아가서는 형상이나 거동이 복잡한 구조물에 대한 전산구조해석 응용능력을 갖게 됩니다.

"midas Gen으로 배우는 구조역학" 이 여러분의 역학지식과 기술력 향상에 큰 도움이 되기를 바랍니다.

감사합니다.

About Contents

이 책의 구성에 대하여

이 책은 총 10개의 장으로 구성되어 있으며, 각 장은 **이해하기, 따라하기, 풀어보기, 연습문제** 순서로 구성되어 있습니다.

'이해하기'에서는 해당 구조형식 모델에 대한 기본적인 구조역학 개념을 설명하고 수계산에 필요한 해석개념 및 이론식에 대하여 설명하였습니다.

'따라하기'에서는 실무에서 만날 수 있는 다양한 구조형식을 제시하고 프로그램을 이용하여 모델생성, 하중, 경계조건등을 입력하는 방법을 단계별로 자세하게 설명하여 누구라도 쉽게 따라하며 올바른 구조해석을 경험할 수 있도록 하였습니다. 또한 하중이나 경계조건 등이 변화된 여러 개의 모델에 대하여 해석을 수행하고 이들의 역학적 거동과 부재력을 비교 분석하는 방법을 설명하고자 하였습니다.

'풀어보기'에서는 따라하기에 제시된 해석모델을 수계산으로 직접 풀이해 보면서 프로그램의 해석 결과값을 이해하는 수준을 함양하는데 도움이 되고자 하였습니다.

'연습문제'에서는 따라하기와 유사한 실무기반의 구조형식을 제시하여 응용력을 함양하고자 하였습니다.

이 책에서는 구조역학 기본지식이나 프로그램 기본 사용법에 대한 설명은 최소화하고 학교에서 배운 구조역학 지식을 실무에 적용해보고 이해하는데 중점을 두었습니다. 따라서 이 책을 통하여 차례로 실습하는 과정에서 새롭게 등장하는 구조개념이나 해석이론 및 기능의 사용법에 대한 설명은 시중의 구조역학 기본서나 MIDAS 프로그램 매뉴얼을 참조하시기 바랍니다. 프로그램 메뉴얼은 Help 메뉴에서 Index 또는 Contents를 클릭하면 나타나는 도움말 입니다. 프로그램에 적용되는 요소나 경계조건, 해석기능 및 전처리와 후처리단계에서 사용되는 모든 기능에 대한 사용법이 상세히 설명되어 있습니다.

또한, 프로그램 기본사용법에 대한 온라인 강의자료가 홈페이지의 교육센터에 준비되어 있으니 많은 활용 바랍니다. (http://kor.midasuser.com/building)

*** 본 교재는 midas Gen 2015버전(2015년), SI단위를 활용하여 제작되었습니다.**

midas Gen 으로 배우는 구조역학

I

구조편

TABLE OF CONTENTS

1. 단순보 해석

TABLE OF CONTENTS

01. 이해하기

01.1 단순보 해석의 개념

단순보는 부재형상, 지지조건 혹은 작용하중 등이 단순하다는 의미로 '단순'이라는 단어를 사용한 것이다.

그림 1.1 은 전체좌표계의 X-Z 평면(2 차원 공간)에 존재하는 단순보와 여기에 작용하는 하중 및 반력을 나타낸 것이다. 요소좌표계의 x 축은 부재의 길이방향 축을 나타내며, x 축에 수직인 방향이 z 축, 그리고 오른손 법칙에 따라 y 축이 정해진다. 여기에서 축의 방향을 소문자 x, y, z 로 표시한 것은 요소좌표계와 전체좌표계(X, Y, Z)를 구분하기 위함이다.

▶그림 1.1
단순보

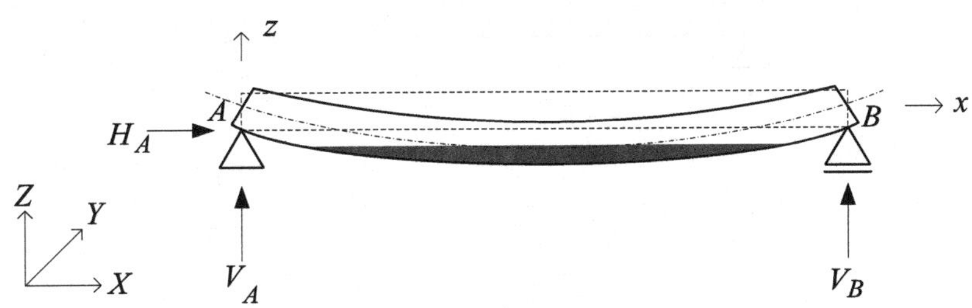

단순보의 양단은 힌지나 롤러로 구속되어 있지만 양단에서 회전변형은 구속되어 있지 않다. 따라서 X-Z 평면의 2 차원 공간에서 어떤 구조물이 움직이지 않게 하려면, X 방향과 Z 방향으로 이동, 그리고 Y 축을 중심으로 회전하는 방향 등 세 방향으로의 움직임을 구속하면 된다. 이 상태는 각 방향으로 힘의 합력이 영(0)이 된다는 말과 동일하므로, 다음과 같은 식(힘의 평형조건)으로 나타낼 수 있다.

▶식 1.1

$$\sum F_X = 0, \quad \sum F_Z = 0, \quad \sum M_Y = 0$$

힘의 평형조건을 나타내는 식이 세 개이므로 단순보의 반력 3 개 (H_A, V_A, V_B) 모두를 구할 수 있다. 단순보와 같이 반력(미지수)과 힘의 평형조건의 수가 동일한 구조물을 정정 구조물이라고 한다. 그러나 미지수인 반력의 개수가 힘의 평형조건 식의 개수보다 많은 경우에는 별도의 추가적인 조건이 필요하다. 미지수의 개수가 힘의 평형조건의 개수보다 많은 구조물을 부정정 구조물이라고 하며, 연속보 등이 여기에 해당한다.

이상과 같은 방법으로 반력이 구해지면, 부재 내부의 임의 위치(단면)에서 발생하는 단면력을 산정하게 된다. 부재의 축방향으로 임의의 거리 x 에 위치한 단면에서 단면력은 축력($N(x)$), 전단력($V(x)$), 모멘트($M(x)$)의 세 가지로 표현된다. 이들 단면력은 그림 1.2 의 우측에 있는 것과 같은 자유물체도에 힘의 평형조건을 적용하여 구할 수 있다.

▶그림 1.2
단면력

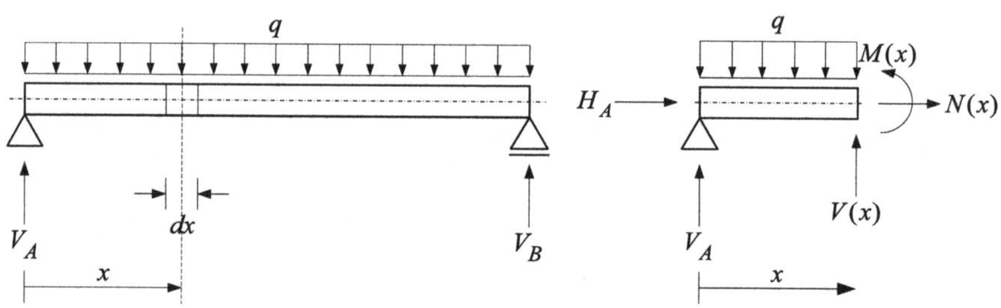

▶식 1.2

$$\sum F_X = 0:\ H_A + N(x) = 0$$
$$\sum F_Z = 0:\ V_A + (-q)x + V(x) = 0$$
$$\sum M_Y = 0:\ V_A x + \frac{1}{2}(-q)x^2 + (-M(x)) = 0$$

그림 1.3 은 부재 단면력의 +방향에 대한 부호규약으로 가장 많이 사용되는 방법이다.

▶그림 1.3
단면력

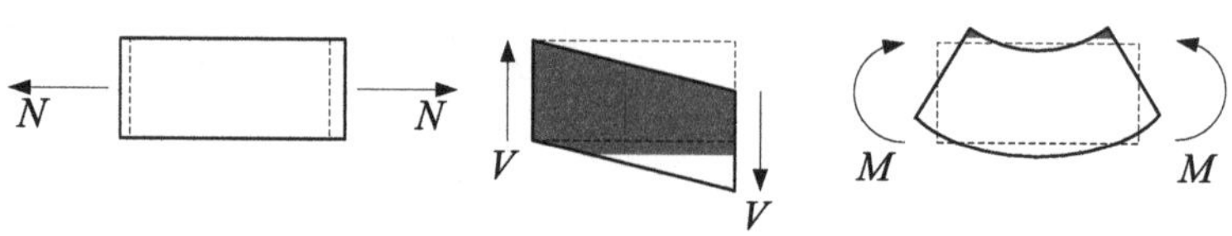

부재 길이방향을 따라 전단력과 모멘트 분포를 구하기 위해서 그림 1.2 의 미소부분(dx) 에 대하여 그림 1.4 와 같이 자유물체도에 힘의 평형조건을 적용할 수 있다.

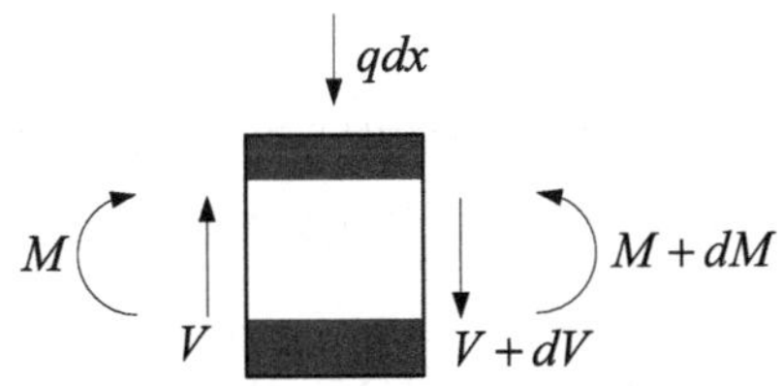

▶그림 1.4
분포하중-전단력-모멘트 상관관계

▶식 1.3

$$\frac{dV}{dx} = -q \quad (\text{혹은 } V_B - V_A = \int_A^B -q dx)$$

$$\frac{dM}{dx} = V \quad (\text{혹은 } M_B - M_A = \int_A^B V dx)$$

이상의 결과로부터 전단력을 미분하면 하중이 되고 모멘트를 미분하면 전단력이 된다는 것을 알 수 있다. 이 표현은 두 점(A 점과 B 점) 사이의 전단력 차이는 분포하중의 면적과 같으며, 두 점 상의 모멘트 차이는 전단력도의 면적과 같다는 것과 같다.

부재에 외력(반력 포함)이 작용하면 변형이 발생하고, 그 변형은 처짐각(θ_y)과 처짐(ω)으로 나타내는 것이 일반적이다.
어떤 점 x 에서의 처짐각은 그 점에서 변형 전 부재축과 변형 후 부재축이 이루는 각을 말하며, 변형 후 부재 축은 그 점에서 접선(미분)을 의미한다. 오른손 법칙에 따라 y 축이 단면의 회전축임을 나타내기 위하여 처짐각과 모멘트 및 곡률에 아래 첨자 y 를 사용하였다.

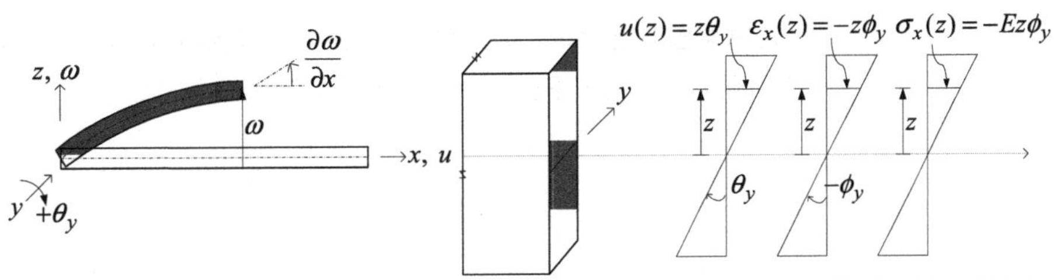

▶그림 1.5
단면에서의 변형-변형률 응력 분포

▶식 1.4

$$처짐각: \theta_y = -\frac{\partial w}{\partial x}$$

$$곡률: \phi_y = -\frac{\partial^2 w}{\partial x^2}$$

처짐각과 처짐이 발생한다는 것은 부재에 축방향 변형과 전단변형이 발생했음을 의미하며, 보와 같이 단면의 크기에 비해서 길이가 긴 구조물인 경우 전단변형은 무시할 수 있을 정도로 작다.
위 그림과 같이 $+z$ 방향으로 처짐이 발생하도록 모멘트가 작용한 경우에는 단면의 상단은 늘어남(인장)이 발생하고, 단면의 하단에서는 수축(압축)이 발생한다. 이들 인장과 압축은 모두 단면에 수직인 방향, 즉 x 축 방향으로 변형(그림 1.5 의 $u(z)$)이 발생하게 된다. 따라서 단면에 축방향으로 변형률 분포($\varepsilon_x(z)$)가 발생하며, 변형률 분포선이 변형 전 단면과 이루는 각이 곡률(ϕ_y)이 된다. 곡률, 처짐각, 그리고 처짐의 관계는 그림 1.5 및 식 1.4 에 나타낸 것과 같다. 즉, 처짐을 미분하면 처짐각이 되고 처짐각을 미분하면 곡률이 된다. 여기에서 부호가 달라지는 것은 약속된 부호규약을 따랐기 때문이다. 그리고 그림 1.5 로부터 모멘트-곡률의 관계와 모멘트-응력 관계는 다음과 같이 유도된다.

▶식 1.5

$$\phi_y = \frac{M_y}{EI_y}, \quad \sigma_x(z) = -\frac{M_y}{I_y}z$$

식 1.4 에서와 같이 처짐을 한 번 미분하면 처짐각, 그리고 두 번 미분하면 곡률이 얻어진다는 것은 거꾸로 곡률을 한 번 적분하면 처짐각, 그리고 두 번 적분하면 처짐이 얻어진다는 표현과 같다. 따라서 모멘트 분포를 알고 있으면 처짐각과 처짐을 산정할 수 있다.

단순보 중앙에 집중하중이 작용하는 경우(그림 1.6)에 대해서 전단력도와 모멘트도, 그리고 처짐각과 처짐을 구하는 과정을 예로 들어보자.

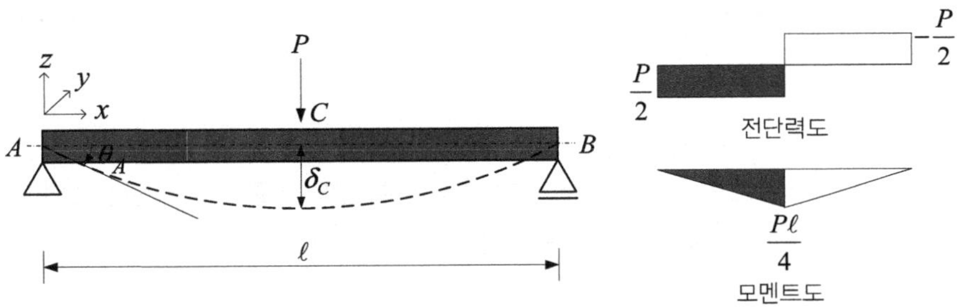

▶그림 1.6
집중하중을 받는 단순보

A 점과 C 점 사이의 전단력 차이는 분포하중의 면적이지만, 분포하중이 없으므로 A 점과 C 점 사이의 전단력은 일정하다는 것을 알 수 있다. 그리고 A 점과 C 점 사이의 모멘트 차이는 전단력도의 빗금 친 부분의 면적과 같으므로 C 점의 모멘트는 $P\ell/4$ 이 된다. 그리고 A 단의 처짐각은 A 점과 C 점 사이의 곡률분포도(M_y/EI_y) 면적과 같고, 중앙부 C 점의 처짐은 A 점과 C 점 사이의 곡률분포도 면적의 A 점에 대한 모멘트와 같다.

▶식 1.6

$$\theta_A = \frac{1}{EI_y}(\frac{\ell}{2}\cdot\frac{P\ell}{4})\cdot\frac{1}{2} = \frac{P\ell^2}{16EI_y}$$

$$\delta_C = \frac{P\ell^2}{16EI_y}\cdot\frac{2}{3}(\frac{\ell}{2}) = \frac{P\ell^3}{48EI_y}$$

이상의 계산은 곡률을 한 번 적분하면 처짐각 그리고 두 번 적분하면 처짐이 된다는 원리로부터 유도된 모멘트-면적법에 의한 것이다.

02. 따라하기

02.1 모델 개요

보의 한쪽 단부는 힌지, 다른 한쪽 단부는 롤러로 된 단순보의 변형 및 부재력을 Gen 을 통하여 확인하고 수계산과 비교해 본다.

▶그림 1.7
해석모델

Model 1 : 등분포하중

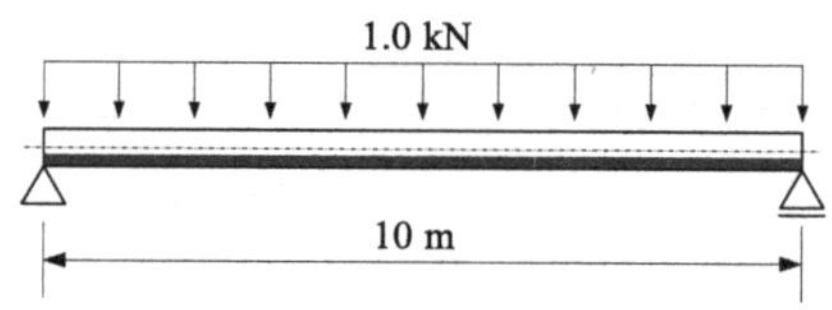

Model 2 : 집중하중

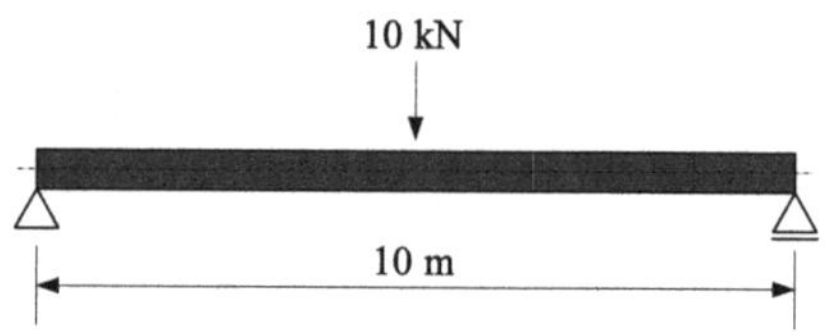

➢ ***Material***

콘크리트 : 24 MPa (탄성계수 E = 2.5791×10^4 N/mm^2)

➢ ***Section***

단면적(Area) : 8×10^5 mm^2(1000×800)

단면 2 차 모멘트(I_y) : 4.266667×10^{10} mm^4

➢ ***Load***

1 . Model 1 : 등분포하중 1.0 kN/m 재하

2 . Model 2 : 집중하중 10.0 kN 재하

02.2 작업환경 설정

02.2.1 단위계 설정

구조해석 모델링을 시작하기 위해 새 문서를 열고 파일을 저장한다.

Main Menu 에서 ***[File]*** *Tab* > ***[New Project]***

Main Menu 에서 ***[File]*** *Tab* > ***[Save]***

1. 파일 이름 : **'Simple'** 입력 후 [저장] 클릭

예제에서 사용할 단위계를 설정한다.

Main Menu 에서 ***[Tools]*** *Tab* > ***[Setting]*** *Group* > ***[Unit System]***

1. Length > **m**, Force(Mass) > **kN(ton)** 선택
2. **[OK]** 클릭

▶그림 1.8
파일 저장
단위계 설정

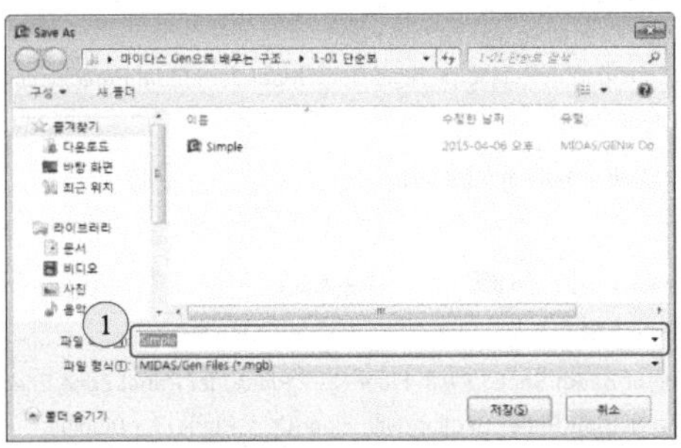

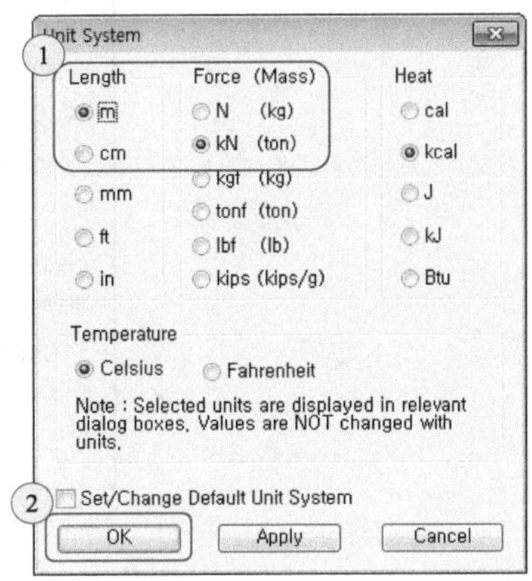

Tip

단위계 설정은 화면 하단 Status bar 에서도 간편하게 설정이 가능하다.

Gen 은 3-D 구조물을 해석까지 고려하는 프로그램 구조이기 때문에 2 차원 평면에서 거동하는 구조물에 대해서는 불필요한 자유도를 구속하여 평면거동으로 제한해야 한다. 예를 들어, X-Z 평면 내에서만 거동을 허용할 경우, 모든 절점의 DY(Y 방향 변형), RX(X 축 회전), RZ(Z 축 회전) 자유도를 구속해야 한다.

Gen 에서는 이렇게 구조물의 거동을 특정 평면상으로 제한하고자 할 때 간단히 구조물 형상(Structure Type)에서 자유도를 간단하게 구속할 수 있다.

본 예제에서는 전체좌표계(Global Coordinate System, GCS)를 기준으로 X-Z 평면의 거동만을 허용하므로 Structure Type 을 2-D 거동 구조물(X-Z Plane)로 지정한다.

Main Menu 에서 ***[Structure]** Tab* **>** ***[Type]** Group* **>** ***[Structure Type]***

1. Structure Type > **X-Z Plane** 선택
2. **[OK]** 클릭

▶그림 1.9
작업평면 설정

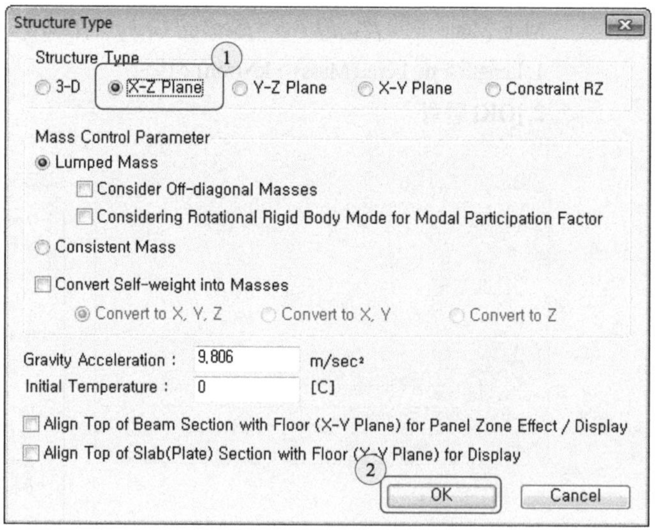

02.3 재질과 단면 정의

02.3.1 **재질 정의**

Gen 에서는 구조재로 사용되는 강재와 콘크리트의 재질정보를 내장하고 있다. Standard 와 DB 의 재질목록에서 선택할 수도 있고 재질특성을 직접 입력할 수도 있다.

Main Menu 에서 ***[Properties]*** *Tab* **>** ***[Material]*** *Group* **>** ***[Material Properties]***

1. **[Add...]** 클릭
2. Name : **'Concrete'** 입력
3. Elasticity Data> Type of Design > **Concrete** 선택
4. Concrete > Standard > **KS01(RC)** 선택, Code > **KCI-2012** 선택, DB > **C24** 선택
5. **[OK]** 클릭, **[Close]** 클릭

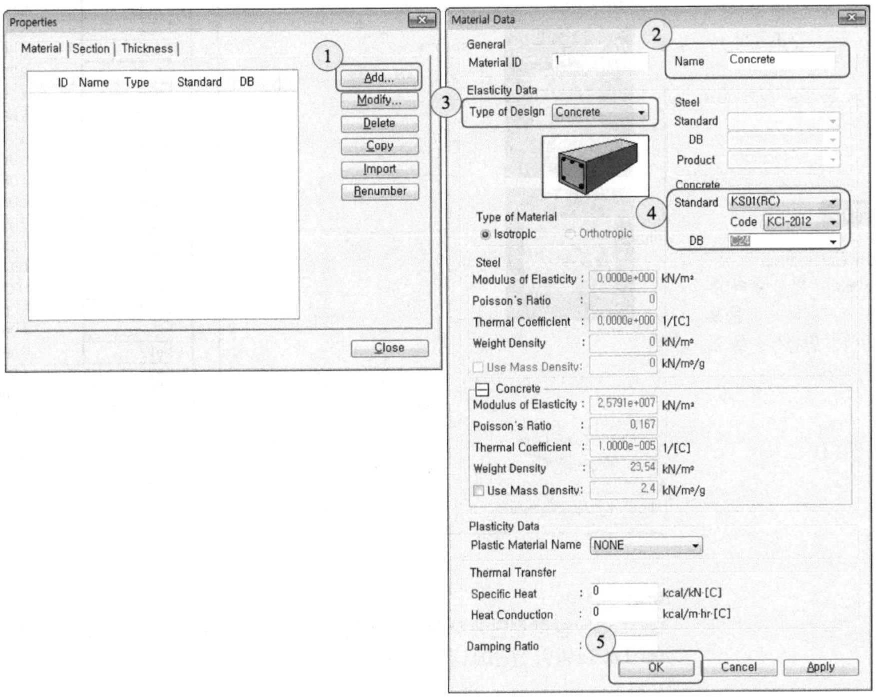

▶그림 1.10
재질 정의

Tip
임의의 재질을 사용할 경우에 Type of Design 을 User Defined 로 설정하면 물성치를 직접 입력할 수 있다.

Tip
OK 버튼을 누르면 재질 대화상자를 닫기 때문에 여러 개의 재질을 정의할 때에는 Apply 버튼이 유용하다.

02.3.2 **단면 정의**

Gen에서는 단면 크기만 입력하면 단면적, 단면 2차모멘트와 같은 구조해석에 사용되는 단면성능을 자동으로 계산한다.

Main Menu에서 ***[Properties]*** *Tab* **>** ***[Section]*** *Group* **>** ***[Section Properties]***

1. [Add...] 클릭, Name : 'Beam'입력
2. 단면형상 목록 > **Solid Rectangle** 선택, 단면 정의 방법 > **User** 선택
3. H : **'0.8'** 입력, B : **' 1'** 입력
4. 전단변형을 고려하지 않은 옵션 **Consider Shear Deformation** (Check off)
5. **[Show Calculation Results...]** 클릭
6. Section Properties 확인 후 **[Close]** 클릭
7. **[OK]** 클릭, **[Close]** 클릭

Tip

Consider Shear Deformation 기능은 단면의 전단변형 고려 여부 옵션이다. 일반적으로 구조역학에서는 전단변형이 미소하여 무시하며, 해석프로그램에서는 기본적으로 미소한 변형이라도 고려하고 있다. 따라서 전단변형을 무시하는 일반 구조역학 수계산 결과와 비교하기 위해서는 옵션을 해제해야 동일한 결과를 가진다.

Tip

[Show Calculation Results...]버튼을 클릭하면 프로그램에서 자동으로 계산한 단면특성을 확인할 수 있다.

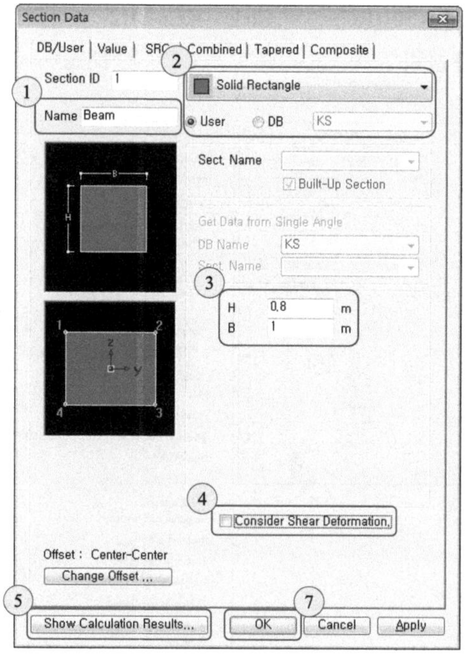

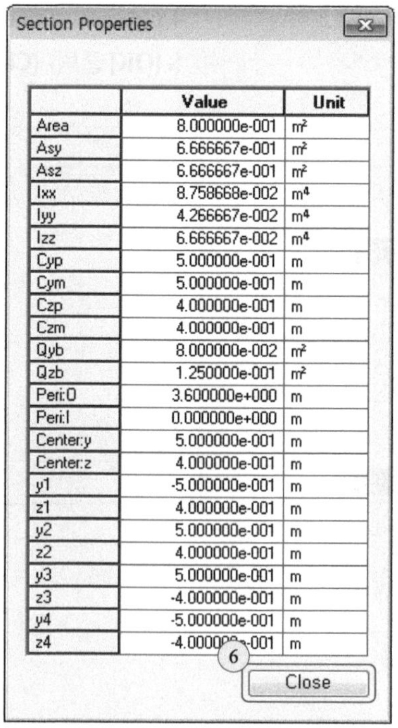

Section Properties

	Value	Unit
Area	8.000000e-001	m²
Asy	6.666667e-001	m²
Asz	6.666667e-001	m²
Ixx	8.758668e-002	m⁴
Iyy	4.266667e-002	m⁴
Izz	6.666667e-002	m⁴
Cyp	5.000000e-001	m
Cym	5.000000e-001	m
Czp	4.000000e-001	m
Czm	4.000000e-001	m
Qyb	8.000000e-002	m²
Qzb	1.250000e-001	m²
Peri:O	3.600000e+000	m
Peri:I	0.000000e+000	m
Center:y	5.000000e-001	m
Center:z	4.000000e-001	m
y1	-5.000000e-001	m
z1	4.000000e-001	m
y2	5.000000e-001	m
z2	4.000000e-001	m
y3	5.000000e-001	m
z3	-4.000000e-001	m
y4	-5.000000e-001	m
z4	-4.0000[illegible]-001	m

Close

▶그림 1.11
단면 정의

Area : 단면적
Asy : Local y 방향 전단에 대한 전단면적
Asz : Local z 방향 전단에 대한 전단면적

Ixx : 비틀림 상수
Iyy : Local y를 중립축으로 한 단면 2차 모멘트
Izz : Local z를 중립축으로 한 단면 2차 모멘트

Tip 재질(Material)과 단면(Section)

보에 축방향 하중 P를 가하면 변위 ΔL 이 발생한다. 이때 ΔL 은 탄성계수(E)와 단면적(A)이 클수록 작아지고 하중(P)과 길이(L)가 클수록 커진다.

▶그림 1.12 축변형

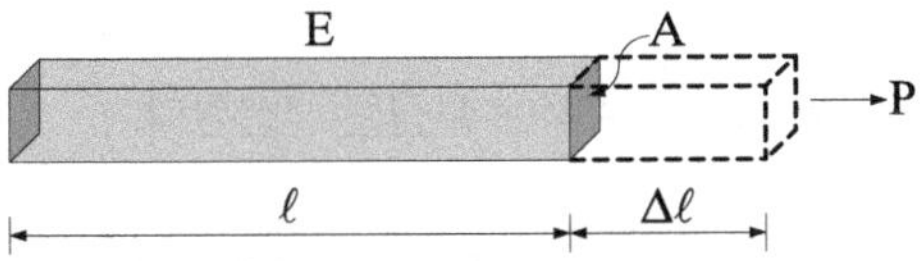

이를 다음과 같이 수식으로 정리할 수 있다.

$$\Delta L = \frac{P\ell}{EA} \rightarrow P = \frac{EA}{\ell} \cdot \Delta\ell$$

즉, 다음과 같은 하중-변위 그래프로 표현할 수 있다. 여기서 기울기(K)는 구조물의 강성이다.

$$\{P\} = \{K\} \cdot \{D\}$$

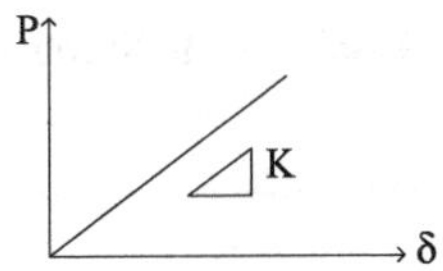

여기서 {K}=구조물의 강성, {D}=변위, {P}=작용 하중

프로그램을 이용한 구조해석에서는 변위를 구하면 응력, 부재력 등 다른 결과들도 계산할 수 있다.

구조해석의 모델링 과정은 미지수인 변위를 구하기 위해 하중과 강성을 입력하는 과정이다. Gen 에서 하중은 [Load] 메뉴에서, 강성은 [Model] 메뉴에서 입력할 수 있다.

구조물의 강성{K}을 표현하는 식에서 분자항{EA}을 강성(Rigidity)이라 하고, 앞서 정의한 재질과 단면을 통해 계산할 수 있다. 단면 강성은 단면의 형상 및 크기에 따라 자동으로 계산되며 축 강성 외에 휨 강성, 전단 강성, 비틀림 강성 등의 계산에 적용되는 변수는 Material 과 Section 에서 임의의 값으로 직접 입력할 수도 있다.(재질 정의, 단면 정의 대화창 참조).

Rigidity(Material, Section)

▶그림 1.13 단면 강성

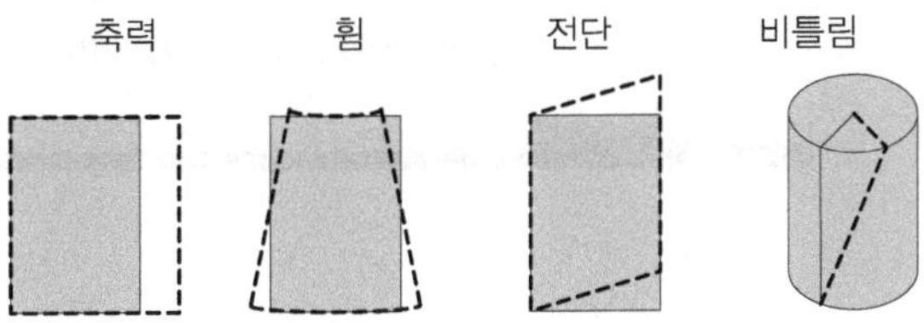

02.4 절점과 요소 생성

02.4.1 절점 생성

요소를 생성할 위치에 절점을 생성한다.

Main Menu 에서 ***[Node/Element]** Tab > **[Nodes]** Group > **[Create Nodes]***

1. Coordinates (x, y, z) : **'0, 0, 0'** 입력
2. Copy 의 Number of Times: **'10'** 입력
3. Distances (dx, dy, dz) : **'1, 0, 0'** 입력
4. **[Apply]** 클릭
5. **Display Node Numbers, Auto Fitting, Front View** (Toggle on),

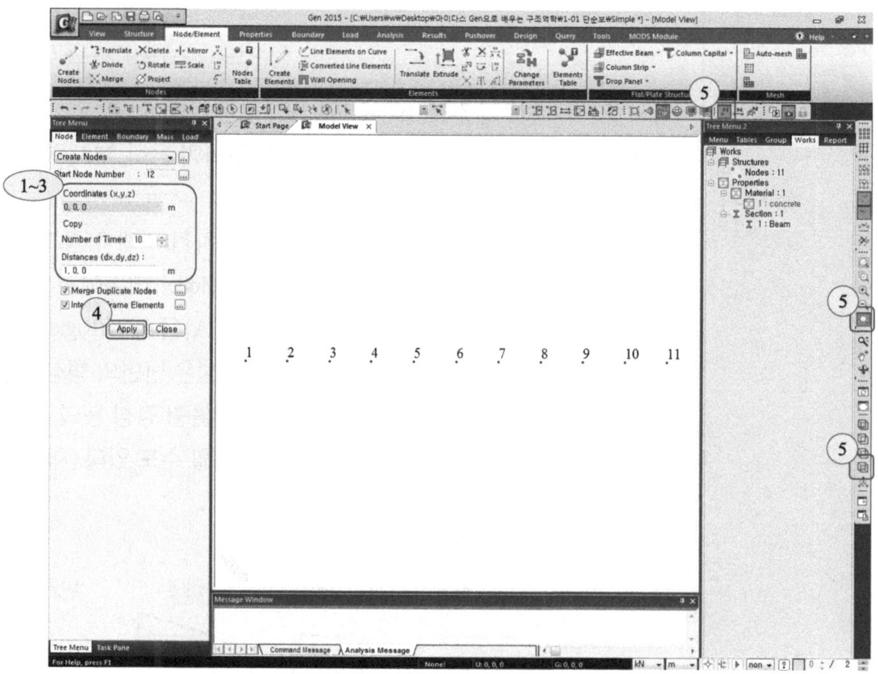

Tip

Gen 과 같은 유한요소해석 프로그램은 해석할 대상 구조물을 "절점(Node)"으로 연결된 "요소(Element)"로 모델링한다.
요소의 종류는 인장/압축만 표현할 수 있는 Truss 요소, 축방향력과 휨을 고려할 수 있는 Beam 요소, 면을 표현하는 Plate 요소 등이 있다.
해석하고자 하는 거동특성을 가진 요소를 사용해야 하며, 요소는 작은 크기로 분할해 모델링할수록 정밀한 해석결과를 얻을 수 있다.

▶그림 1.14
절점 생성

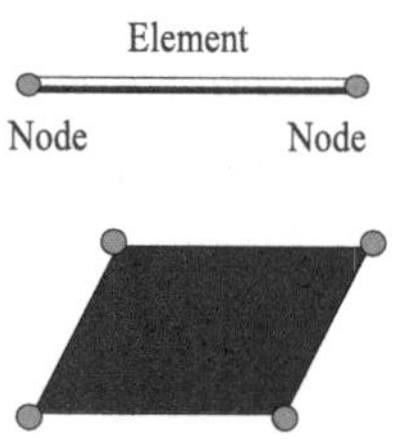

02.4.2 요소 생성

절점을 연결하여 요소를 생성한다

Main Menu 에서 ***[Node/Element]** Tab* > ***[Elements]** Group* > ***[Create Elements]***

1. Element Type > **General beam/Tapered beam** 선택
2. Material > **1:Concrete** 선택, Section > **1:Beam** 선택
3. Nodal Connectivity 입력란을 클릭하여 초록색의 입력대기상태 확인 후 Model View 에서 **절점 1 과 절점 11** 을 순서대로 클릭
4. 생성 부재의 분할상태 확인
5. **Shrink, Hidden, Display Element Numbers** (Toggle on)

▶그림 1.15
요소생성

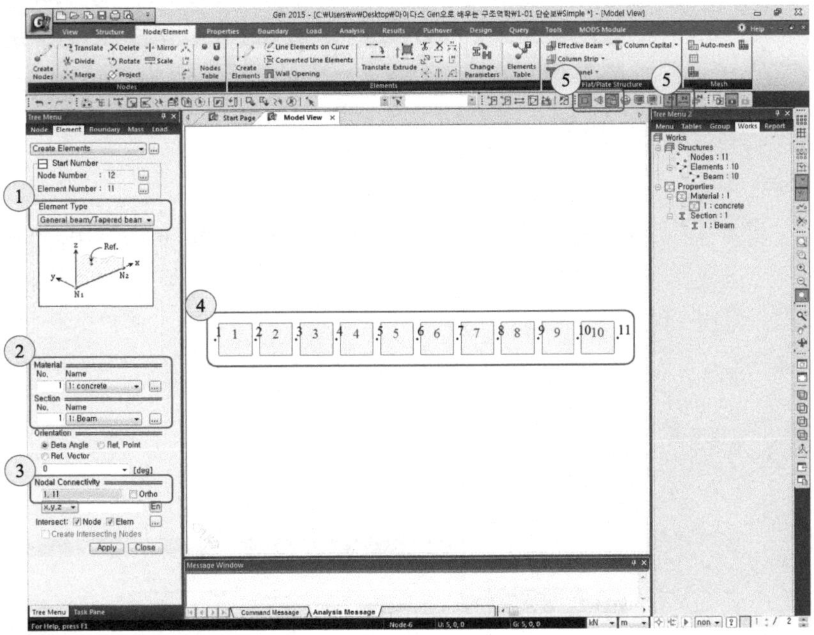

Tip
한 개의 부재를 여러 개의 요소로 나누어서 모델링 하면 부재의 상세한 결과를 볼 수 있다.

Tip
Shrink 는 절점 기준으로 부재 연결상태를 확인할 때 유용하다. 부재가 절점에 연결된 경우에는 그림과 같이 분할되어 보인다.

Tip **요소 입력 시 편리한 옵션**

Node Snap : Model View 상에서 마우스로 위치를 지정할 때, 절점(Node) 근처에서는 가까운 절점 위치를 자동으로 추적한다.

Intersect Node : 요소(Element)가 생성될 위치에 절점(Node)이 존재하면 해당 위치에서 요소를 자동 분할한다.

02.4.3 **요소 복제**

생성된 부재를 복제한다.

Main Menu 에서 ***[Node/Element]** Tab* > ***[Elements]** Group* > ***[Translate]***

1. Mode > **Copy** 선택
2. Translation > Equal Distance > dx, dy, dz : **'0, 0, 3'** 입력
3. **Copy Node, Copy Element Attributes** (Toggle on)
4. **Select All** (Toggle on)
5. **[Apply]** 클릭

▶그림 1.16
요소 복제

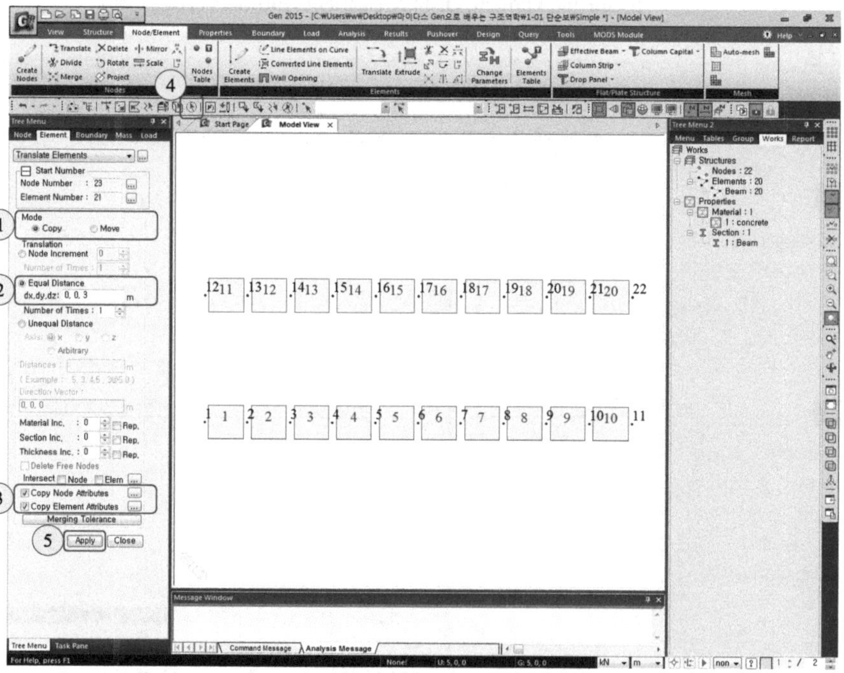

02.5 경계조건 입력

보 단부 양 지점의 지지조건을 좌측 단부는 힌지, 우측 단부는 롤러지점으로 입력한다.

Main Menu 에서 ***[Boundary]*** *Tab* > ***[Supports]*** *Group* > ***[Define Supports]***

1. **Shrink, Display Element Numbers** (Toggle off)
2. Support Type > **Dx, Dy, Dz, Rx, Rz** (Check on)
3. **Select by Window** (on) 모드에서 **1 번, 12 번 절점** 선택
4. **[Apply]** 클릭
5. Support Type > **Dx** (Check off)
6. **Select by Window** (on) 모드에서 **11 번, 22 번 절점** 선택
7. **[Apply]** 클릭

▶그림 1.17
지지조건 입력

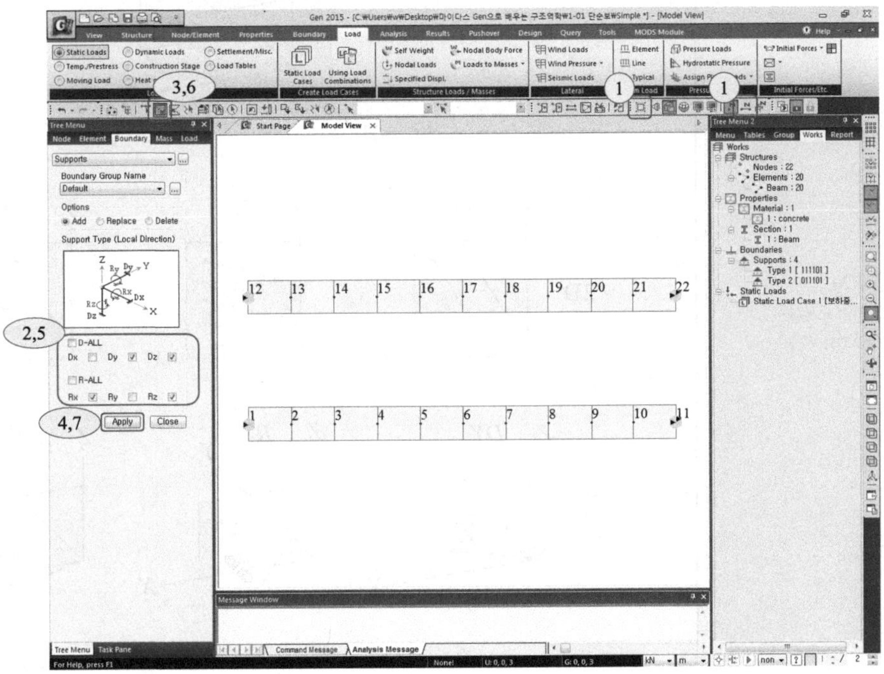

Tip 3 차원 공간의 자유도

▶그림 1.18
단순보 반력과
자유도 성분(Local Axis)

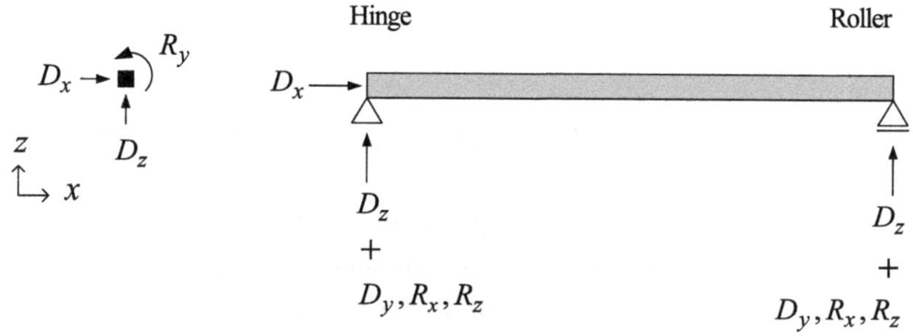

3 차원 공간에서 구조물의 6 방향 자유도를 아래와 같이 표시한다.

▶그림 1.19
3 차원 형상

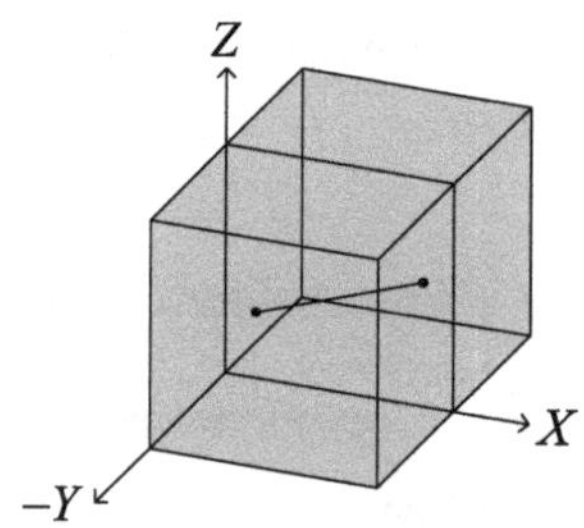

▶그림 1.20
3 차원 자유도 성분
(Global Axis)

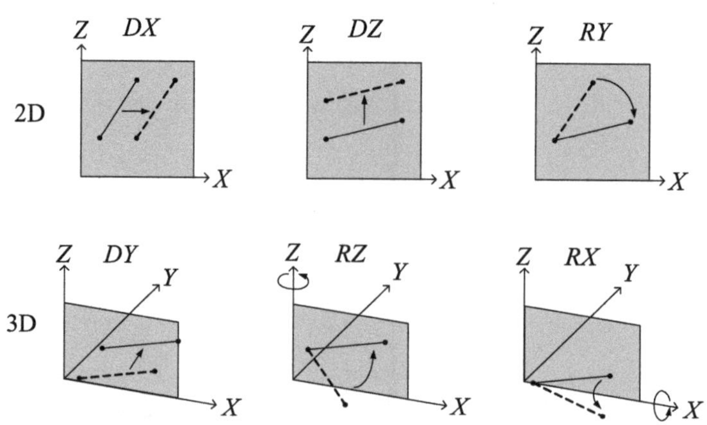

02.6 하중 입력

02.6.1 **하중조건 정의**

하중을 입력하기 위해서는 입력할 하중의 종류(하중조건)를 먼저 정의한다.

Main Menu 에서 ***[Load]*** *Tab* **>** ***[Create Load Cases]*** *Group* **>** ***[Static Load Cases]***

1. Name : **'보하중'** 입력
2. Type > **User Defined Load (USER)** 선택
3. **[Add]** 클릭, **[Close]** 클릭

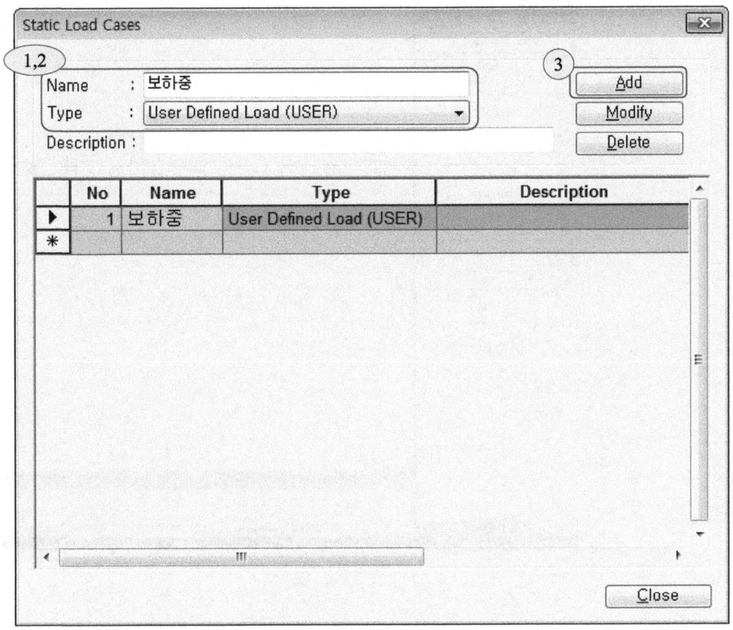

▶그림 1.21
하중조건 정의

Tip

실무에서는 Type 에 Dead Load, Live Load 등의 실제 입력될 하중조건을 구분하여 정의한다. 해석 후 설계단계에서 입력된 하중 조건별로 다른 계수가 적용된 하중조합 부재력으로 설계해야 하기 때문이다.

02.6.2 **하중 입력** 집중하중을 입력한다.

Main Menu 에서 ***[Load]** Tab* **> *[Structure Loads/Masses]*** *Group* **> *[Nodal Loads]***

1. Load Case Name > 보하중 선택
2. Options > **Add** 선택
3. Nodal Loads > FZ : **'-10'** 입력
4. **Select by Window** (on) 모드에서 **6** 번 절점 선택
5. **[Apply]** 클릭

▶그림 1.22
집중하중 입력

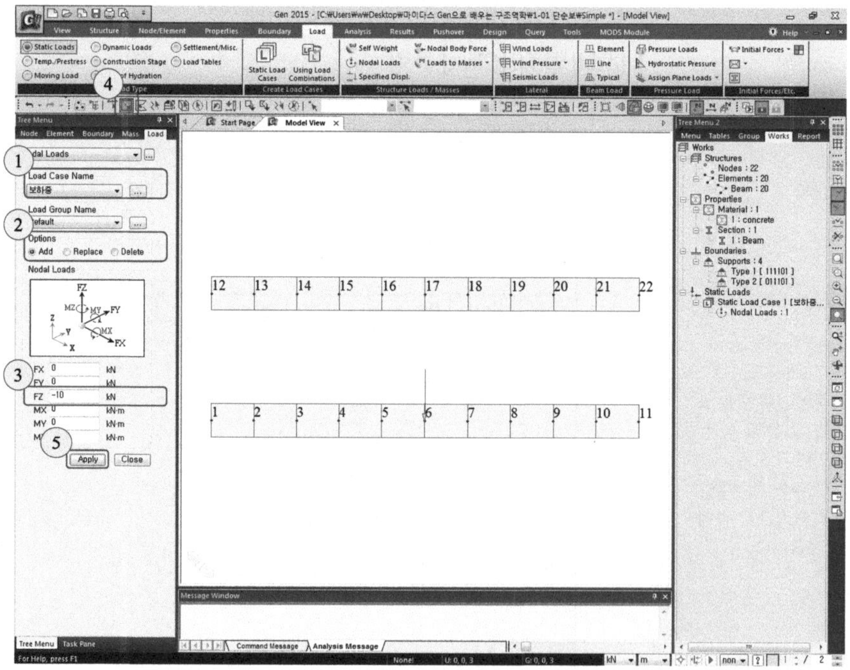

02.6.3 **분포하중 입력**

등분포하중을 입력한다.

Main Menu 에서 ***[Load]** Tab* > ***[Beam Load]** Group* > ***[Element]***

1. Load Case Name > 보하중 선택
2. Load Type > **Uniform Loads** 선택
3. Direction > **Global Z** 선택
4. Value > x1 : **'0'**, w : **'-1'**, x2 : **'1'** 입력
5. **Display Node Numbers** (Toggle off), **Display Element Numbers** (Toggle on)
6. **Select by Window** (on) 모드에서 **11~20** 번 부재 클릭
7. **[Apply]** 클릭, **[Close]** 클릭

Tip

Relative : x1, x2 를 전체길이에 대한 비율로 입력 방법

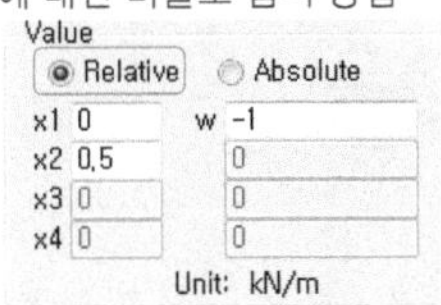

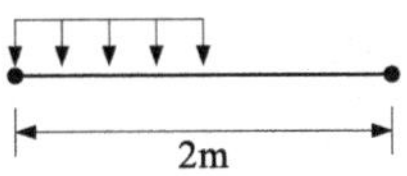

Absolute : x1, x2 를 절대길이로 입력 방법

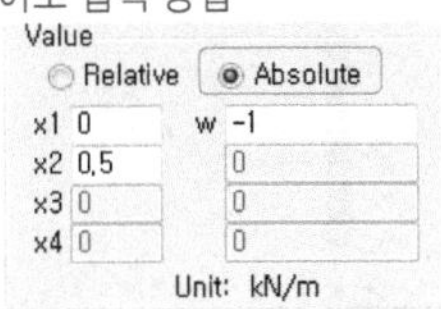

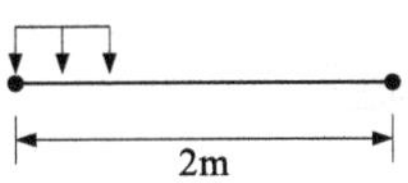

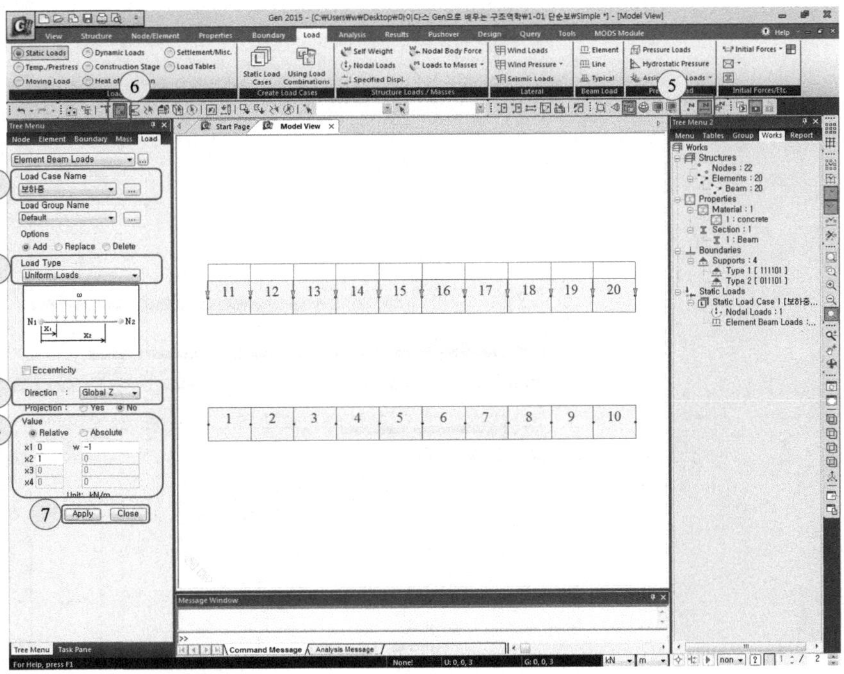

▶그림 1.23
등분포하중 입력

02.7 구조해석 수행

02.7.1 입력데이터 검토

Work Tree를 이용하여 모델링 데이터를 확인한다. Work Tree의 해당 항목에서 마우스 우클릭, Context Menu를 호출하여 입력데이터 확인 및 수정을 편리하게 할 수 있다.

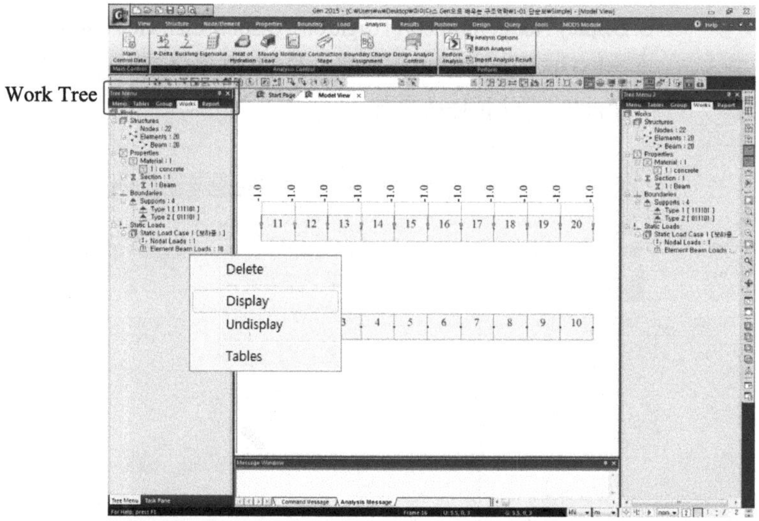

▶그림 1.24
하중 확인

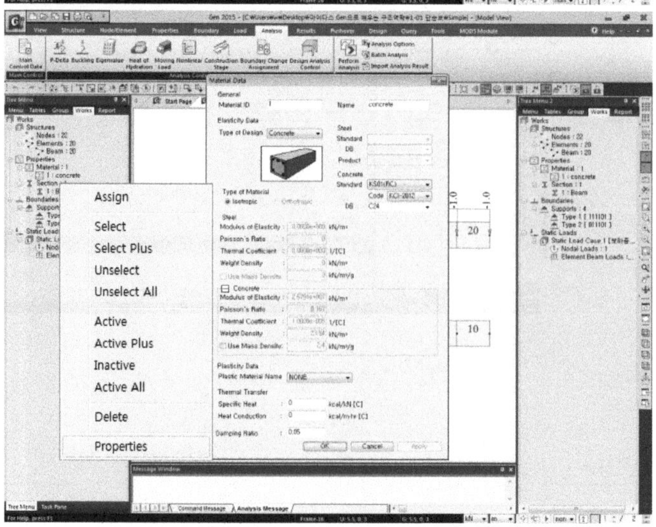

▶그림 1.25
재질 확인

02.7.2 **구조해석 수행** 구조해석모델의 부재 생성, 하중, 경계조건 입력을 마치고 구조해석을 수행한다.

Main Menu 에서 ***[Analysis]** Tab >* ***[Perform]** Group >* ***[Perform Analysis]*** 실행

1. Message Window 에서 해석 정상 종료 메시지 확인

▶그림 1.26
해석 정상 종료 메시지

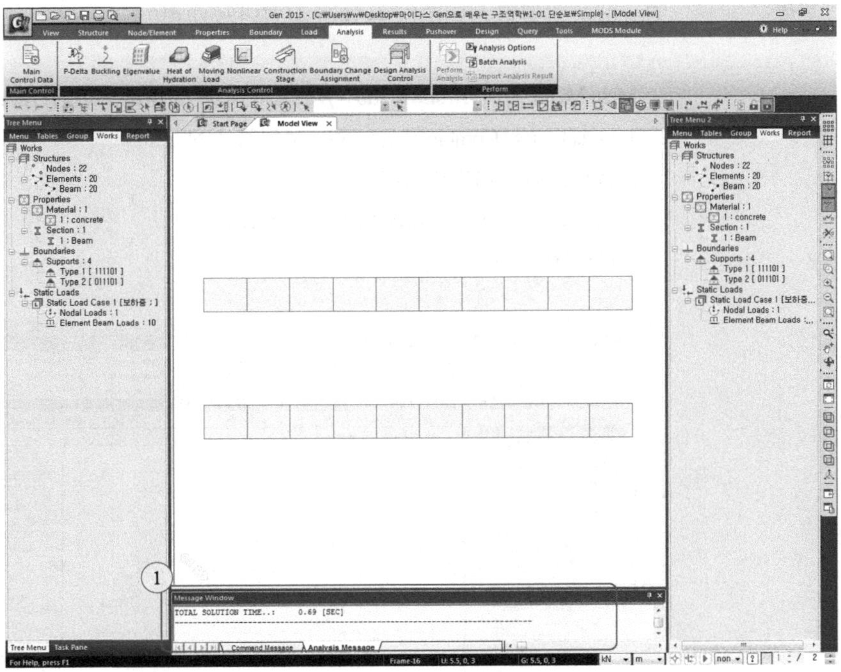

Tip

Perform Analysis 의 단축 아이콘은 Model View 상단에 있다(①).
단축키는 기능키 F5 를 누르면 실행된다.

02.8 해석결과 확인

02.8.1 **반력**

Gen 에서 반력을 확인하고 수 계산 결과와 비교한다.

Main Menu 에서 ***[Results]** Tab* > ***[Results]** Group* > ***[Reactions]*** > ***[Reaction Forces/Moments]***

1. Load Cases / Combinations > **ST :** 보하중 선택
2. Components > **FXYZ** 선택
3. Type of Display > **Values, Legend** (Check on)
4. **[Apply]** 클릭

▶그림 1.27
반력 결과

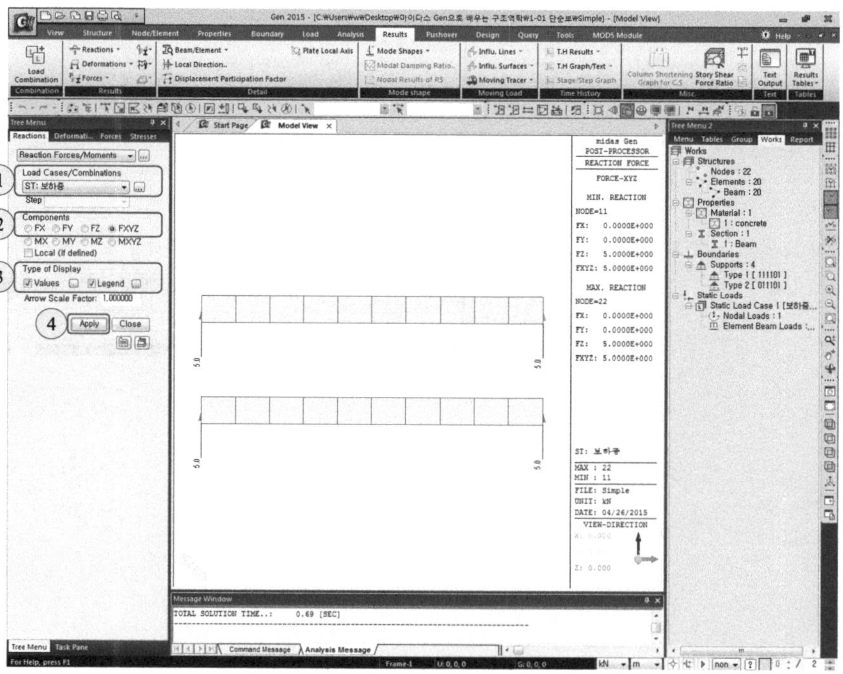

수 계산 결과 반력 5 kN 과 동일하게 나오는 것을 확인할 수 있다.

02.8.2 **변위 및 변형** Gen 에서 변위를 확인하고 수 계산 결과와 비교한다.

Main Menu 에서 ***[Results]** Tab* > ***[Results]** Group* > ***[Deformations]*** > ***[Displacement Contour]***

1. **Display Element Numbers** (Toggle off)
2. Load Cases/Combinations > **ST :** 보하중 선택
3. Components > **DXYZ** 선택
4. Type of Display > **Contour, Deform, Values, Legend** (Check on)
5. **[Apply]** 클릭
6. 화면 하단의 Status Bar 에서 길이 단위를 **mm** 로 변경

▶그림 1.28
변위 결과

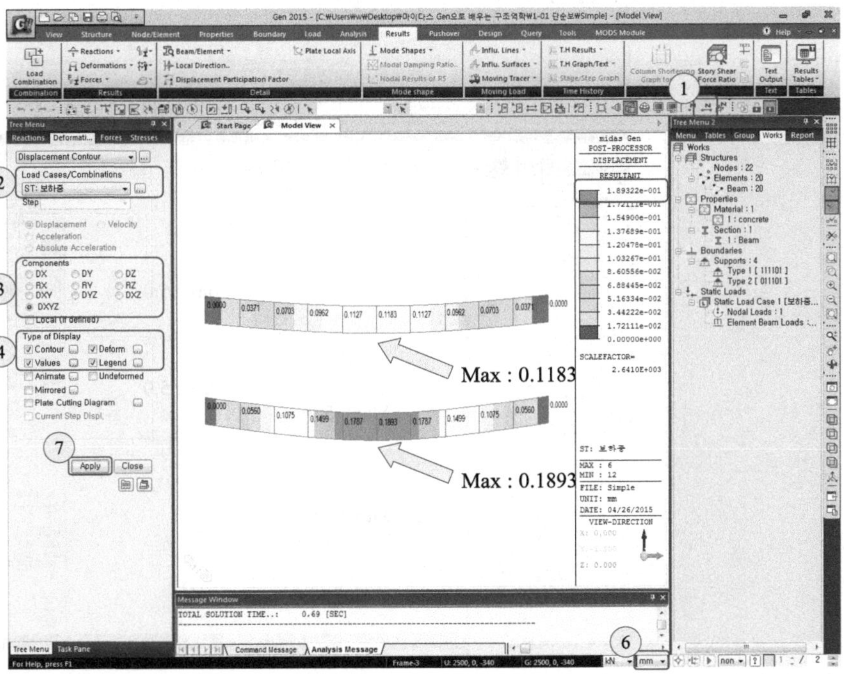

수 계산 결과(등분포하중 모델 : 0.1183 mm, 집중하중모델 : 0.1893 mm)와 같게 나오는 것을 확인할 수 있다.

02.8.3 **부재력**

전단력도와 휨모멘트도를 확인한다.

Main Menu 에서 ***[Results]** Tab* **>** ***[Results]** Group* **>** ***[Forces]*** **>** ***[Beam Diagrams]***

1. 화면 하단의 Status Bar 에서 길이 단위를 **m** 로 변경
2. Load Cases/Combinations > **ST :** 보하중 선택
3. Components > **Fz** 선택
4. Type of Display > **Contour, Value, Legend** (Check on), **Deform** (Check off)
5. **[Apply]** 클릭
6. Components > **My** 선택
7. **[Apply]** 클릭

▶그림 1.29
전단력(Fz) 결과

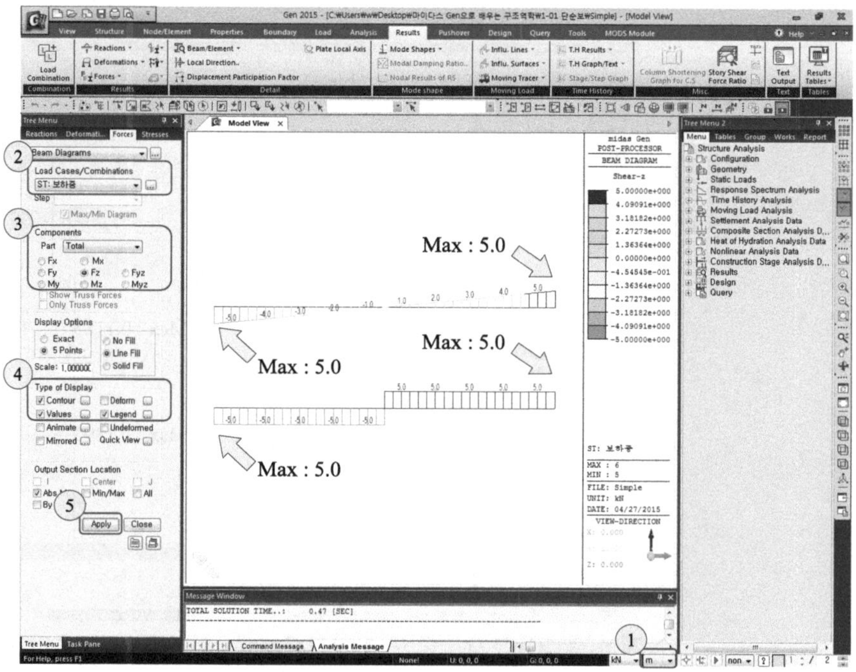

전단력 수 계산 결과(최대값 : 5 kN)와 같게 나오는 것을 확인할 수 있다.

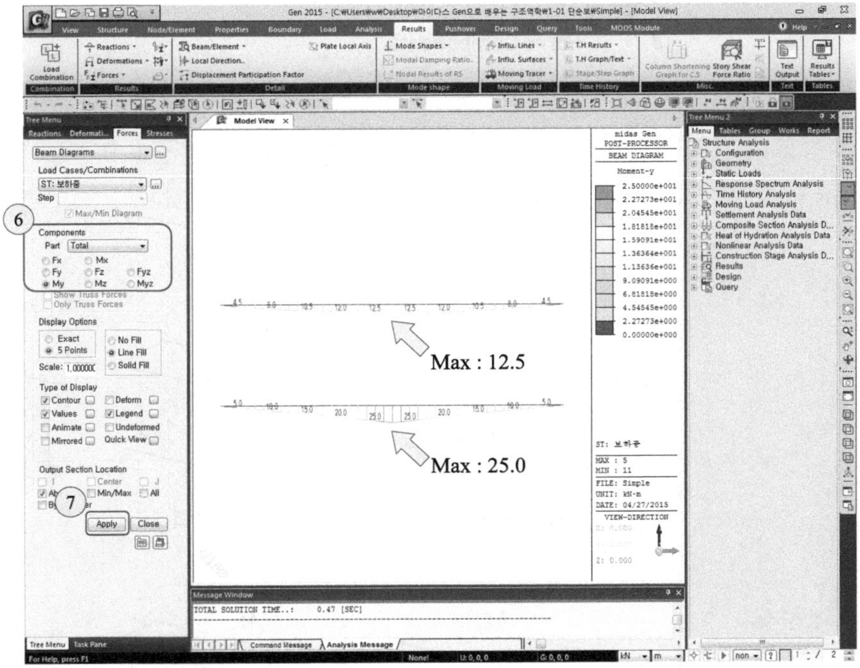

▶그림 1.30
모멘트(My) 결과

모멘트 수 계산 결과(등분포하중 모델 : 12.5 kN·m, 집중하중 모델 : 25 kN·m)와 같게 나오는 것을 확인할 수 있다

Tip
Force Components

▶그림 1.31
부재력 성분

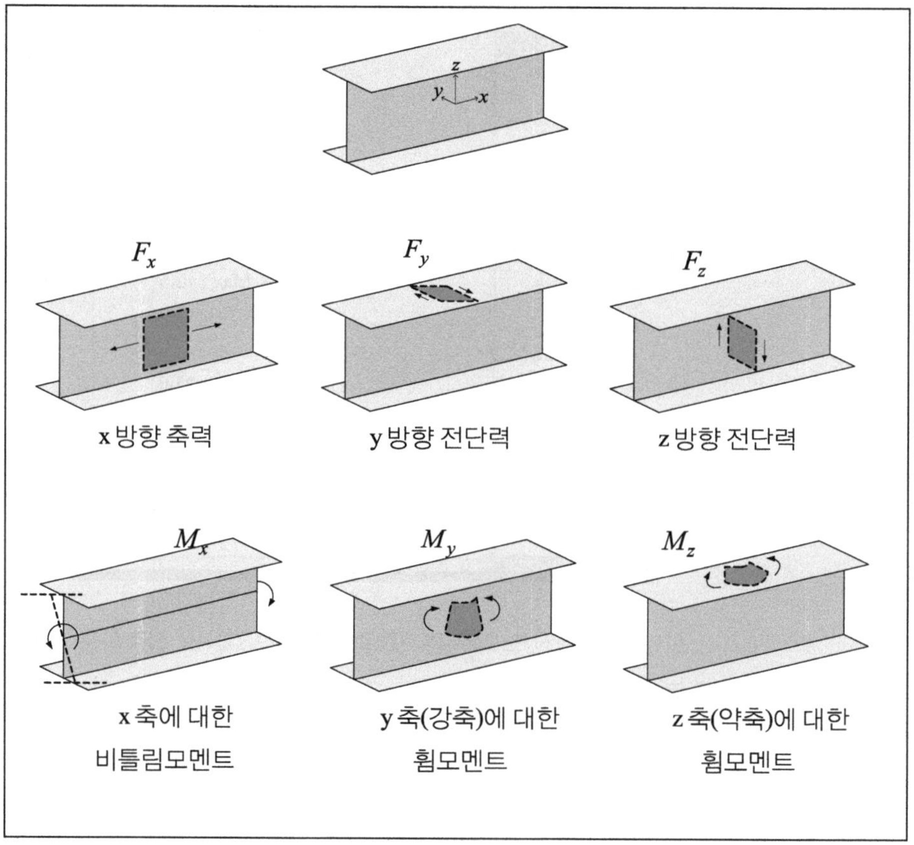

02.8.4 응력

전단력이 가장 큰 지점부 전단응력과 휨모멘트가 가장 큰 중앙부 휨응력을 계산한다.

▶그림 1.32
응력도 계산

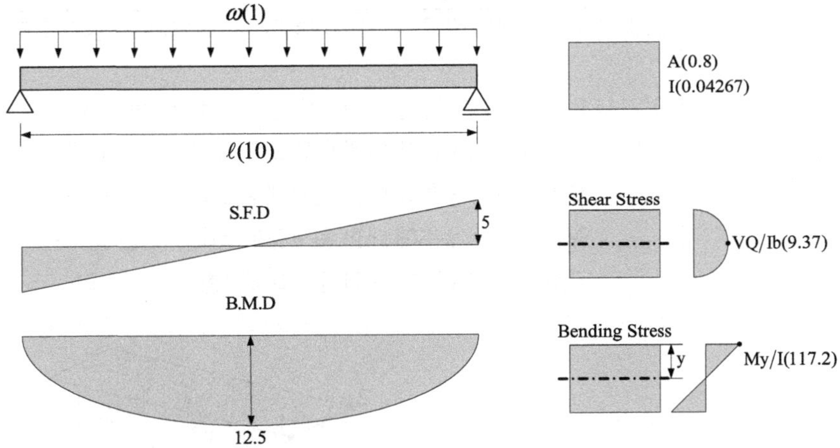

Tip

Sax 는 σ_{Axial} 을 나타낸다.

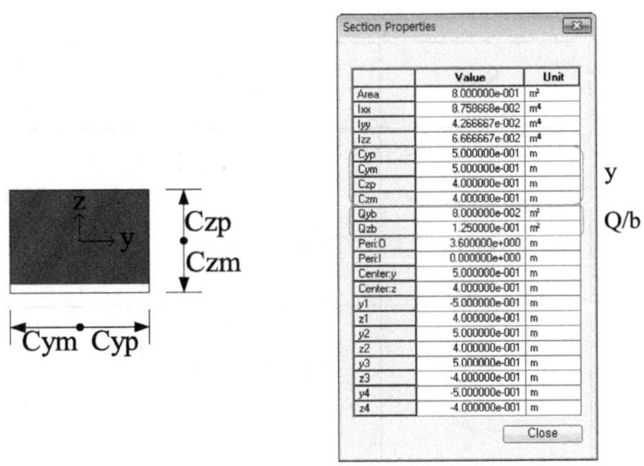

	Value	Unit
Area	8.000000e-001	m²
Ixx	8.758668e-002	m⁴
Iyy	4.266667e-002	m⁴
Izz	6.666667e-002	m⁴
Cyp	5.000000e-001	m
Cym	5.000000e-001	m
Czp	4.000000e-001	m
Czm	4.000000e-001	m
Qyb	8.000000e-002	m²
Qzb	1.250000e-001	m²
Peri:O	3.600000e+000	m
Peri:I	0.000000e+000	m
Center:y	5.000000e-001	m
Center:z	4.000000e-001	m
y1	-5.000000e-001	m
z1	4.000000e-001	m
y2	5.000000e-001	m
z2	4.000000e-001	m
y3	5.000000e-001	m
z3	-4.000000e-001	m
y4	-5.000000e-001	m
z4	-4.000000e-001	m

응력은 단면 내의 위치에 따라 각기 다른 값을 가진다.
Gen 에서는 단면에서 한 점의 응력만 출력하며, 응력출력 위치는 C 값(Cyp, Cym, Czp, Czm)과 y, z 값(y1~4, z1~4)을 입력해 조정할 수 있다.

Tip

Stress Components

요소좌표가 아래와 같을 때, 응력기호와 계산방법은 다음과 같다.

여기서, Fx, Fy, Fz : x 방향 축력, y 방향 전단력, z 방향 전단력
Iyy, Izz : y 축에 대한 단면 2 차 모멘트, z 축에 대한 단면 2 차 모멘트
Qyb, Qzb : y 축에 대한 전단계수, z 축에 대한 전단계수
My, Mz : y 축에 대한 휨모멘트, z 축에 대한 휨모멘트
Cy, Cz : y 방향 최외단거리, z 방향 최외단거리

▶그림 1.33 응력 성분

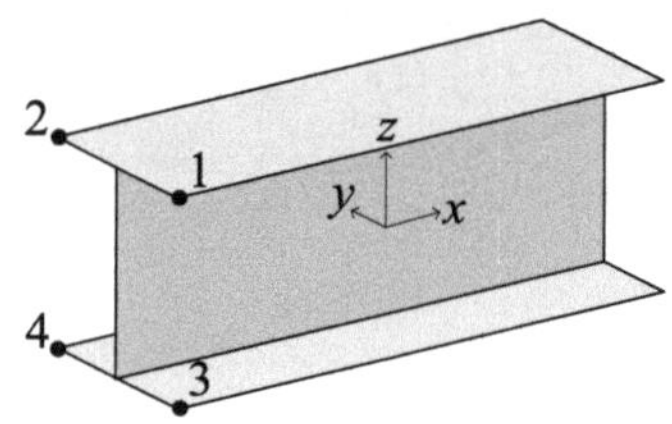

Sax	축응력	$\frac{P}{A}$	$\frac{Fx}{Area}$
Ssy	약축 전단응력	$\frac{VQ}{Ib}$	$\frac{Fy}{Izz}Qzb$
Ssz	강축 전단응력		$\frac{Fz}{Iyy}Qyb$
Sby	약축 휨응력	$\frac{My}{I}$	$\frac{Mz}{Izz}\cdot Cy$ (Max(Cyp, Cym))
Sbz	강축 휨응력		$\frac{My}{Iyy}\cdot Cz$
Combined	조합응력	$\frac{P}{A}+\frac{My}{I}$	$\frac{Fx}{Area}+\frac{Mz}{Izz}\cdot y+\frac{My}{Iyy}\cdot z$ (y1 ~ y4)

분포하중에 의한 전단응력과 휨응력을 확인한다.

Main Menu 에서 ***[Results]*** *Tab* > ***[Results]*** *Group* > ***[Stresses]*** > ***[Beam Stresses Diagram]***

1. Load Cases/Combinations > **ST :** 보하중 선택
2. Components > **Ssz** 선택
3. Type of Display > **Contour, Values, Legend** (Check on)
4. **[Apply]** 클릭
5. Components > **Sbz** 선택
6. **[Apply]** 클릭

▶그림 1.34
전단응력 결과

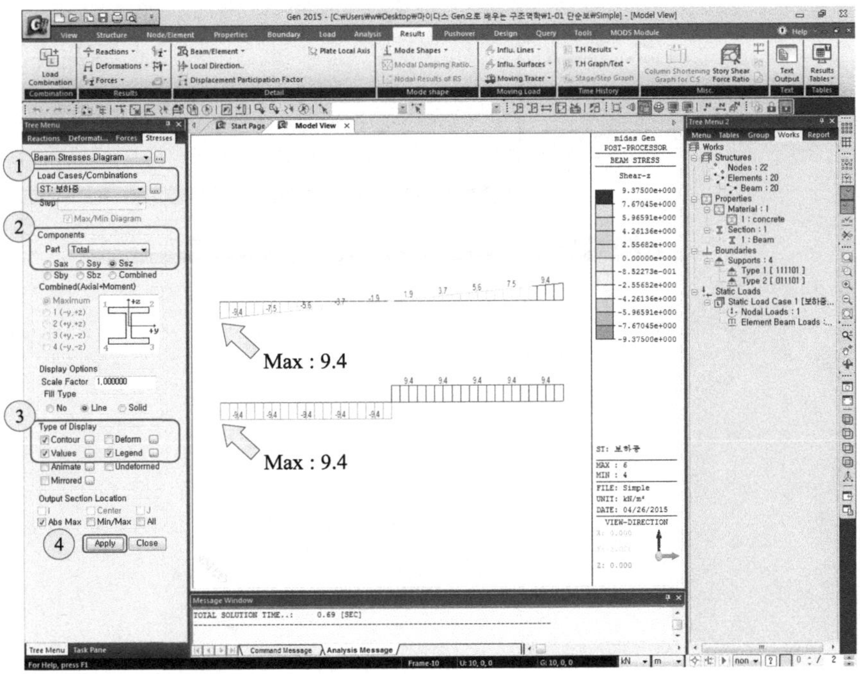

▶그림 1.35
휨응력 결과

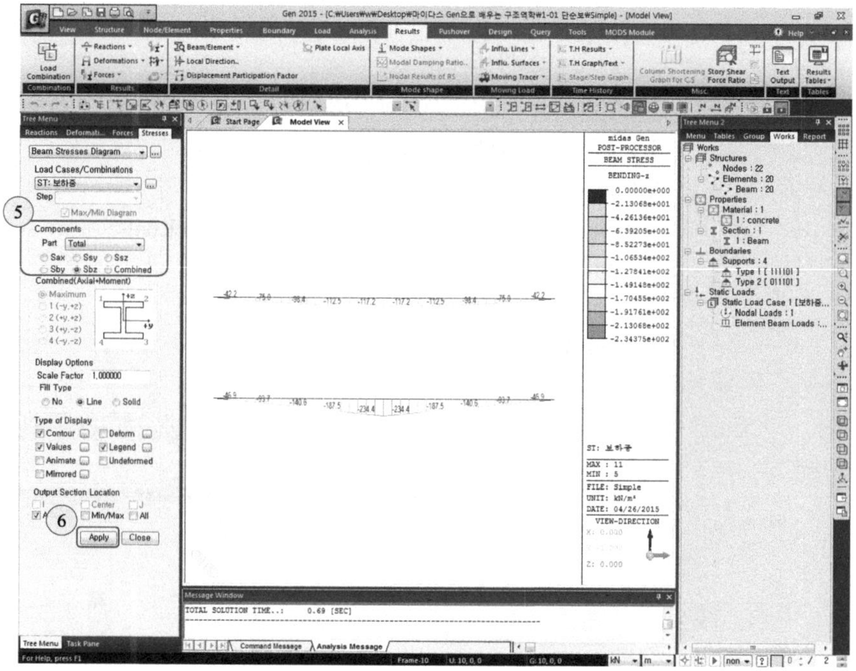

03. 풀어보기

03.1 역학적 개념의 이해 및 수계산

03.1.1 변위

집중하중이 작용하는 Model 1 과 등분포하중이 작용하는 Model 2 의 변위 계산 결과는 아래와 같으며 프로그램(Gen)결과와 동일한 것을 알 수 있다. (단위 : kN, m 이며, 전단변형량은 무시)

▶그림 1.36
변위 계산결과

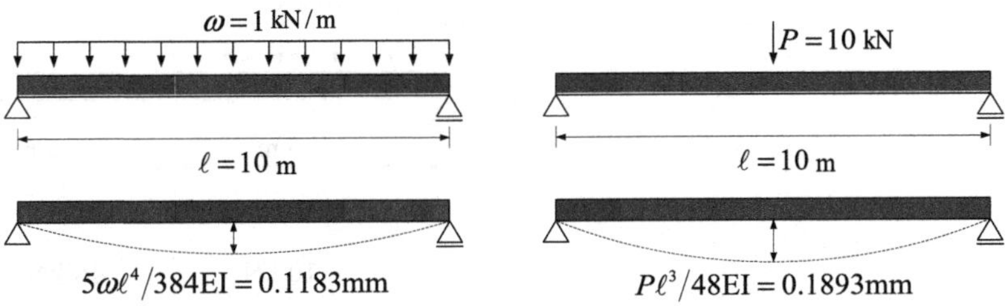

03.1.2 부재력

Model 1 과 Model 2 의 부재력 계산 결과는 아래와 같으며 프로그램(Gen)결과와 동일한 것을 알 수 있다.

▶그림 1.37
반력 계산 결과

▶그림 1.38
전단력 계산 결과

▶그림 1.39
모멘트 계산 결과

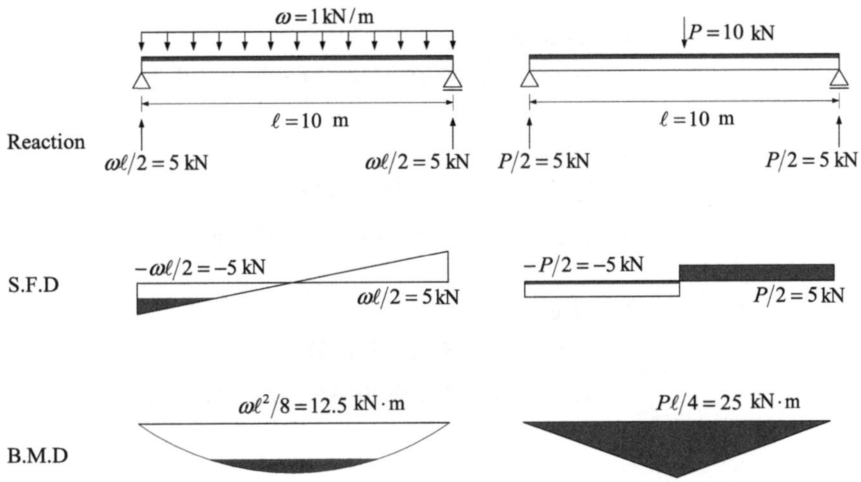

04. 연습문제

1. 다음과 같이 보의 한쪽 단부는 힌지, 다른 한쪽 단부는 롤러로 된 단순보의 변형 및 반력, 전단력, 모멘트 결과를 구하시오(단, 전단변형 무시).

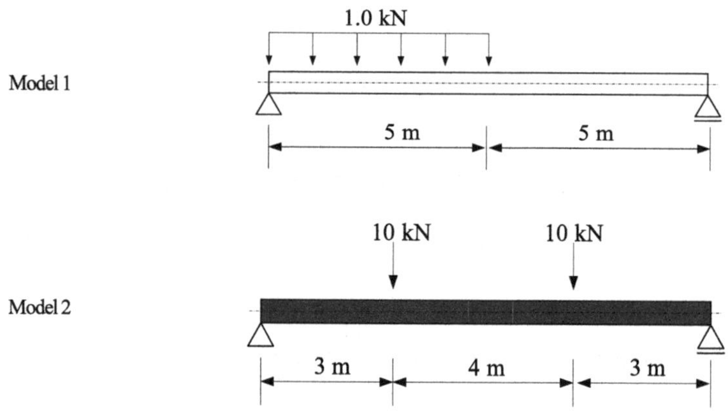

➢ ***Material***

콘크리트 : 24 MPa (탄성계수 E = 2.5791×10^4 N/mm^2)

➢ ***Section***

단면적(Area) : 3.0×10^5 mm^2(400×750)

단면 2 차 모멘트(I_y) : 1.406250×10^{10} mm^4

➢ ***Load***

1 . Model 1 : 등분포하중 1.0 kN/m 재하

2 . Model 2 : 집중하중 10.0 kN 을 2 지점에 재하

2. 캔틸레버보 해석

TABLE OF CONTENTS

01. 이해하기

01.1 캔틸레버보 해석의 개념

캔틸레버보는 단순보와 같은 정정보이며, 지지조건이 다르다. 그림 2.1 은 전체좌표계의 X-Z 평면(2 차원 공간)에 존재하는 캔틸레버보와 여기에 작용하는 하중 및 반력을 나타낸 것이다.

그림 2.1 의 캔틸레버보에서 좌측 단(A 단)은 수평 및 연직방향의 이동과 회전이 모두 구속되어 있으며 우측 단(B 단)은 아무런 구속이 없다.

▶그림 2.1
캔틸레버보

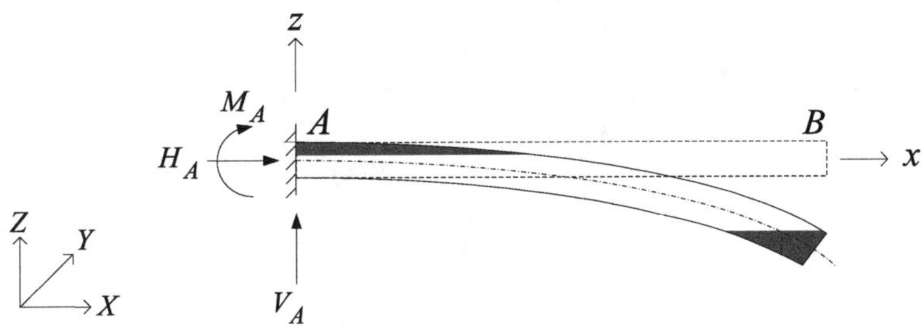

힘의 평형조건을 적용하여 캔틸레버보에서 반력이 구해지면 부재 내부의 임의 위치(단면)에서 발생하는 단면력을 산정한다. 부재의 축방향 임의의 거리 x 에 위치한 단면에서 단면력은 축력($N(x)$), 전단력($V(x)$), 모멘트($M(x)$)의 세 가지로 표현되며, 이들 단면력은 그림 2.2(b)과 같이 자유물체도에 힘의 평형조건을 적용하여 구할 수 있다.

▶그림 2.2
단면력
(a) 캔틸레버보
(b) 자유물체도

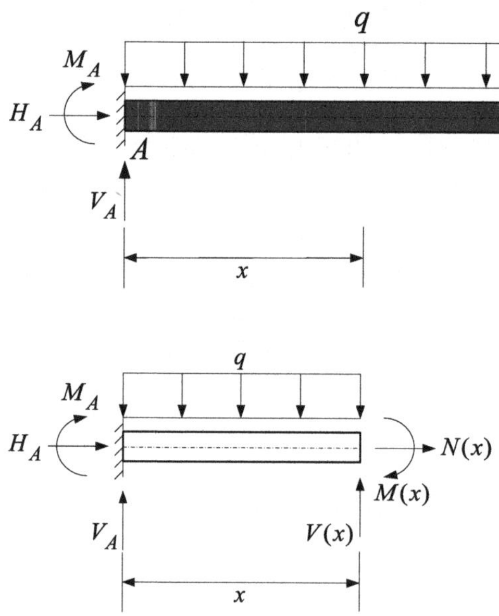

▶식 2.1

$$\sum F_X = 0: \ H_A + N(x) = 0$$
$$\sum F_Z = 0: \ V_A + (-)qx + V(x) = 0$$
$$\sum M_Y = 0: \ M_A + V_A x + \frac{1}{2}(-q)x^2 + M(x) = 0$$

캔틸레버보에서의 하중-전단력-모멘트 상관관계와 임의 단면에서의 변형-변형률-응력의 상관관계는 단순보와 동일하다.

캔틸레버보에서 처짐-처짐각-곡률의 관계를 설명하기 위하여 다음 그림과 같은 경간이 ℓ 인 단순보와 경간이 $\ell/2$ 인 캔틸레버보에 일정한 모멘트 M 이 작용하는 경우를 예로 들어 보자. 모멘트가 일정하므로, 탄성계수와 단면의 크기가 변하지 않는다면 곡률도 일정하다. 이 경우에 단순보에서의 중앙부 처짐과 단부 처짐각은 캔틸레버보의 자유단에서의 처짐과 처짐각과 각각 같게 된다.

곡률, 즉 M/EI_y 의 빗금 친 부분의 면적이 동일하기 때문이다. 처짐각은 빗금 친 부분의 면적이 되며, 처짐은 빗금 친 부분 면적의 모멘트에 해당한다.

▶그림 2.3
단순보와 캔틸레버보

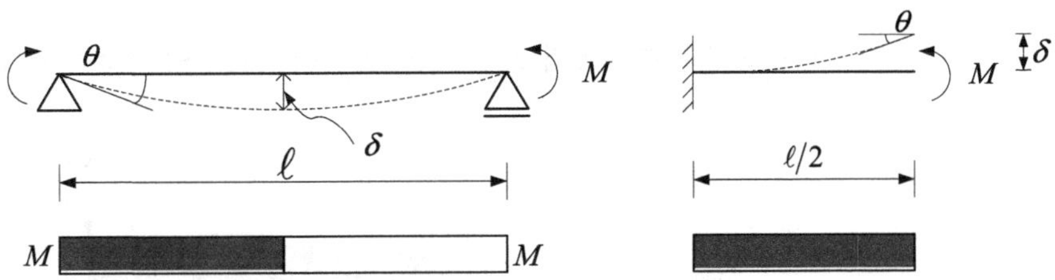

▶식 2.2

$$\theta = \frac{M}{EI_y}\left(\frac{\ell}{2}\right) = \frac{M\ell}{2EI_y}, \quad \delta = \frac{M}{EI_y}\left(\frac{\ell}{2}\right)\left(\frac{\ell}{4}\right) = \frac{M\ell^2}{8EI_y}$$

여기에서 편의상 처짐각과 처짐에 대한 방향을 나타내는 부호는 사용하지 않았다.
단순보와 캔틸레버보의 변형값이 같다는 것은 변형형상으로도 알 수 있다. 단순보 중심에서 우측 부분의 변형형상은 캔틸레버보의 변형형상과 동일하다. 단순보의 중앙부에서 처짐에 대한 접선의 기울기가 영(0)이므로, 이 부분이 고정단과 같은 효과를 보이기 때문이다.

02. 따라하기

02.1 모델 개요

다음과 같은 캔틸레버보에 하중이 작용하는 경우의 반력, 변위 및 부재력을 확인해 본다.

▶그림 2.4
해석모델

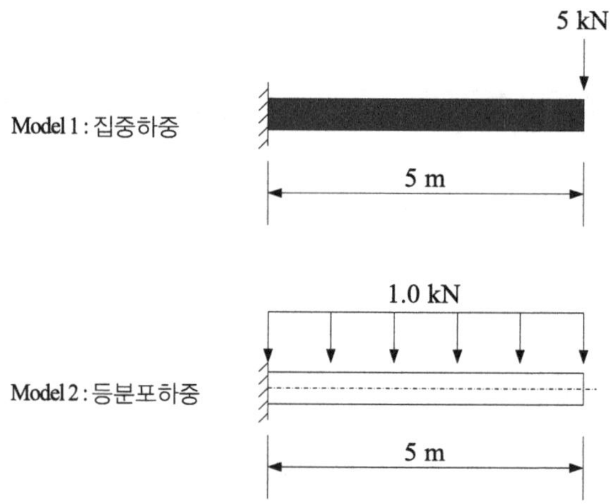

- ***Material***

  Steel : SM490 (탄성계수 $E = 2.05\times10^5$ N/mm^2)

- ***Section***

  단면적(Area) : 4678 mm^2 (H 300×150×6.5×9)

  단면 2 차 모멘트(I_y) : 7.21×10^7 mm^4

- ***Load***

  1. Model 1 : 집중하중 5.0 kN 재하
  2. Model 2 : 등분포하중 1.0 kN/m 재하

02.2 작업환경 설정

02.2.1 단위계 설정 구조해석 모델링을 시작하기 위해 새 문서를 열고 파일을 저장한다.

Main Menu 에서 ***[File]*** *Tab* **>** ***[New Project]***

Main Menu 에서 ***[File]*** *Tab* **>** ***[Save]***

1. 파일 이름 : **'Cantilever'** 입력 후 [저장] 클릭

예제에서 사용할 단위계를 설정한다.

Main Menu 에서 ***[Tools]*** *Tab* **>** ***[Setting]*** *Group* **>** ***[Unit System]***

1. Length > **m**, Force(Mass) > **kN(ton)** 선택

2. **[OK]** 클릭

▶그림 2.5
파일 저장
단위계 설정

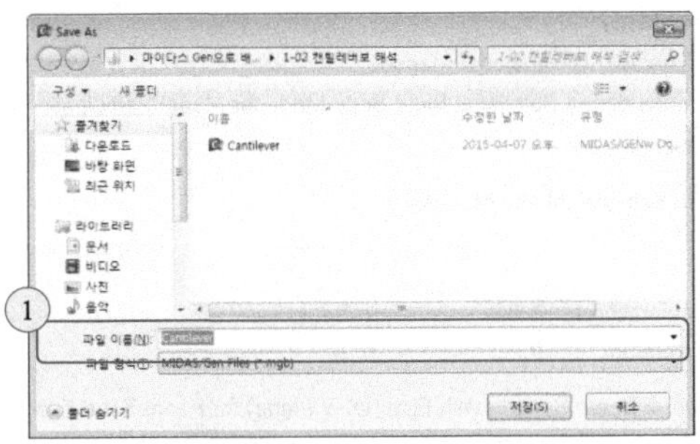

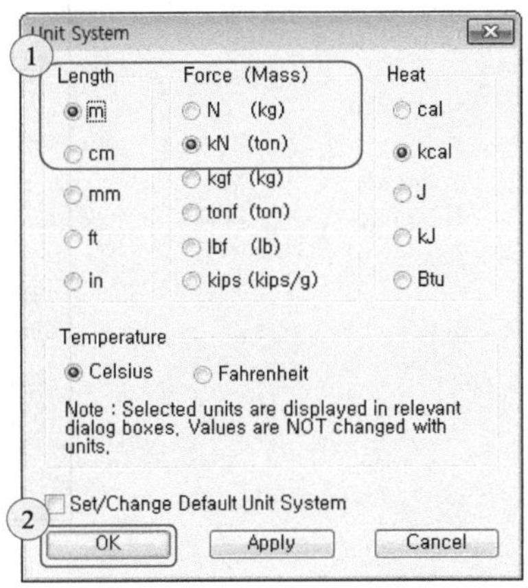

Tip

단위계 설정은 화면 하단 Status bar 에서도 간편하게 설정이 가능하다.

02.2.2 작업평면 설정

Gen은 3-D 구조물을 해석까지 고려하는 프로그램 구조이기 때문에, 2차원 평면에서 거동하는 구조물에 대해서는 불필요한 자유도를 구속하여 평면거동으로 제한해야 한다. 예를 들어, X-Z 평면 내에서만 거동을 허용할 경우, 모든 절점의 DY(Y 방향 변형), RX(X축 회전), RZ(Z축 회전) 자유도를 구속해야 한다.
Gen에서는 이렇게 구조물의 거동을 특정 평면상으로 제한하고자 할 때 간단히 구조물 형상(Structure Type)에서 자유도를 간단하게 구속할 수 있다.
본 예제에서는 전체좌표계(Global Coordinate System, GCS)를 기준으로 X-Z 평면의 거동만을 허용하므로 Structure Type을 2-D 거동 구조물(X-Z Plane)로 지정한다.

Main Menu에서 ***[Structure]*** *Tab* **>** ***[Type]*** *Group* **>** ***[Structure Type]***
1. Structure Type > **X-Z Plane** 선택
2. **[OK]** 클릭

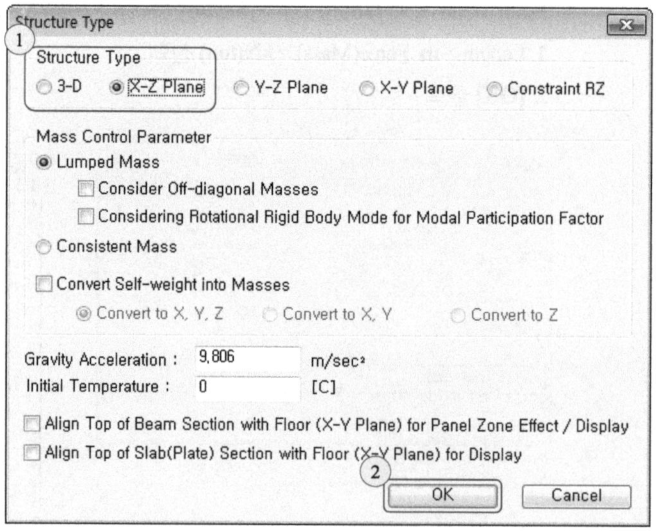

▶그림 2.6
작업평면 설정

02.3 재질과 단면 정의

02.3.1 **재질 정의**

Gen 의 DB 에 내장된 SM490 을 사용한다.

Main Menu 에서 ***[Properties]*** *Tab* **>** ***[Material]*** *Group* **>** ***[Material Properties]***

1. **[Add...]** 클릭
2. Name : **'SM490'** 입력
3. Type of Design > **Steel** 선택
4. Standard > **KS09(S)** 선택, DB > **SM490** 선택
5. **[OK]** 클릭

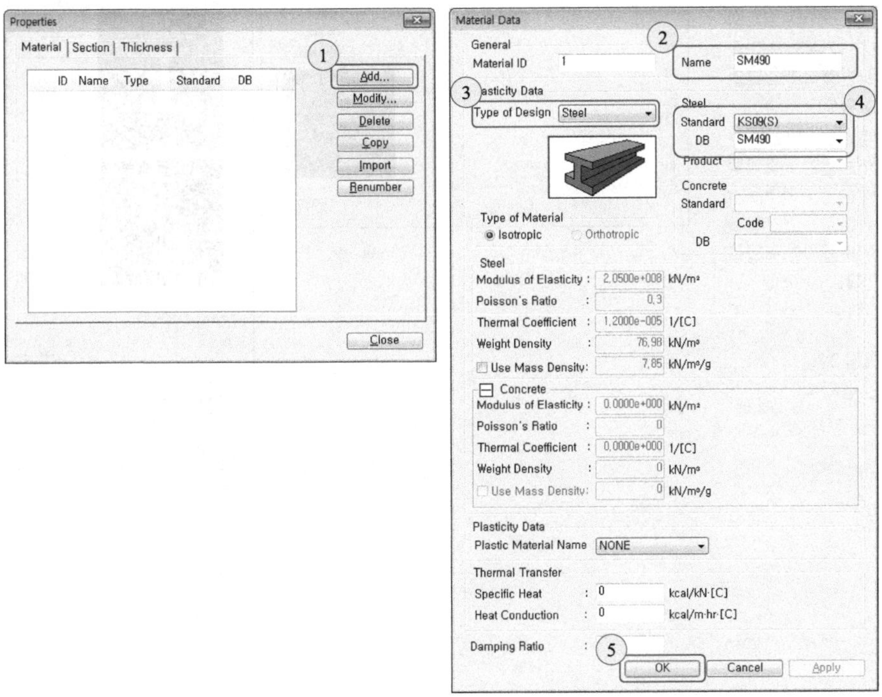

▶그림 2.7
재질 정의

02.3.2 **단면 정의**

국내 표준규격 단면인 H 형강(H 300×150×6.5×9)을 사용한다.

Section 탭 클릭

1. **[Add...]** 클릭
2. 단면형상 목록 > **H-Section** 선택
3. 단면 정의 방법 > **DB** 선택, DB > **KS** 선택
4. Sect. Name > **H 300×150×6.5/9** 선택
5. **Consider Shear Deformation** (Check off)
6. **[OK]** 클릭, **[Close]** 클릭

Tip

Consider Shear Deformation 기능은 단면의 전단변형 고려 여부 옵션이다. 일반적으로 구조역학에서는 전단변형이 미소하여 무시하며, 해석프로그램에서는 기본적으로 미소한 변형이라도 고려하고 있다. 따라서 전단변형을 무시하는 일반 구조역학 수 계산 결과와 비교하기 위해서는 옵션을 해제해야 동일한 결과를 가진다.

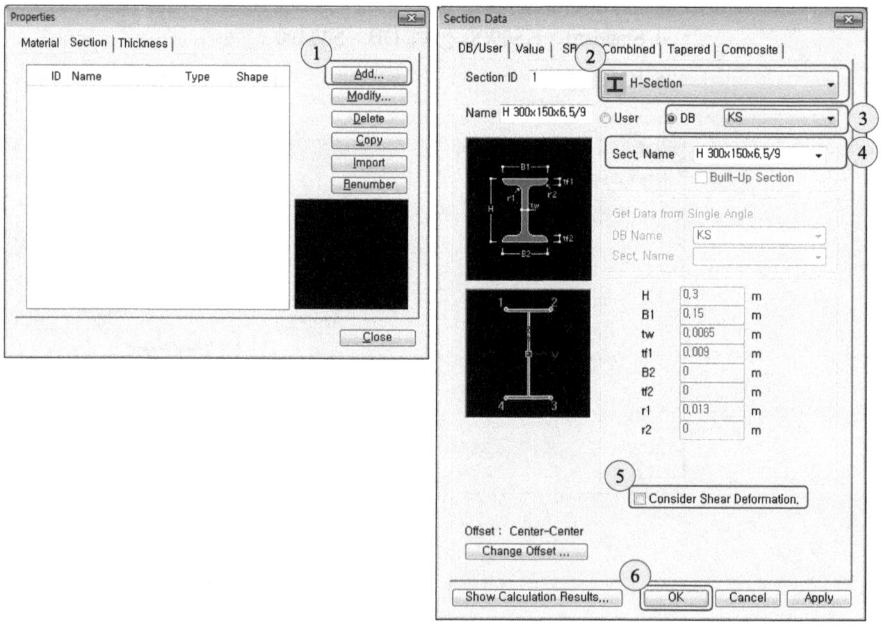

▶그림 2.8
단면 정의

02.4 절점과 요소 생성

02.4.1 **절점 생성**

요소가 입력될 위치에 절점을 먼저 생성하고 이 절점을 이용하여 보요소를 입력한다.

Main Menu 에서 ***[Node/Element]*** *Tab* > ***[Nodes]*** *Group* > ***[Create Nodes]***

1. Coordinates (x, y, z) : **'0, 0, 0'** 입력
2. Copy > Number of Times : **'5'** 입력
3. Distance (dx, dy, dz) : **'1, 0, 0'** 입력
4. **Display Node Numbers, Display Element Numbers** (Toggle on)
5. **[Apply]** 클릭
6. **Auto Fitting, Front View** (Toggle on)

▶그림 2.9
절점 생성

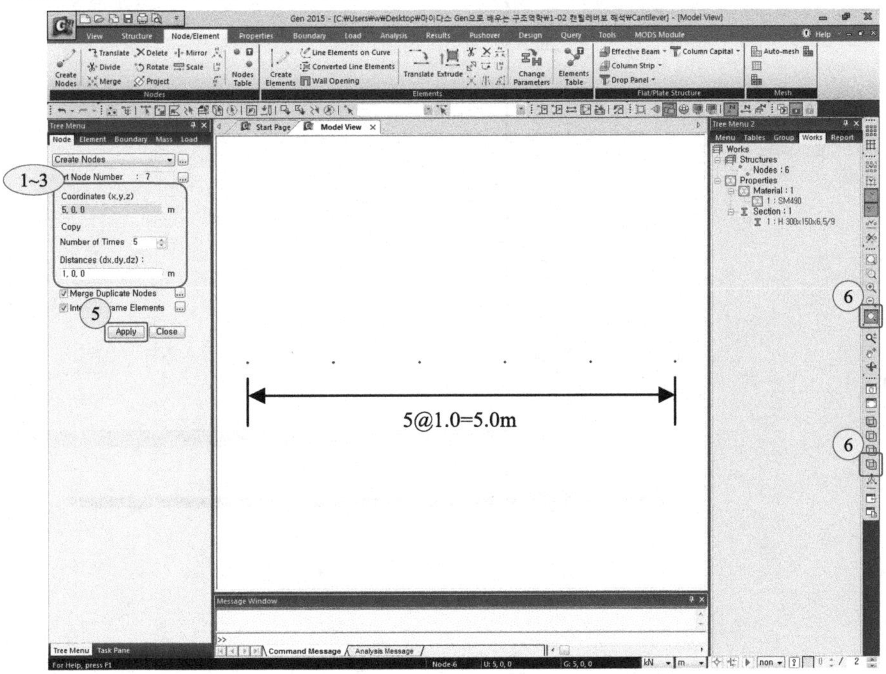

02.4.2 **요소 생성** Create Elements 기능을 이용하여 보요소를 생성한다

Main Menu 에서 ***[Node/Element]*** *Tab>****[Elements]*** *Group>****[Create Elements]***

1. Element Type > **General beam/Tapered beam** 선택
2. Material > **1 : SM490** 선택
3. Section > **1 : H 300×150×6.5/9** 선택
4. Intersect > **Node, Elem** (Check on)
5. Nodal Connectivity 입력란을 클릭하여 초록색의 입력대기상태 확인 후 Model View 에서 **1 번과 6 번 절점**을 순서대로 클릭

▶그림 2.10
보요소 생성

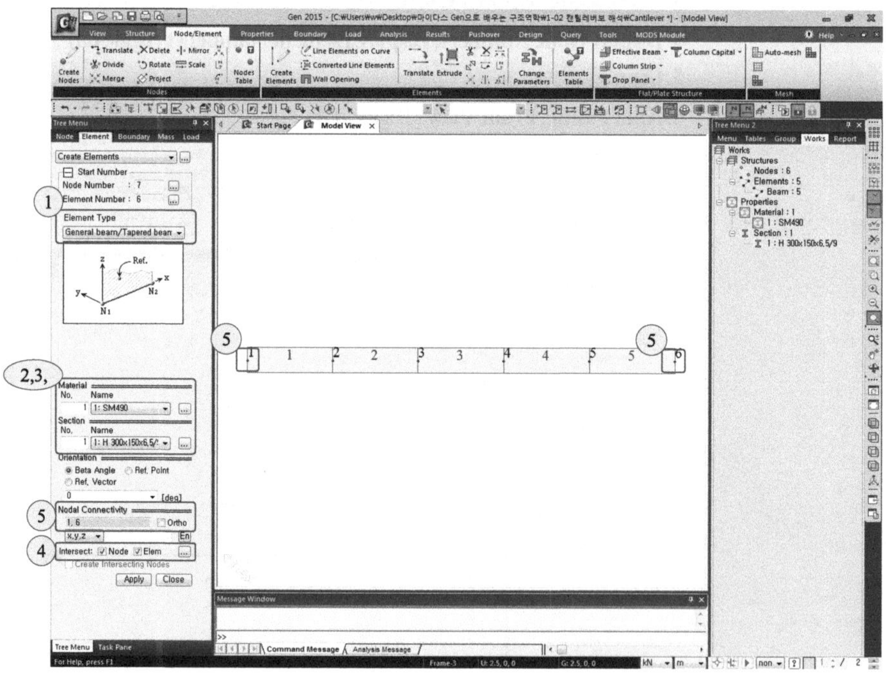

02.4.3 **요소 복제** 생성된 부재의 재질, 단면, 길이와 동일한 조건으로 복제한다.

Main Menu 에서 ***[Node/Element]*** *Tab* > ***[Elements]*** *Group* > ***[Translate]***

1. Mode > **Copy** 선택
2. Translation > **Equal Distance** 선택
3. dx, dy, dz : **'0, 0, 2'** 입력, Number of Times : **'1'**입력
4. **Select All** (on) 모드에서 모든 부재 선택
5. **[Apply]** 클릭

▶그림 2.11
요소 복제

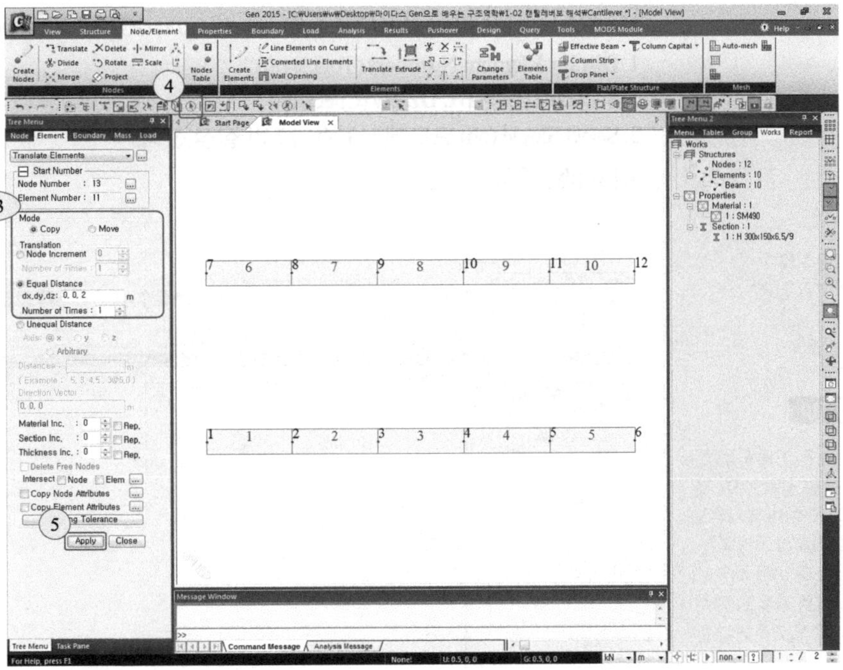

02.5 경계조건 입력

Gen은 3차원 구조해석 프로그램이기 때문에 각 절점당 6개의 자유도(Dx, Dy, Dz, Rx, Ry, Rz)를 가지고 있고, 각 자유도는 아래 그림과 같이 6개의 삼각형으로 구성된 6각면체로 구분한다. 절점의 자유도를 구속하면 6각면체 중에서 구속된 자유도에 대한 삼각형의 색깔이 구분 채색(기본값 = 연두색)된다(아래그림 참조).

Main Menu에서 ***[Boundary]*** *Tab* **>** ***[Supports]*** *Group* **>** ***[Define Supports]***

1. **Display Element Numbers** (Toggle off)
2. Support Type > **Dx, Dz, Ry** (Check on)
3. **Select Single** (on) 모드에서 **1번과 7번 절점** 선택
4. **[Apply]** 클릭

▶그림 2.12
경계조건 입력

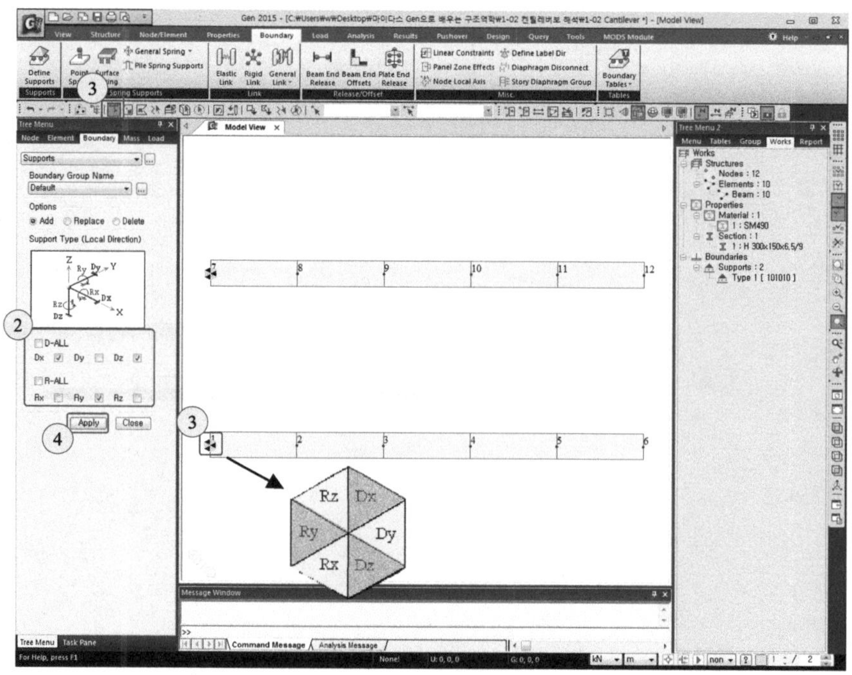

Tip

경계조건 기호 6각형은 1시방향 삼각형(Dx 부분)이 X축 변위 자유도를 의미하며 시계방향으로 Y축 변위 자유도, Z축 변위 자유도, 계속해서 X, Y, Z축에 대한 회전변위 자유도를 의미한다.

02.6 하중 입력

02.6.1 하중조건 정의

하중을 입력하기 위해서는 입력할 하중의 종류(하중조건)를 먼저 정의한다.

Main Menu 에서 ***[Load]****Tab* **> *[Create Load Cases]*** *Group* **> *[Static Load Cases]***

1. Name : **'보하중'** 입력
2. Type > **User Defined Load (USER)** 선택
3. **[Add]** 클릭
4. **[Close]** 클릭

▶그림 2.13 하중조건 정의

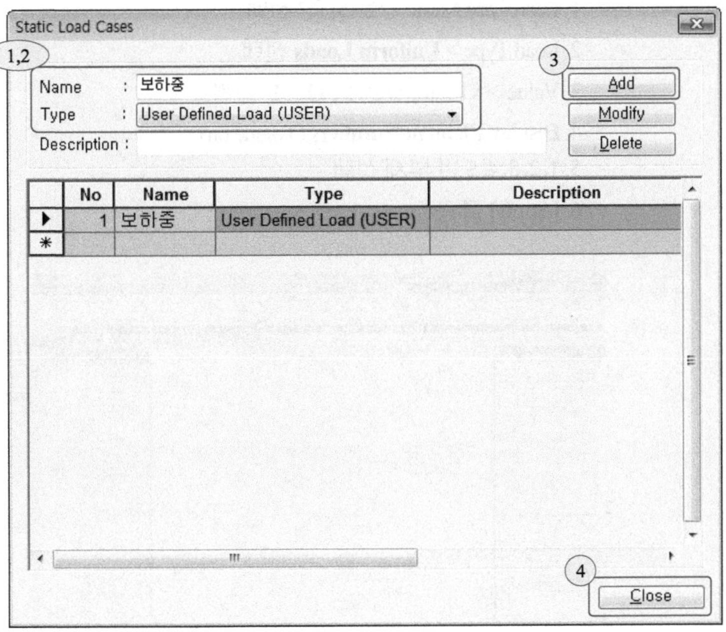

02.6.2 **하중 입력** 캔틸레버보의 단부 (절점 12)에 집중하중 5 kN 을 입력한다.

Main Menu 에서 ***[Load]** Tab* **>** ***[Structure Loads/Masses]** Group* **>** ***[Nodal Loads]***

1. Load Case Name > **'보하중'** 선택
2. Nodal Loads 의 FZ : **'-5'** 입력
3. **12** 번 절점 선택
4. **[Apply]** 클릭

캔틸레버보의 상부에 등분포하중 1.0 kN 을 입력한다.

Main Menu 에서 ***[Load]** Tab* **>** ***[Beam Load]** Group* **>** ***[Element]***

1. Load Case Name > **'보하중'** 선택
2. Load Type > **Uniform Loads** 선택
3. Value > x1 : **'0'**, w : **'-1'**, x2 : **'1'** 입력
4. **Display Element Numbers** (Toggle on)
5. **1, 2, 3, 4, 5** 번 부재 선택
6. **[Apply]** 클릭

▶그림 2.14
하중입력

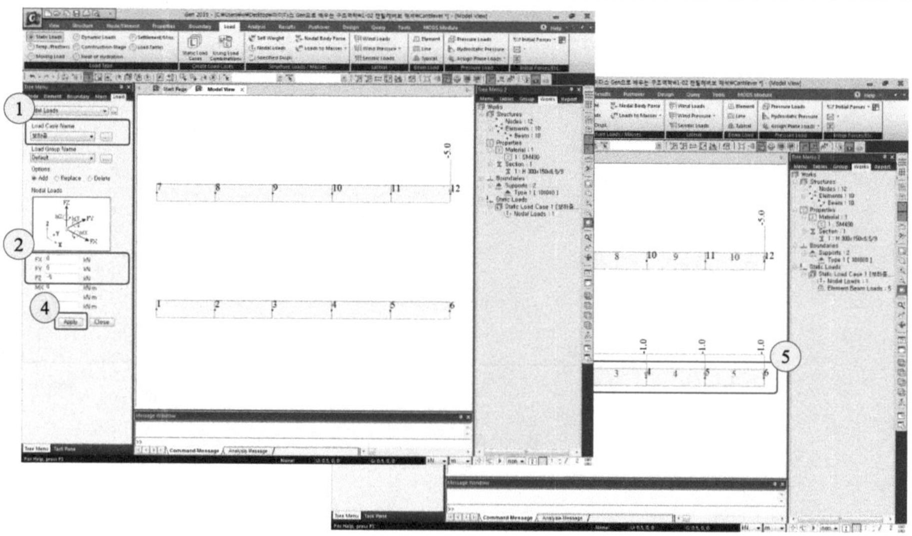

02.7 구조해석 수행

02.7.1 입력데이터 검토

해석을 수행하기 전에 모델에 입력된 내용을 확인한다.

Main Menu 에서 ***[View]*** *Tab* > ***[Display]*** *Group* > ***[Display]***

1. Load 탭 클릭, Load Case > **Load Value** (Check on)
2. Case Selection > **ST :** 보하중 선택
3. 리스트에서 **Nodal Load, Beam Load** (Check on)
4. **[OK]** 클릭

Main Menu 에서 ***[View]*** *Tab* > ***[Display]*** *Group* > ***[Display]***

5. **Nodal Load, Beam Load** (Check off),
6. **[OK]** 클릭

▶그림 2.15
입력하중 확인

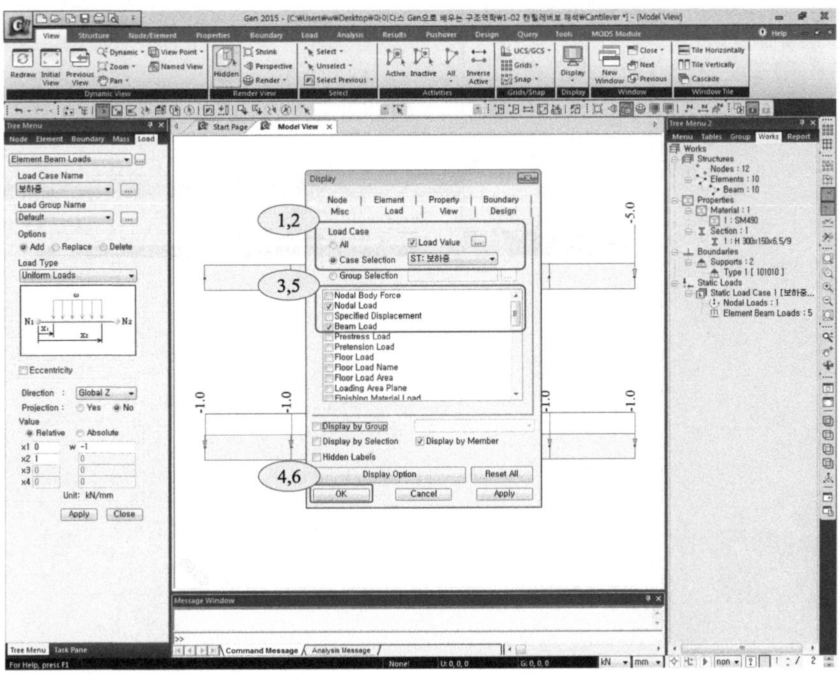

02.7.2 구조해석 수행

구조해석모델의 부재 생성, 하중, 경계조건 입력을 마치고 구조해석을 수행한다.

Main Menu 에서 ***[Analysis]** Tab* > ***[Perform]** Group* > ***[Perform Analysis]***

1. ***Display Node Numbers, Display Element Numbers*** (Toggle off)

3. Message Window 에서 해석 정상 종료 메시지 확인

▶그림 2.16
해석 정상 종료 메시지

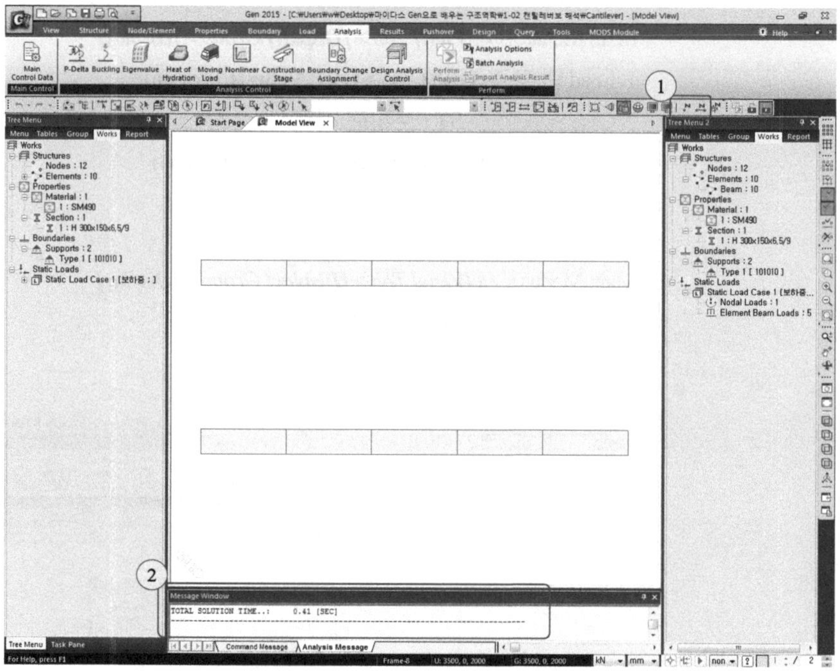

Tip

해석 수행명령(Perform Analysis)은 화면 상단의 단축아이콘 또는 단축키(F5)를 이용할 수 있다.

기하정보, 하중, 경계조건이 입력되지 않거나 비정상적인 상태에서 해석을 하게 되면 Message Window 에서 오류원인을 출력한다.

02.8 해석결과 확인

02.8.1 **반력**

Gen 에서 반력을 확인하고 수 계산 결과와 비교한다.

Main Menu 에서 ***[Results]** Tab* > ***[Results]** Group* > **[Reactions]** > **[Reaction Forces/Moments]**

1. Load Cases/Combinations > **ST :** 보하중 선택
2. Components > **FXYZ** 선택
3. Type of Display 에서 **Values, Legend** (Check on)
4. **[Apply]** 클릭

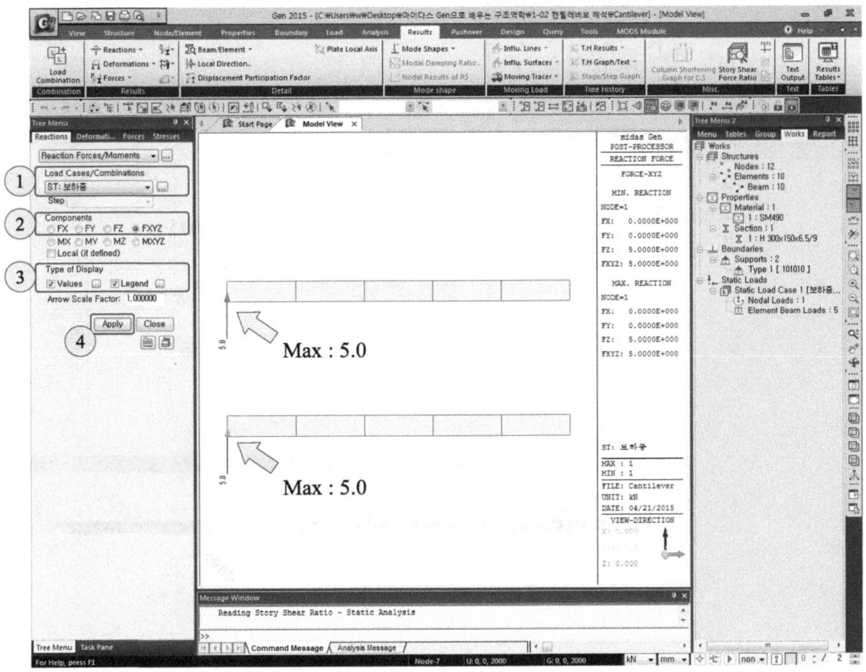

▶그림 2.17
반력 결과

02.8.2 **변위 및 변형** Gen 에서 계산된 변위를 확인하고 수 계산과 비교한다.

Main Menu 에서 ***[Results]*** *Tab* > ***[Results]*** *Group* > ***[Deformations]*** > ***[Displacement Contour]***

1. Load Cases/Combinations > **ST : 보하중** 선택
2. Components > **DXYZ** 선택
3. Type of Display > **Contour, Deform, Values, Legend** (Check on)
4. **[Apply]** 클릭
5. 화면 하단의 Status Bar 에서 길이 단위를 **mm** 로 변경

▶그림 2.18
변위 결과

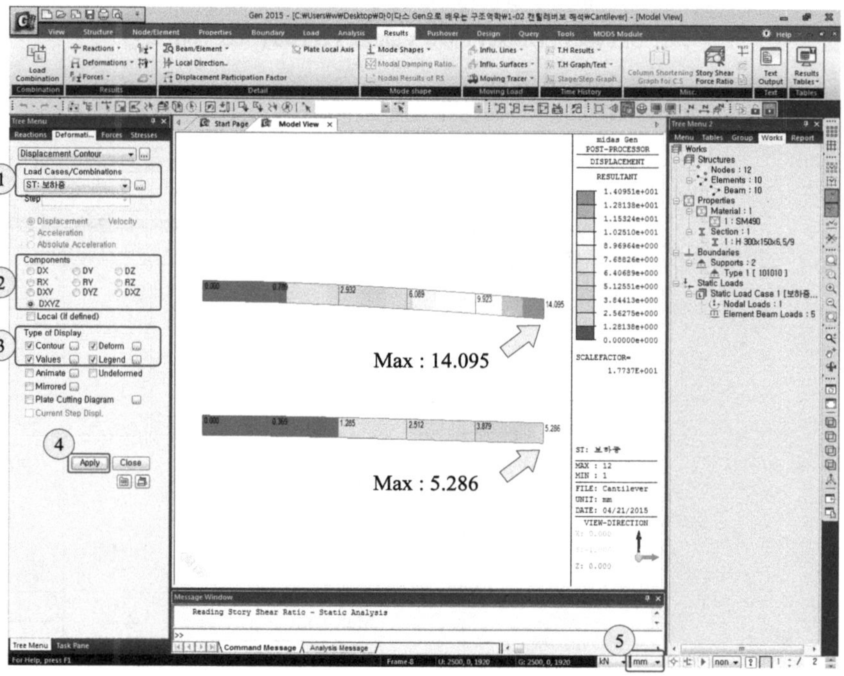

02.8.3 **부재력** 캔틸레버보에 작용하는 모멘트를 확인한다.

Main Menu 에서 ***[Results]** Tab* > ***[Results]** Group* > ***[Forces]*** > ***[Beam Diagrams]***

1. 화면 하단의 Status Bar 에서 길이 단위를 **m** 로 변경
2. Load Cases/Combinations > **ST :** 보하중 선택
3. Components > **My** 선택
4. Type of Display > **Contour, Values, Legend** (Check on), **Deform** (Check off)
5. **[Apply]** 클릭

▶그림 2.19
모멘트 결과

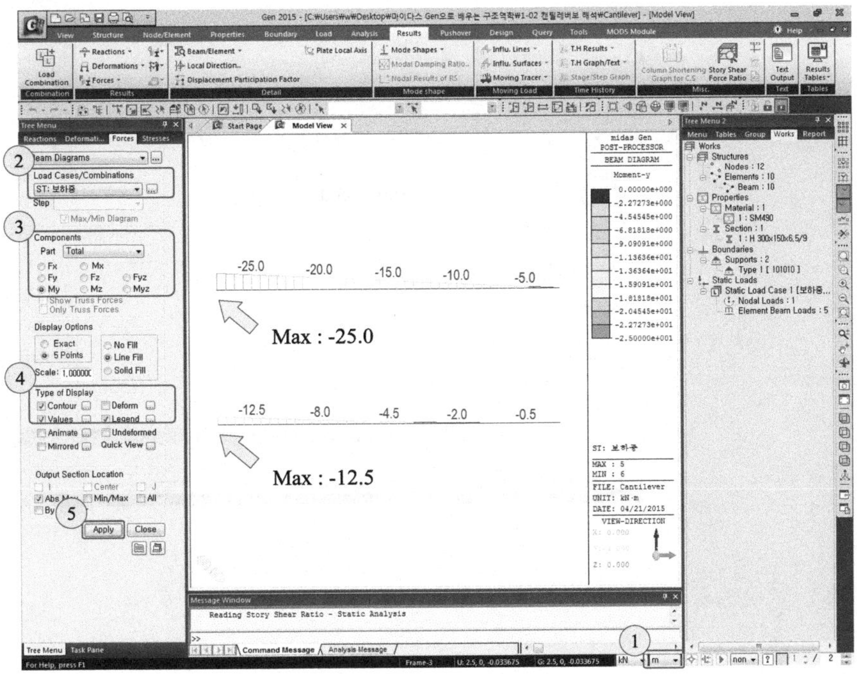

Tip
부재력은 요소좌표계에 따라 출력되며, 기본값일 경우 선요소(보, 기둥)의 휨모멘트는 My, 전단력은 Fz, 축력은 Fx 로 출력된다.

캔틸레버보에 작용하는 전단력을 확인한다.

1. Components > **Fz** 선택
2. **[Apply]** 클릭

▶그림 2.20
전단력 결과

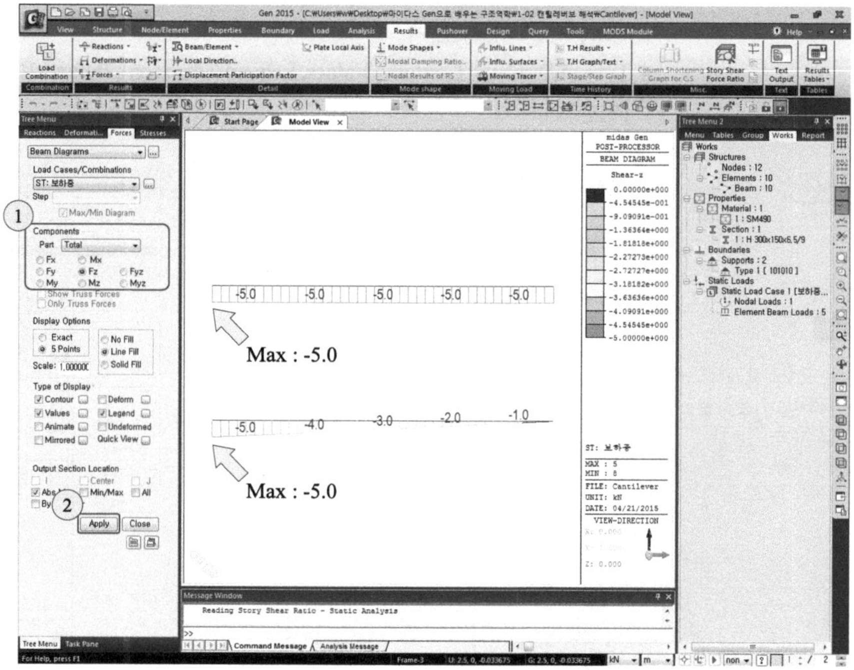

02.8.4 응력

부재의 응력을 확인한다.

부재의 응력 성분(Components) 중

Sax 는 요소좌표계 x 축방향 축응력,

Ssy, Ssz 는 각각 요소좌표계 y, z 축방향 전단응력,

Sby, Sbz 는 각각 요소좌표계 y, z 축에 대한 휨응력을 의미한다.

Combined 는 조합응력으로서 Sax ± Sby ± Sbz 중 최대 또는 최소값을 나타낸다.

순수 휨응력만을 확인하기 위해서는 Sbz 성분의 응력을 선택하여 검토한다.

Main Menu 에서 ***[Results]** Tab* > ***[Results]** Group* > ***[Stresses]*** > ***[Beam Stresses]***

1. Load Cases/Combinations > **ST :** 보하중 선택
2. Components > **Sbz** 선택
3. Type of Display > **Contour, Deform, Value, Legend** (Check on)
4. **[Apply]** 클릭

▶그림 2.21
응력 결과

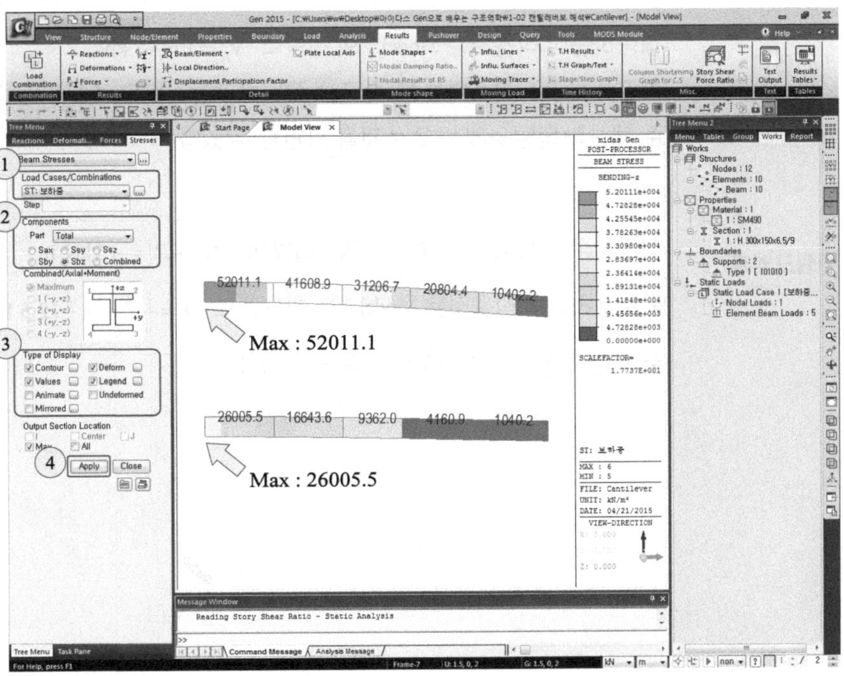

03. 풀어보기

03.1 역학적 개념의 이해 및 수 계산

03.1.1 반력

집중하중이 작용하는 Model 1 의 반력 = $P = 5.0\ \text{kN}$
등분포하중이 작용하는 Model 2 의 반력 = $\omega\ell = 5.0\ \text{kN}$ 으로써
수 계산과 동일하게 나오는 것을 확인할 수 있다.

03.1.2 변위

집중하중이 작용하는 Model 1 의 변위 $\delta = \dfrac{P\ell^3}{3EI} = 14.095\ \text{mm}$

등분포하중이 작용하는 Model 2 의 변위 $\delta = \dfrac{\omega\ell^4}{8EI} = 5.286\ \text{mm}$ 로써
수 계산과 동일하게 나오는 것을 확인할 수 있다.

03.1.3 전단력

집중하중이 작용하는 Model 1 의 전단력 $V_A = P = -5\ \text{kN}$
등분포하중이 작용하는 Model 2 의 전단력 $V_A = \omega\ell = -5\ \text{kN}$ 으로써
수 계산과 동일하게 나오는 것을 확인할 수 있다.

03.1.4 휨모멘트

집중하중이 작용하는 Model 1 의 휨모멘트 $M = -P\ell = -25\ \text{kN}\cdot\text{m}$

등분포하중이 작용하는 Model 2 의 휨모멘트 $M = -\dfrac{\omega\ell^2}{2} = -12.5\ \text{kN}\cdot\text{m}$ 으로써

수 계산과 동일하게 나오는 것을 확인할 수 있다.

04. 연습문제

1. 다음과 같은 캔틸레버보에 하중이 작용하는 경우의 반력, 변위, 전단력, 휨모멘트를 구하시오(단, 전단변형 무시).

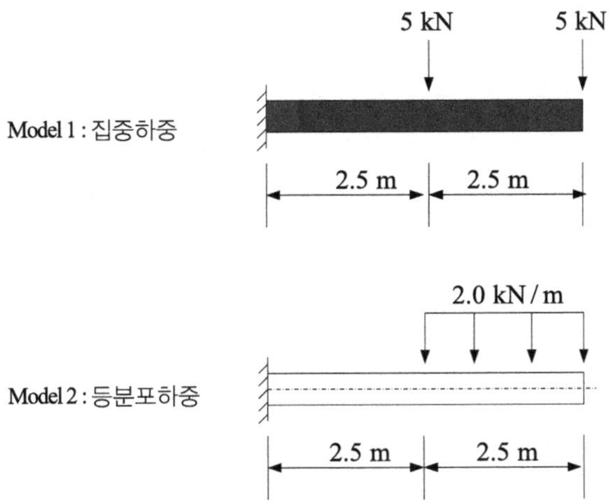

- ***Material***
  Steel : SM490 (탄성계수 E = 2.05×10^5 N/mm^2)
- ***Section***
  단면적(Area) : 8412 mm^2 (H 400×200×8×13)
  단면 2 차 모멘트(I_y) : 2.37×10^8 mm^4
- ***Load***
  1. Model 1 : 집중하중 5.0 kN 재하
  2. Model 2 : 등분포하중 2.0 kN/m 재하

3. 트러스 해석

TABLE OF CONTENTS

01. 이해하기

01.1 트러스 해석의 개념

01.1.1 일반사항

2 개 이상의 직선 부재를 마찰력이 없는 힌지(hinge)로 연결하여 삼각형 형상으로 조합한 구조물을 트러스라고 한다. 주로 공장건물, 강당, 체육관, 교량 등 대공간 구조물의 지붕구조나 장 경간이 요구되는 구조물에 사용된다.

▶사진 3.1
트러스 구조물
(a) 트러스 지붕
(b) 고층건물 전이 트러스

트러스는 용도와 형식에 따라 지붕형 트러스, 트러스 보, 기둥붙이 트러스, 골조 트러스 등으로 구분해 볼 수 있다.

▶그림 3.1
트러스의 종류
(a) 지붕형 트러스
(b) 트러스 보
(c) 기둥붙이 트러스
(d) 골조 트러스

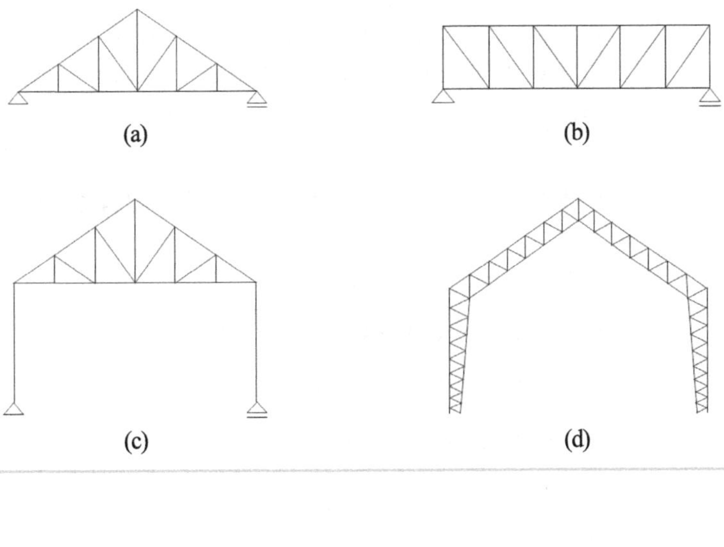

트러스의 부재력은 다음과 같은 가정에 따라 유도된다.
① 각 부재가 만나는 절점은 마찰이 없는 힌지(hinge)로 연결된다.
② 각 부재는 직선재이다.
③ 각 부재의 중심축은 절점에서 만난다.
④ 모든 하중은 부재가 연결되는 절점에만 작용한다.

하중이 절점에만 작용하므로 트러스의 부재력은 인장력이나 압축력만 생기며, 편의상 인장력을 (+), 압축력을 (-)로 한다. 트러스 해석에서 부재의 인장이나 압축을 판단할 경우, 절점을 기준으로 힘이 밖으로 향하면 인장, 힘이 절점방향으로 향하면 압축이라고 생각하면 편리하다.

▶그림 3.2
트러스 부재의 인장/압축 개념도

01.1.2 해석 개념

트러스를 역학적인 면에서 분류한다면 정정 트러스와 부정정 트러스로 분류할 수 있으며, 부정정 트러스는 다시 외적 부정정과 내적 부정정으로 세분된다. 정정 트러스는 힘의 평형조건만으로도 반력 및 부재력을 산정할 수 있는 구조이며, 부정정 트러스는 부정정 차수만큼의 추가적인 조건이 필요하다. 외적 부정정이란 힘의 평형조건만으로는 반력을 산정할 수 없는 구조이며, 내적 부정정이란 반력은 힘의 평형조건으로 산정할 수 있을지라도 트러스를 이루는 부재력은 추가적인 조건이 있어야 계산이 가능한 구조를 말한다.

아래 식은 트러스의 부정정 차수를 산정하는 방법을 식으로 표현한 것이다.

외적 부정정 차수 $m_e = n - 3$
내적 부정정 차수 $m_i = (3 + s + r) - 2k$
전체 부정정 차수 $m = m_e + m_i$
여기서 n : 반력 수, s : 부재 수, r : 강절점 수, k : 절점 수

1) 정정 트러스의 해법

트러스의 해석 방법에는 절점법, 단면법, 응력계수법, 도해법, 영향선법 등 여러 방법이 있다. 이 중에서 절점법은 어떤 절점을 자유물체도로 하여 $\sum F_X = 0$, $\sum F_Z = 0$와 같은 힘의 평형조건으로 해석하는 방법이며, 절단법은 임의 절단면으로 트러스를 절단한 자유물체도에 대하여 $\sum F_X = 0$, $\sum F_Z = 0$, $\sum M = 0$와 같은 힘의 평형조건으로 해석하는 방법이다. 절점법에서 모멘트에 대한 힘의 평형조건을 적용하지 않은 이유는 트러스는 절점에서 모멘트를 지지할 수 없기 때문이다.

아래 그림은 절점법과 절단법에 의한 해석법을 보여주고 있다. 절점법에서는 A 절점을 중심으로 힘의 평형조건을 적용한 것이며, 절단법에서는 그림과 같은 절단선으로 트러스를 절단하여 힘의 평형조건을 적용한 것이다. 절점법에서는 2 개까지의 식을 사용할 수 있으므로, 해당 절점에 3 개 이상의 부재가 연결되어 있으면 안 된다. 그리고 절단법에서는 3 개까지의 식을 사용할 수 있으므로, 4 개 이상의 부재가 절단되도록 해서는 안 된다.

▶그림 3.3
절단법

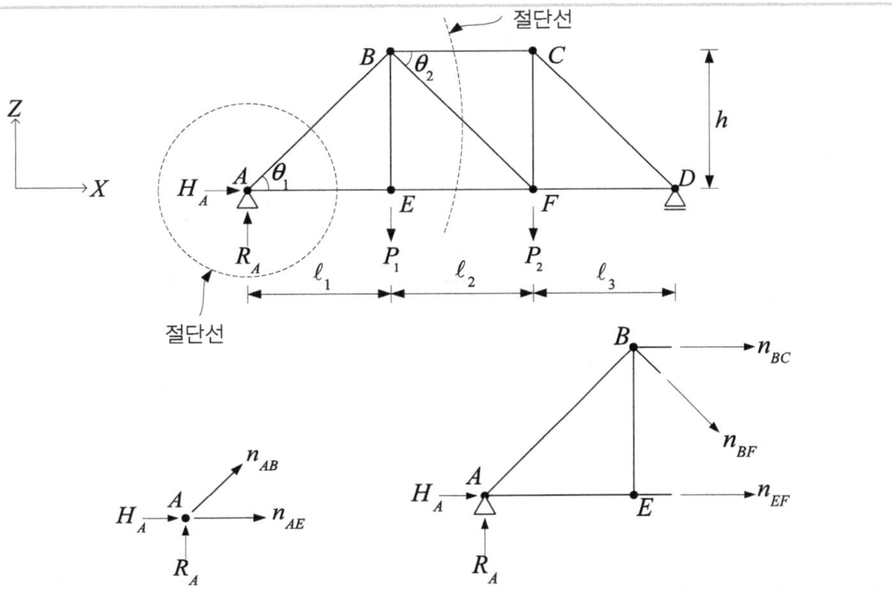

$$\sum F_X = H_A + n_{AE} + n_{AB}\cos\theta_1 = 0$$
$$\sum F_Z = R_A + n_{AB}\sin\theta_1 = 0$$

$$\sum F_X = H_A + n_{BC} + n_{EF}\cos\theta_2 + n_{EF} = 0$$
$$\sum F_Z = R_A - n_{BF}\sin\theta_2 = 0$$
$$\sum M_B = -H_A \cdot h + R_A \cdot \ell_1 - n_{EF} \cdot h = 0$$

2) 부정정 트러스의 해법

변형일치법 혹은 유연도법(flexibility method)은 부정정 트러스 구조의 해석에 유용한 방법이다. 변형일치법에서는 미지수로 선정한 자유도를 대상으로 방정식을 만들어서 적합조건을 적용한다.

아래 구조물은 1 개의 자유도를 미지수로 선정하여 유연도법을 적용한 예이다. 그림의 트러스에서는 BF 부재에 인위적으로 열을 가하여 BF 부재의 길이가 Δ 만큼 늘어나게 한 예이다. 이때 BF 부재의 부재력을 미지수 X_1 로 선정한 경우를 대상으로 유연도법의 개념을 설명한다.

▶그림 3.4 유연도법
(a) 해석모델

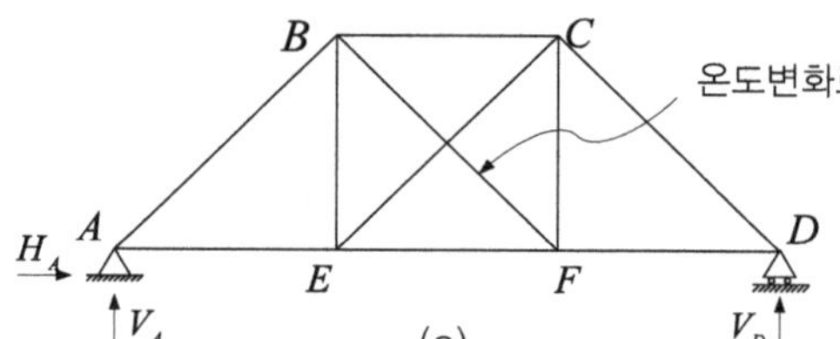

(a)

(b) 외부하중이 작용하는 경우

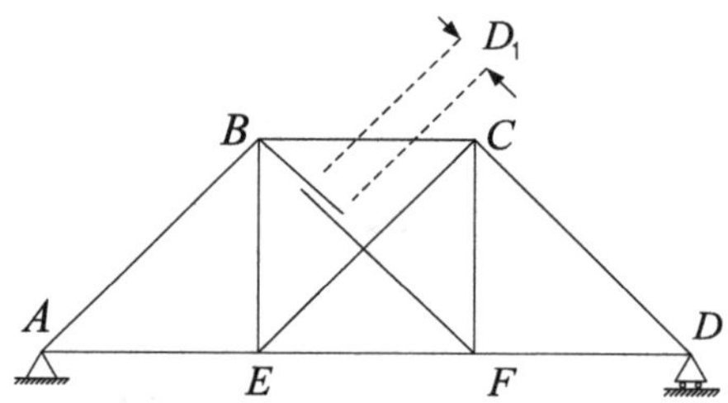

(b)

(c) BF 부재에 단위하중을 가한 경우

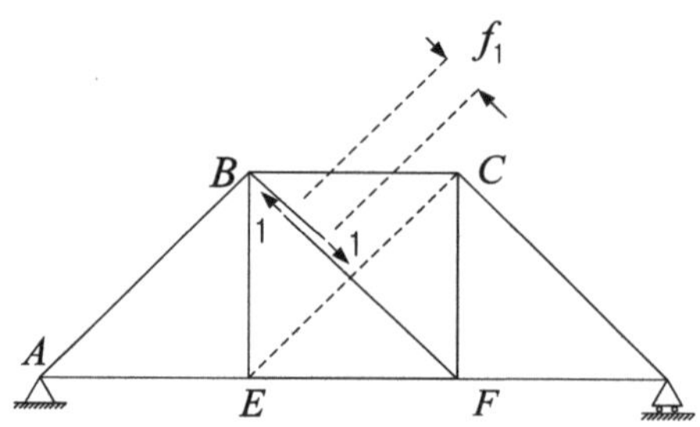

(c)

유연도법 혹은 변형일치법에서는 미지수로 선정한 부재 혹은 반력이 제거된 상태를 대상으로 적합조건을 만들어서 구조해석을 수행한다. BF 부재의 부재력을 미지수로 선정했다면 BF 부재의 중간을 끊은 상태를 대상으로 한다. 그리고 외부 하중이 작용할 때(온도변화는 외부하중이 아님)에 의해 발생하는 끊어진 두 점 사이의 거리변화(겹침 혹은 벌어짐)를 D_1 라고 정의하고, 외부요인 대신 BF 부재에 단위하중 1 을 가했을 때 끊어진 두 점 사이의 거리변화를 f_{11} 이라고 정의해 보자. 그렇다면 f_{11} 에 X_1 를 곱한 $f_{11}X_1$ 은 BF 부재가 부재력 X_1 을 받을 때 BF 부재의 끊어진 두 점 사이의 거리변화가 된다. 이러한 경우에 대한 접합조건은 다음과 같아야 한다.

▶식 3.1

$$f_{11}X_1 + D_1 = \Delta_1$$

온도변화와 같은 요인이 없이 하중만 있었다면 Δ_1 은 영(0)이 되어야 한다. 그러나 온도만에 의해서 BF 부재가 늘어난 상태라면 D_1 은 영(0)이 되고, Δ_1 은 늘어난 길이가 된다. 즉 위 식은 BF 부재가 끊어진 상태가 아니라는 사실을 적합조건으로 표현한 것이다. 그리고 $f_{11}X_1$ 와 D_1 이 서로 상쇄되거나, 실제로 발생되는 변형이 Δ_1 이라는 의미에서 변형일치법이라는 표현을 사용한다. 변형 f_{11} 이나 D_1 을 구하는 방법에는 여러 가지가 있을 수 있으나, 단위하중법이 가장 유효한 방법이다.

구조물이 2 차 부정정 구조이면 미지수로 2 개의 부재력이나 반력을 선정하며, 이들을 제거한 상태를 대상으로 다음과 같은 적합조건을 만들 수 있다.

▶식 3.2

$$\begin{bmatrix} f_{11} & f_{12} \\ f_{21} & f_{22} \end{bmatrix} \begin{Bmatrix} X_1 \\ X_2 \end{Bmatrix} + \begin{Bmatrix} D_1 \\ D_2 \end{Bmatrix} = \begin{Bmatrix} \Delta_1 \\ \Delta_2 \end{Bmatrix}$$

$$f_{11} = \sum \frac{\ell_i}{EA_i} n_i^1 n_i^1, \quad f_{12} = f_{21} = \sum \frac{\ell_i}{EA_i} n_i^1 n_i^2, \quad f_{22} = \sum \frac{\ell_i}{EA_i} n_i^2 n_i^2$$

$$D_1 = \sum \frac{\ell_i}{EA_i} n_i^1 N_i, \; D_2 = \sum \frac{\ell_i}{EA_i} n_i^2 N_i$$

Δ_i = 조립오차 혹은 온도변화 등으로 인한 변형

02. 따라하기

02.1 모델 개요

내적 1 차 부정정인 트러스와 내적 · 외적 1 차 부정정인 트러스가 조립오차와 같은 내적하중과 집중하중을 부담할 때 어떠한 거동을 하는지 비교해 본다.

▶그림 3.5 해석모델

Model 1 : 내적 1 차 부정정

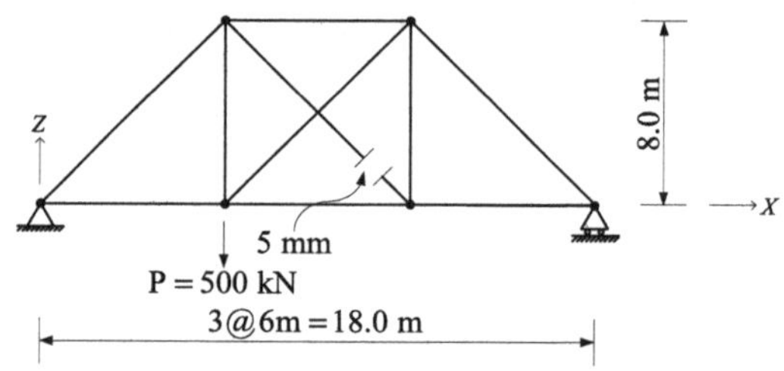

Model 2 : 내적 1 차 외적 1 차 부정정

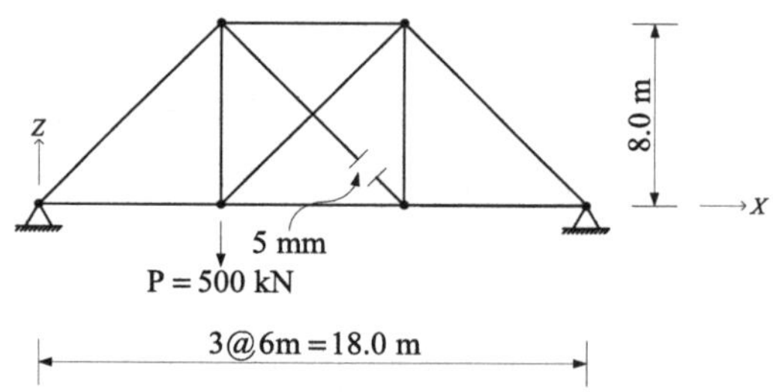

- ***Material*** : SM400 (탄성계수 $E = 2.05 \times 10^5\ N/mm^2$)
- ***Section*** : 상자형 300×300×12 mm
- ***Load***

  1.절점 집중하중 : 500 kN

  2.조립오차: 5 mm → 프리텐션하중(1378.6 kN)으로 치환

  $$P = K\delta = EA/\ell \times \delta = (2.05 \times 10^8 \times 0.01345/10) \times 0.005 = 1378.6\ kN$$

02.2 작업환경 설정

02.2.1 단위계 설정

구조해석 모델링을 시작하기 위해 새 문서를 열고 파일을 저장한다.

Main Menu 에서 ***[File]*** *Tab* > ***[New Project]***
Main Menu 에서 ***[File]*** *Tab* > ***[Save]***
1. 파일 이름 : **'Truss'** 입력 후 [저장] 클릭

예제에서 사용할 단위계를 설정한다.

Main Menu 에서 ***[Tools]*** *Tab* > ***[Setting]*** *Group* > ***[Unit System]***
1. Length > **m**, Force(Mass) > **kN(ton)** 선택
2. **[OK]** 클릭

▶그림 3.6
파일 저장
단위계 설정

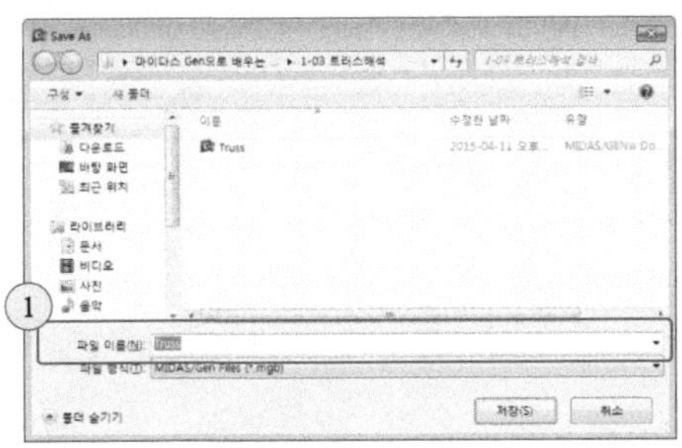

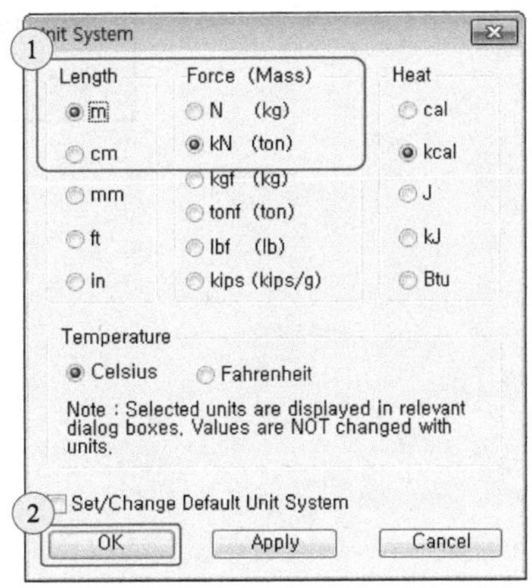

02.2.2 **작업평면 설정** 예제 모델은 평면 트러스(X-Z 평면) 구조이므로 Structure Type에서 구조물이 X-Z 평면 내에서만 거동하도록 지정한다.

Main Menu에서 ***[Structure]*** *Tab* **>** ***[Type]*** *Group* **>** ***[Structure Type]***

1. Structure Type > **X-Z Plane** 선택
2. **[OK]** 클릭

▶그림 3.7
작업평면 설정

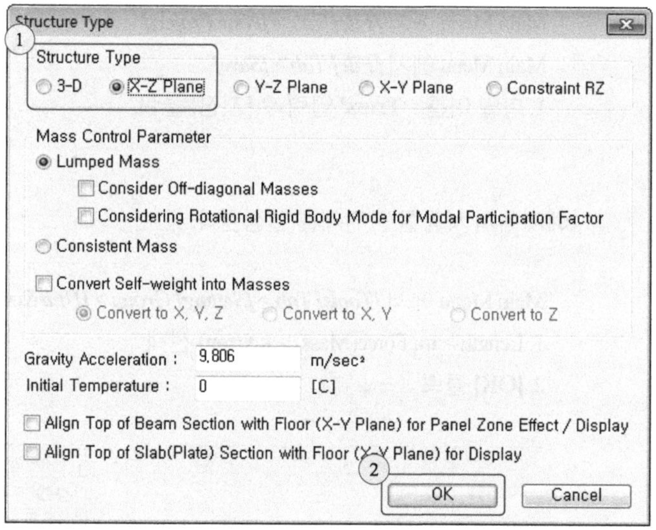

02.3 재질과 단면 정의

02.3.1 재질 정의

트러스의 재질 및 단면은 Gen DB에 KS 규격 목록을 사용한다.

Main Menu 에서 ***[Property]** Tab* **>** ***[Material]** Group* **>** ***[Material Properties]***

1. **[Add...]** 클릭
2. Name : **'SM400'** 입력
3. Type of Design > **Steel** 선택
4. Steel > Standard > **KS09(S)** 선택, DB > **SM400** 선택 후 **[OK]** 클릭

Section 탭 클릭

1. **[Add...]** 클릭
2. 단면형상 목록 > **Box** 선택
3. Sect. Name > **B 300×300×12** 선택 후 **[OK]** 클릭, **[Close]** 클릭

▶그림 3.8
(a) 재질 정의
(b) 단면 정의

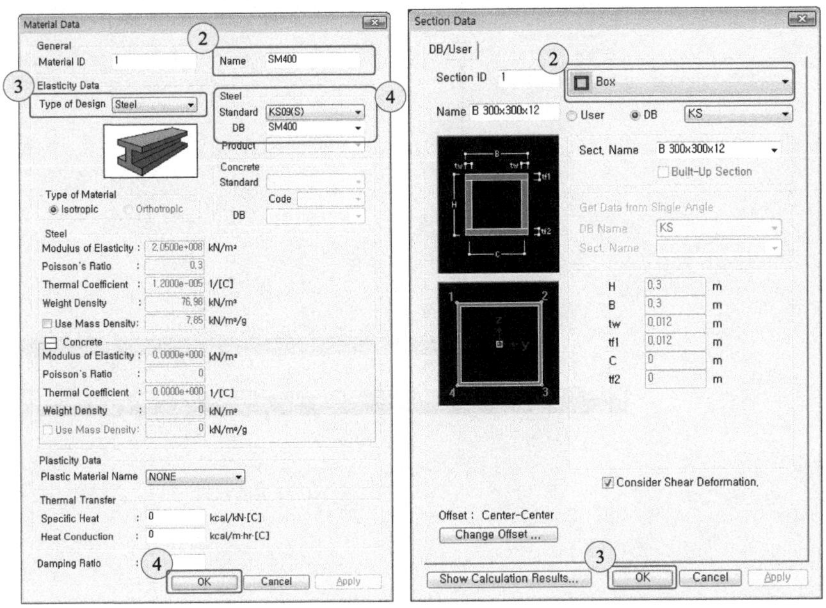

02.4 절점과 요소 생성

02.4.1 **절점 생성**

트러스 부재를 생성하기 위해 절점을 먼저 생성한다.

Main Menu 에서 ***[Node/Element]*** *Tab* > ***[Nodes]*** *Group* > ***[Create Nodes]***

1. Coordinates (x, y, z) : **'0, 0, 0'** 입력
2. **[Apply]** 클릭
3. **Auto Fitting, Front View** (Toggle on)

▶그림 3.9
절점 생성

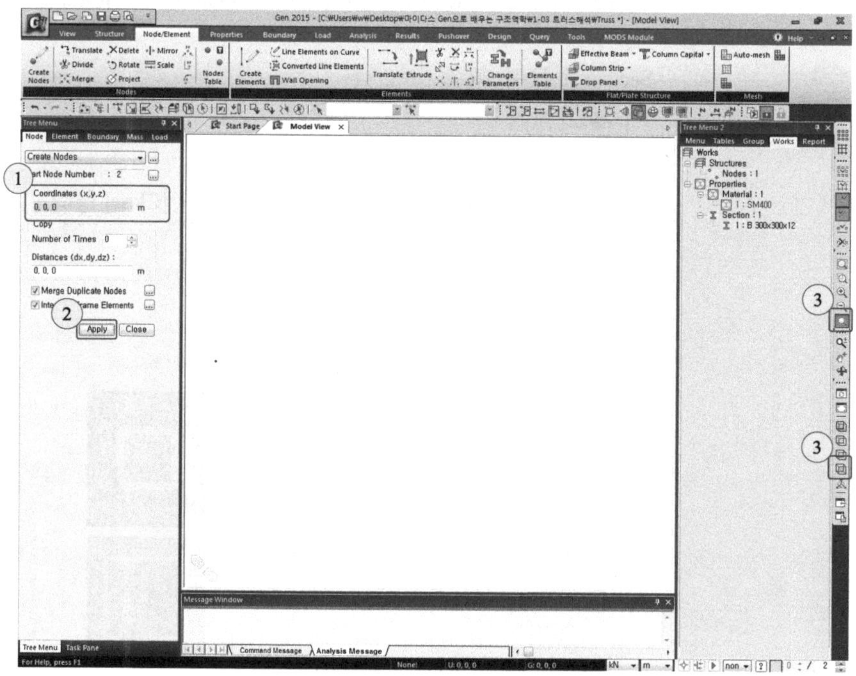

02.4.2 **요소 생성** 점을 선요소로 확장 변환하는 Extrude Elements 기능으로 트러스 하현재를 생성한다.

Main Menu 에서 ***[Node/Element]*** *Tab* > ***[Elements]*** *Group* > ***[Extrude]***

1. Extrude Type > **Node → Line Element** 선택
2. Element Attribute > Element Type > **Truss** 선택
3. Material > **'1:SM400'**, Section > **1:B 300×300×12** 선택, Beta Angle : **'0'** 입력
4. Generation Type > **Translate** 선택
5. Translation > **Equal Distance** 선택
6. dx, dy, dz : **'6, 0, 0'** 입력, Number of Times : **'3'** 입력
7. **Select All** (on) 모드에서 모든 절점 선택
8. **[Apply]** 클릭

▶그림 3.10 하현재 생성

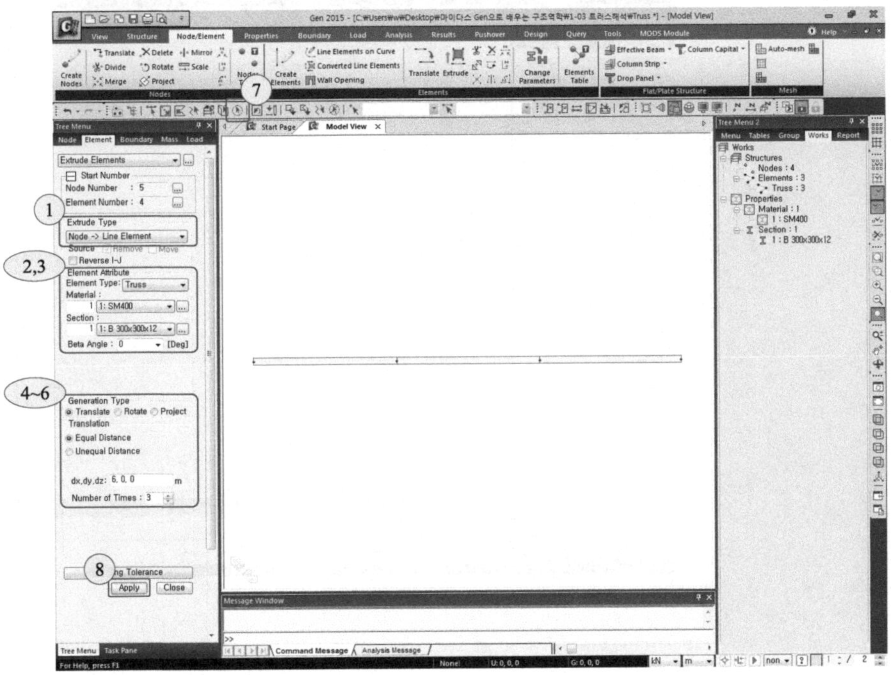

하현재를 복제하여 트러스의 상현재를 생성한다.

Main Menu 에서 ***[Node/Element]** Tab >* ***[Elements]** Group >* ***[Translate]***

1. Mode > **Copy** 선택
2. Translation > **Equal Distance** 선택
3. dx, dy, dz : **'0, 0, 8'** 입력, Number of Times : **'1'**입력
4. **Display Element Numbers** (Toggle on)
5. **Select Single** (on) 모드에서 **2** 번 부재 선택
6. **[Apply]** 클릭

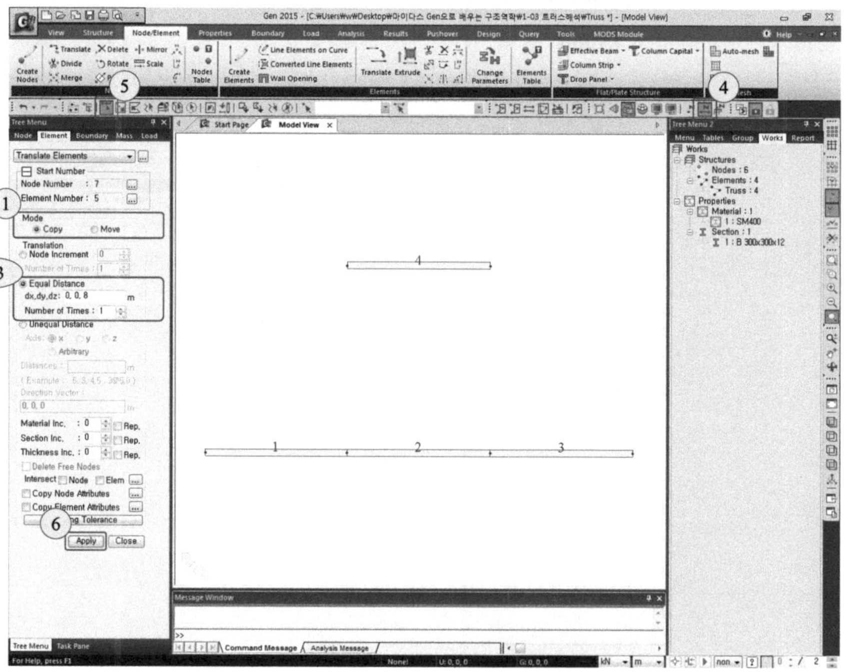

▶그림 3.11
상현재 생성

사재 및 수직재를 입력한다.

Main Menu 에서 ***[Node/Element]** Tab > **[Elements]** Group > **[Create Element]***

1. Element Type > **Truss** 선택
2. Material > **1:SM400** 선택, Section > **1:B 300×300×12** 선택
3. Intersect > **Elem** (Check off)
4. **Display Node Numbers** (Toggle on), **Display Element Numbers** (Toggle off)
5. Nodal Connectivity 입력란을 클릭하여 초록색의 입력대기상태 확인
6. Model View 에서 **절점 1** 과 **절점 5** 를 순서대로 클릭
7. **(5, 2), (2, 6), (5, 3), (6, 3), (6, 4)** 절점을 순서대로 클릭

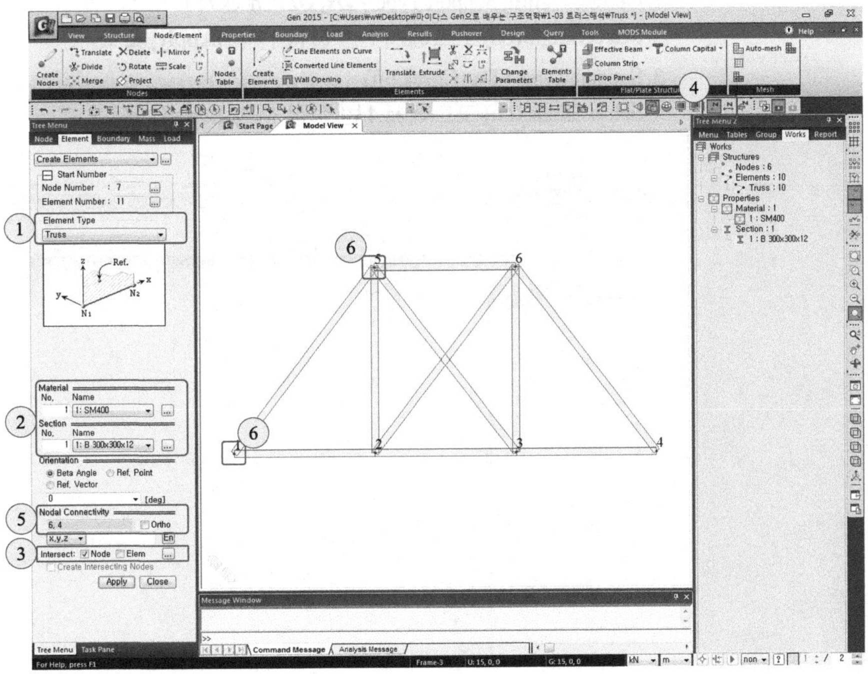

▶그림 3.12
사재 및 수직재 생성

02.5 경계조건 입력

3 차원에서 모든 절점은 6 개의 자유도(Dx, Dy, Dz, Rx, Ry, Rz)를 가지고 있다. 하지만 이 예제의 경우 X-Z 평면 내의 거동만을 허용하였으므로 3 개의 자유도(Dx, Dz, Ry)만이 존재한다. 그중에서 핀 지지조건은 Dx, Dz 의 자유도를 구속(constraint)하고 롤러 지지 조건의 경우 Dz 자유도를 구속하여 지지조건을 반영한다

Main Menu 에서 ***[Boundary]*** *Tab* **>** ***[Supports]*** *Group* **>** ***[Define Supports]***

1. Options > **Add**, Support Type > **Dx, Dz** (Check on)
2. **Select Single** (on) 모드에서 **1 번 절점** 선택, **[Apply]** 클릭
3. Support Type > **Dx** (Check off)
4. **Select Single** (on) 모드에서 **4 번 절점** 선택, **[Apply]** 클릭

▶그림 3.13 지지조건 입력

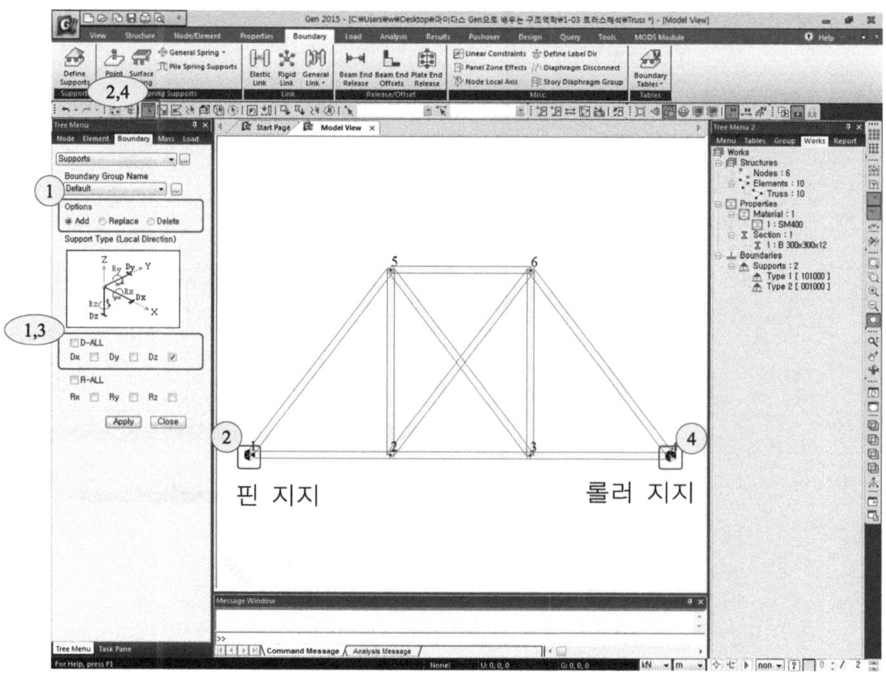

02.6 하중 입력

02.6.1 하중조건 정의

절점 집중하중과 조립오차에 의한 프리텐션하중을 입력하기 위해 하중조건을 먼저 정의한다.

Main Menu 에서 ***[Load]*** *Tab* **>** ***[Create Load Cases]*** *Group* **>** ***[Static Load Cases]***

1. Name : **'절점하중'** 입력, Type > **User Defined Load** 선택, **[Add]** 클릭
2. Name : **'조립오차'** 입력, Type > **User Defined Load** 선택, **[Add]** 클릭
3. **[Close]** 클릭

▶그림 3.14
하중조건 입력

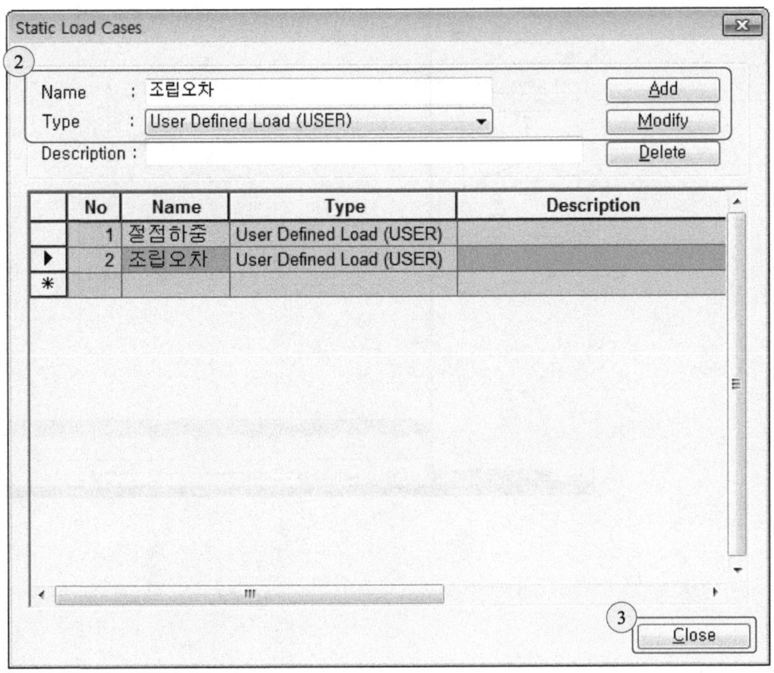

02.6.2 **하중 입력**

절점 2 에 집중하중 500 kN 을 입력한다.

Main Menu 에서 ***[Load]** Tab* **>** ***[Structure Loads/Masses]** Group* **>** ***[Nodal Loads]***

1. Load Case Name > **절점하중** 선택, Options > **Add** 선택
2. Nodal Loads > FZ : **'-500' kN** 입력
3. **Select Single** (on) 모드에서 **2 번 절점** 선택
4. **[Apply]** 클릭

▶그림 3.15
절점하중 입력

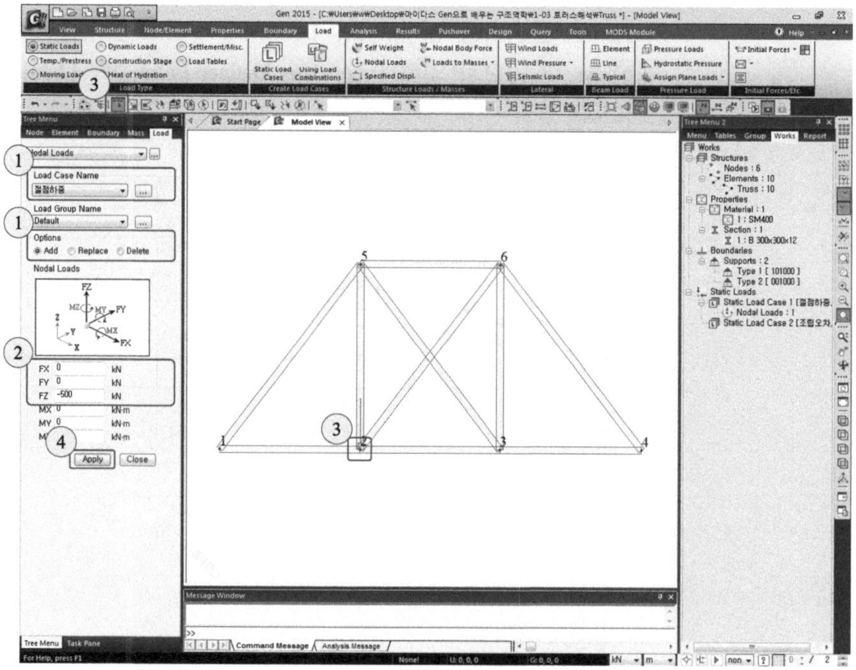

02.6.3 조립오차 입력

부재 길이가 5 mm 만큼 짧게 제작된 경우 실제 시공 시 해당 부재에 인장력이 발생한다. 이를 해석모델에 반영하기 위해 부재의 제작오차를 하중으로 환산한 후 해당 부재에 프리텐션하중으로 입력한다.

$$P = K\delta = EA/\ell \times \delta = (2.05\times10^8\times0.01345/10)\times0.005 = 1378.6\ \mathrm{kN}$$

Main Menu 에서 ***[Load]*** *Tab* **>** ***[Load Type]*** *Group 에서* ***[Temp./Prestress]*** *선택***>**
[Prestress Loads] *Group* **>** ***[Pretension Loads]***

1. Load Case Name > 조립오차 선택
2. Options > **Add** 선택
3. Pretension Load : **'1378.6'** kN 입력
4. **Select Single** (on) 모드에서 **8 번 부재** 선택
5. **[Apply]** 클릭

▶그림 3.16
프리텐션하중 입력

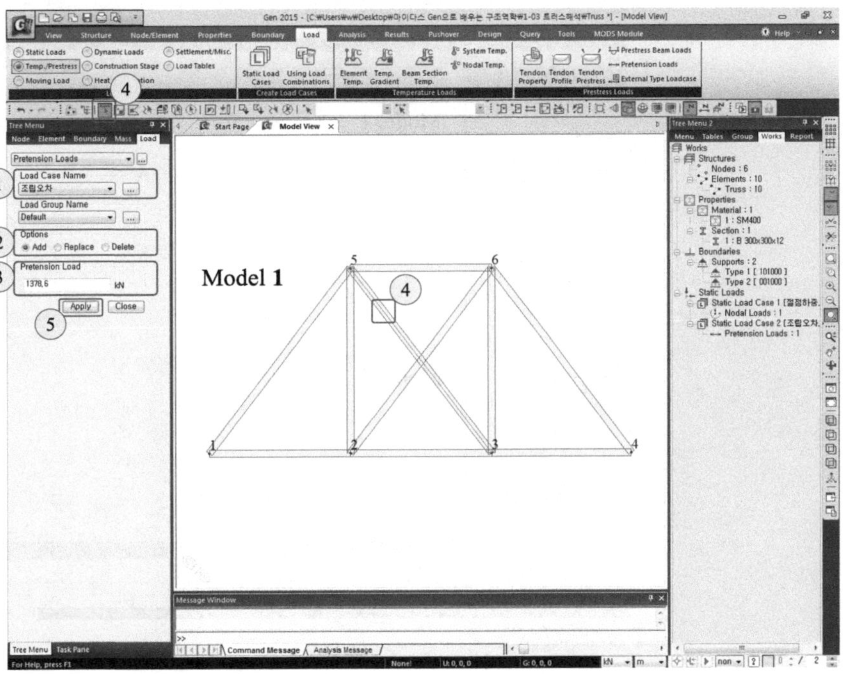

02.6.4 **요소 복제**

Model 1 을 복제하여 Model 2 를 생성한다. 이때 Model 1 에 입력된 절점하중, 프리텐션하중, 그리고 경계조건을 동시에 복제하기 위해 Copy Node Attributes 와 Copy Element Attributes 를 이용한다.

Main Menu 에서 ***[Node/Element]*** *Tab* **>** ***[Elements]*** *Group* **>** ***[Translate]***

1. Mode > **Copy** 선택
2. Translation > **Equal Distance** 선택
3. dx, dy, dz : **'0, 0, -14'** 입력, Number of Times : **'1'** 입력
4. **Copy Node Attributes, Copy Element Attributes** (Check on)
5. **Select All** (Toggle on)
6. **[Apply]** 클릭

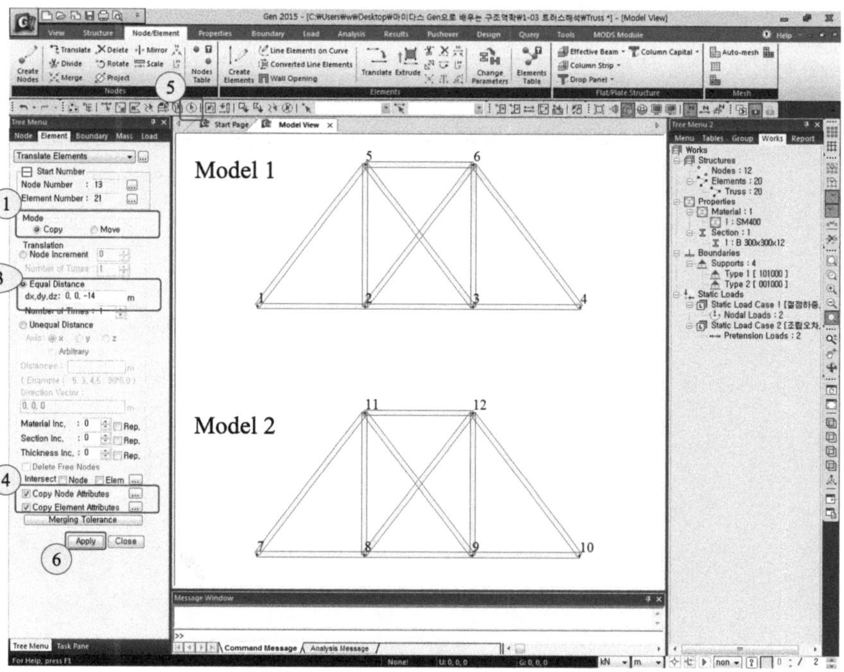

▶그림 3.17
요소 복제

02.6.5 **경계조건 변경** Model 2 를 외적 1 차 부정정 구조물로 수정하기 위해 롤러조건이 지정되어 있는 절점의 x 축 방향 이동변위(Dx) 자유도를 추가 구속하여 힌지조건으로 변경한다.

Main Menu 에서 ***[View]*** *Tab* **>** ***[Display]*** *Group* **>** ***[Display]***

1. Boundary 탭에서 **Supports** (Check on), **[OK]** 클릭

Main Menu 에서 ***[Boundary]*** *Tab* **>** ***[Supports]****Group* **>** ***[Define Supports]***

1. Options > **Add** 선택
2. Support Types > **Dx** (Check on)
3. **Select Single** (on) 모드에서 **10 번 절점** 선택
4. **[Apply]** 클릭

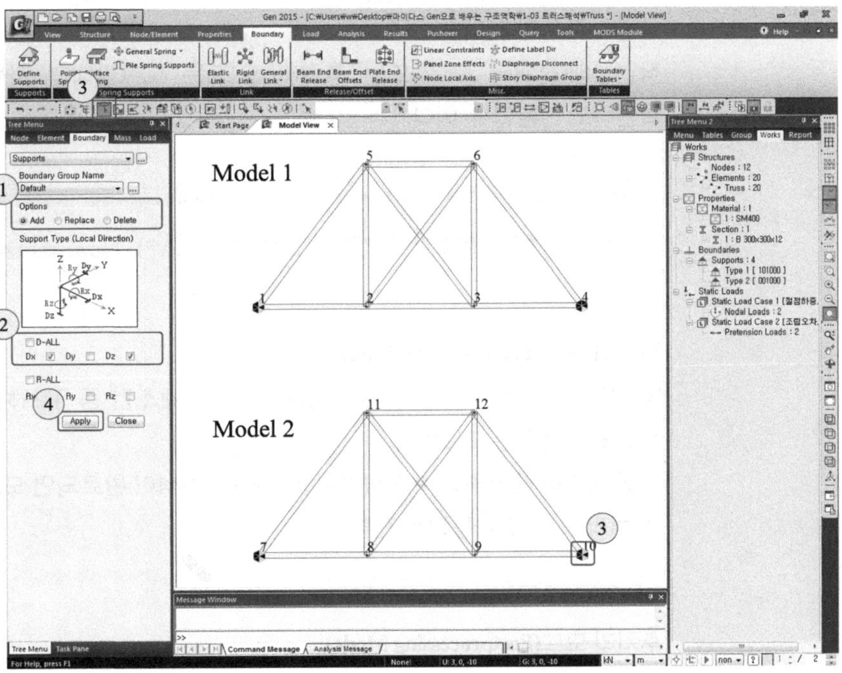

▶그림 3.18
경계조건 변경

02.7 구조해석 수행

입력된 Model 1 과 Model 2 에 대하여 구조해석을 수행한다.

Main Menu 에서 ***[Analysis]*** *Tab* > ***[Perform]*** *Group* > ***[Perform Analysis]***

Gen 은 구조해석모델의 효율적인 관리를 위하여 전처리 모드(Preprocessing Mode)와 후처리 모드(Postprocessing Mode)가 있다.
이 모드는 구조해석 후, 모델 데이터가 임의 수정되지 않도록 하여 기존의 해석결과를 보존하기 위한 것이다.
작업상태(전처리 모드 또는 후처리 모드)는 도구막대의 자물쇠 모양 아이콘으로 확인하고 전환할 수 있다.

▶그림 3.19
해석 전/후 모드 구분

전처리 모드(Preprocessing Mode)
'전처리 모드'는 기하정보, 부재정보, 하중, 경계조건 등 구조해석에 필요한 해석모델 정보를 입력하는 모드이다.
모델 데이터의 입력과 수정작업이 가능하며, 해석이 완료되면 모드가 '전처리 모드'에서 '후처리 모드'로 자동으로 전환된다.

후처리 모드(Postprocessing Mode)
해석을 수행한 후에 활성화되며 해석결과가 없는 경우에는 비활성화로 보인다.
'후처리 모드'에서는 해석모델의 반력, 변위, 부재력, 응력 등 해석결과에 대한 확인 및 분석작업과 해석결과 보고서 출력이 가능하다.

02.8 해석결과 확인

02.8.1 반력 확인

외적 하중인 절점하중에 의해 외적 정정구조물(Model 1)과 외적 부정정 구조물(Model 2)에 발생하는 반력을 비교한다.
Model 1 에서는 수평(X 축)방향 반력이 발생하는 것을 확인할 수 있다.

Main Menu 에서 ***[Results]*** *Tab>* ***[Results]*** *Group>****[Reactions]****>****[Reaction Forces/Moments]***

1. Load Cases / Combinations > **ST : 절점하중** 선택
2. Components > **FXYZ** 선택
3. Type of Display > **Values, Legend** (Check on)
4. Values 옆의 **[...]** 클릭, Decimal Points : **'3'** 입력, **Exp.** (Check Off), **Apply upon OK** (Check on), **[OK]** 클릭
5. **Display Node Numbers** (Toggle off)
6. Main Menu 에서 ***[View]*** *Tab >* ***[Display]*** *Group >* ***[Display]***, Boundary 탭에서 **Support** (Check off), **[OK]** 클릭

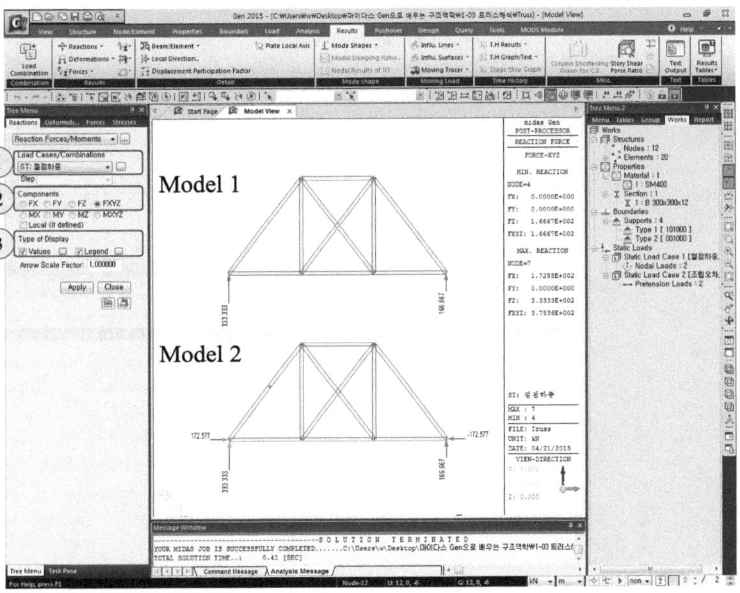

▶그림 3.20
절점하중에 의한 반력

내적 하중인 프리텐션하중(조립오차)에 의해 외적 정정인 Model 1 에서는 반력이 발생하지 않고, 외적 1 차 부정정인 Model 2 에서는 X 축 방향의 변위 자유도가 구속되어 있으므로 수평반력(FX)이 발생하게 된다.

Main Menu 에서 ***[Results]*** *Tab>* ***[Results]*** *Group* **> *[Reactions]* > *[Reaction Forces/Moments]***

1. Load Cases / Combinations > **ST :** 조립오차 선택
2. Components > **FXYZ** 선택
3. Type of Display > **Values, Legend** (Check on)
4. **[Apply]** 클릭

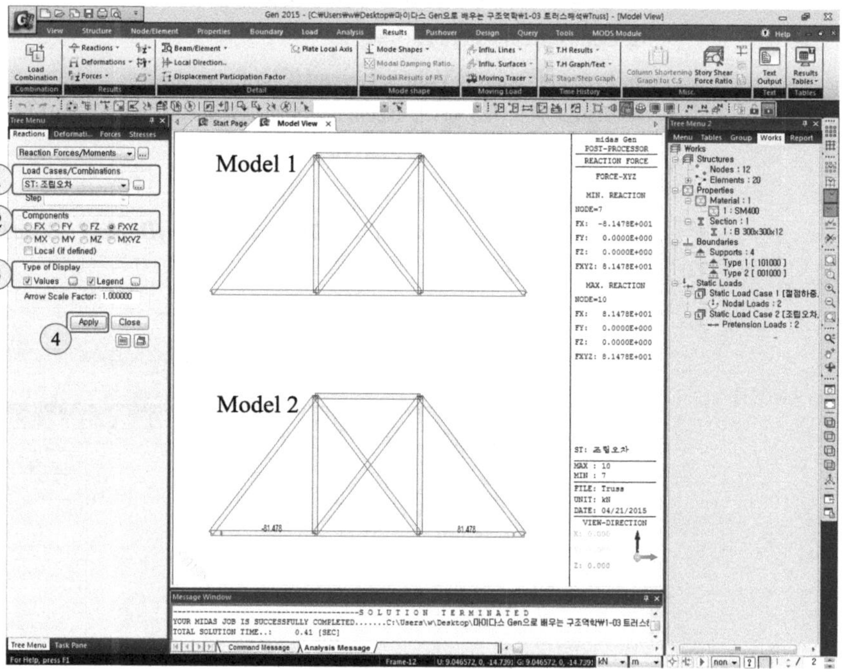

▶그림 3.21
프리텐션하중에 의한 반력

02.8.2 **변위 및 변형** 절점하중에 의한 변형도를 확인한다. 여기서 DXZ는 $\sqrt{DX^2 + DZ^2}$ 을 의미한다. 외적 부정정인 트러스(Model 2)보다 외적 정정인 트러스(Model 1)에서 큰 변위가 발생하는 것을 확인할 수 있다.

Main Menu 에서 ***[Results]** Tab* > ***[Results]** Group* > ***[Deformations]*** > ***[Deformed Shape]***

1. Load Cases / Combinations > **ST : 절점하중** 선택
2. Components > **DXZ** 선택
3. Type of Display > **Undeformed, Values, Legend** (Check on)
4. Values 옆의 **[...]** 클릭, Decimal Points : **'1'** 입력, **Exp., Apply upon OK** (Check on)
5. **[OK]** 클릭

▶그림 3.22
절점하중에 의한 변형

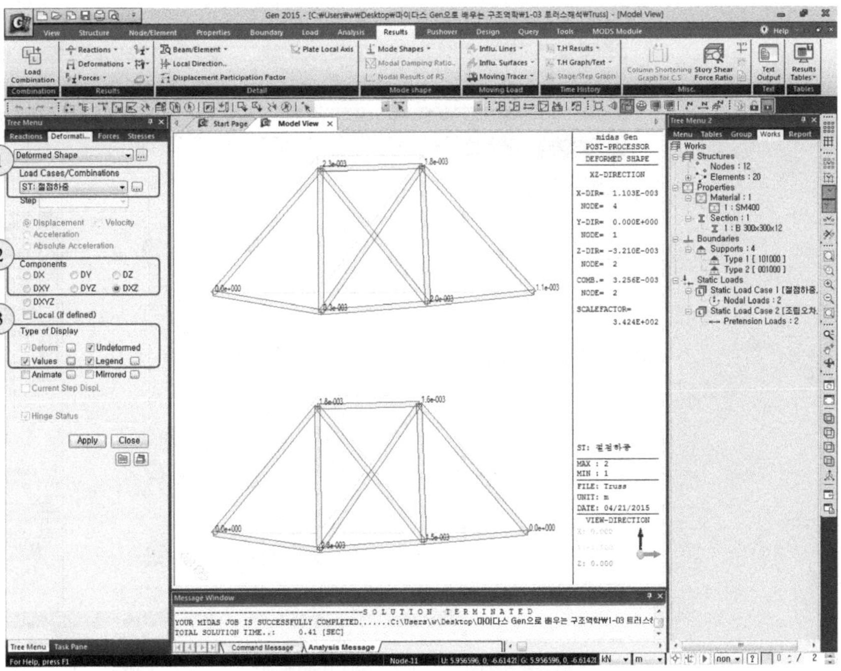

02.8.3 축력

절점하중에 의해 트러스에 발생한 축력(Axial Force)을 확인한다.
동일한 하중이 작용한 상태에서 Model 1 과 Model 2 의 부재력 차이를 확인할 수 있다.

Main Menu 에서 ***[Results]** Tab* > ***[Results]** Group* > ***[Forces]*** > ***[Truss Forces]***

1. Load Cases / Combinations > **ST :** 절점하중 선택
2. Force Filter > **All** 선택
3. Type of Display > **Contour, Deform, Values, Legend** (Check on)
4. Output Section Location > **Max** 선택
5. Values 옆의 **[...]** 클릭, Decimal Points : **'1'** 입력,
   Exp., Set Orientation, Apply upon OK **(Check off)**
6. **[OK]** 클릭

▶그림 3.23
절점하중에 의한 축력

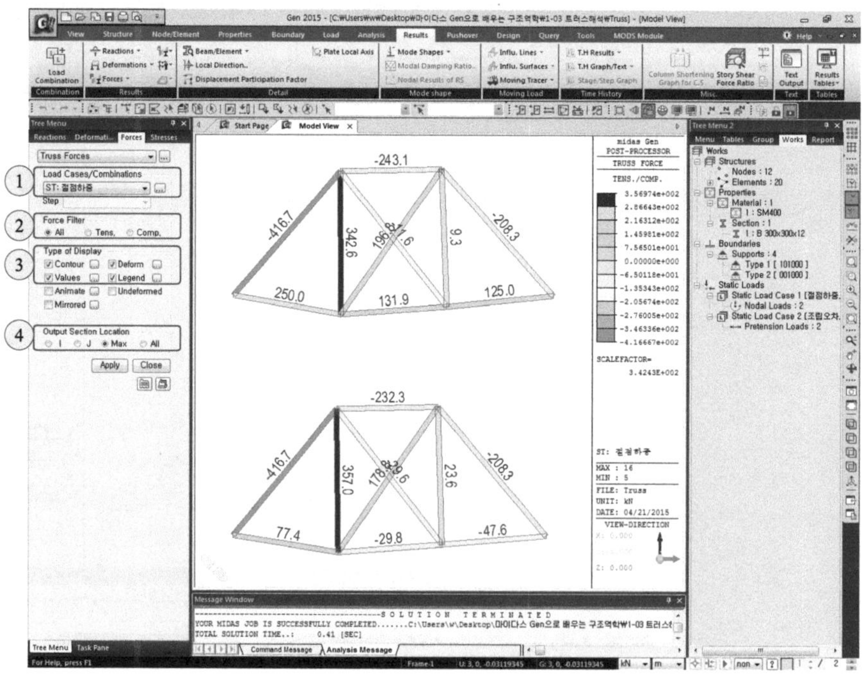

프리텐션하중 조건에서 외적 정정구조물인 Model 1 에는 반력이 발생하지 않으므로, 지점과 연결된 부재에는 축력이 발생하지 않는다.

Main Menu 에서 ***[Results]** Tab* **>** ***[Results]** Group* **> *[Forces]* > *[Truss Forces]***

1. Load Cases / Combinations > **ST :** 조립오차 선택
2. Force Filter > **All** 선택
3. Type of Display > **Contour, Deform, Values, Legend** (Check on)
4. Output Section Location > **Max** 선택
5. **[Apply]** 클릭

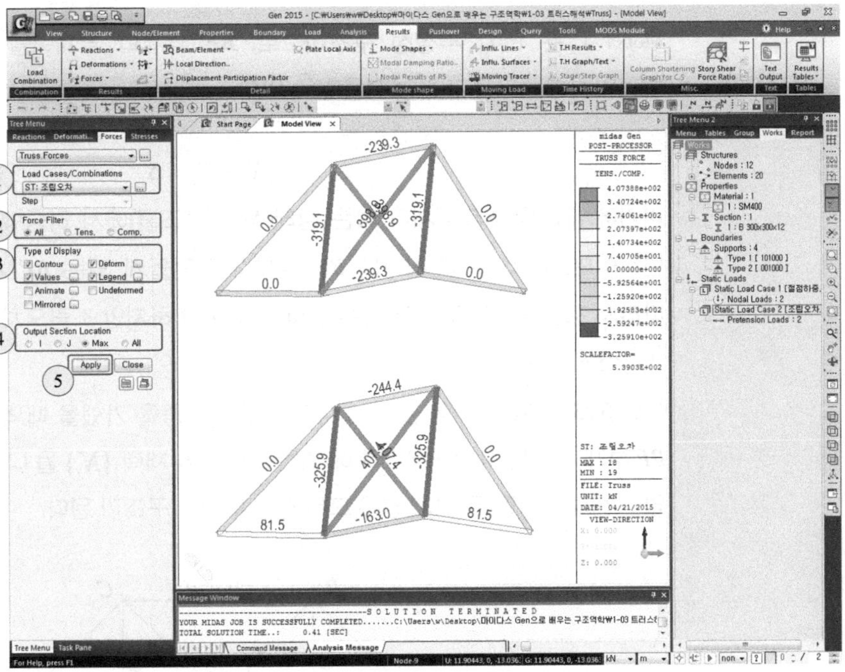

▶그림 3.24
프리텐션하중에 의한 축력

03. 풀어보기 03.1 역학적 개념의 이해 및 수계산

03.1.1 Model 1
내적 1 차 부정정

Model 1 은 아래와 같은 이유로 외적으로는 정정, 그리고 내적으로는 1 차 부정정 구조이다.

외적 부정정 차수 $m_e = n - 3 = 3 - 3 = 0$

내적 부정정 차수 $m_i = (3 + s + r) - 2k = (3 + 10 + 0) - 2 \times 6 = 1$

Model 1 은 1 차 부정정 구조이므로, ***BF*** 부재의 부재력을 미지수 X_1 으로 하여 변형일치법을 다음과 같이 적용할 수 있다.

▶식 3.3

$$f_{11}X_1 + D_1 = \Delta_1$$

여기에서 D_1 은 ***BF*** 부재가 없는 상태(정정 구조물)에서 하중에 의한 BF 사이의 거리 변화이며, $f_{11}X_1$ 은 X_1 이라는 ***BF*** 부재력이 만들게 되는 ***BF*** 사이의 거리 변화이다. 따라서 조립오차가 없다면 Δ_1 은 영(0)이 되어야 하지만 조립오차 5 mm 가 발생했으므로 Δ_1 은 5 mm 가 된다.

그림 3.25 는 ***BF*** 부재를 끊고 그 자리에 단위하중을 가했을 때의 트러스 부재력 $\{n_i^1\}$ 과 ***BF*** 부재가 없는 상태에서 하중에 의한 트러스 부재력 $\{N_i\}$ 을 나타낸 것이다. BF 부재가 없는 상태이므로, 두 가지 경우 모두 정정 트러스 구조가 된다.

▶그림 3.25(a)

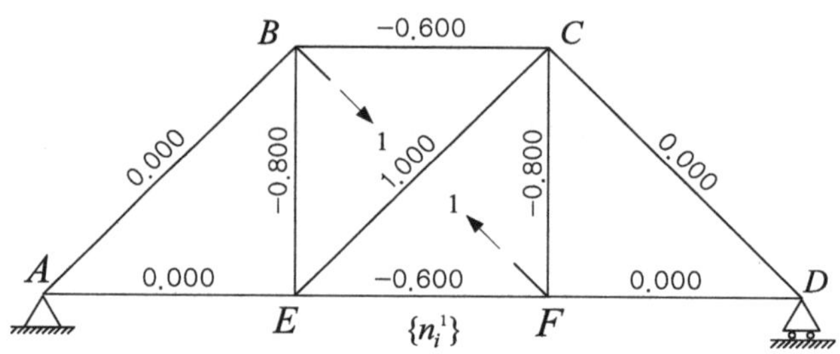

▶그림 3.25(b)

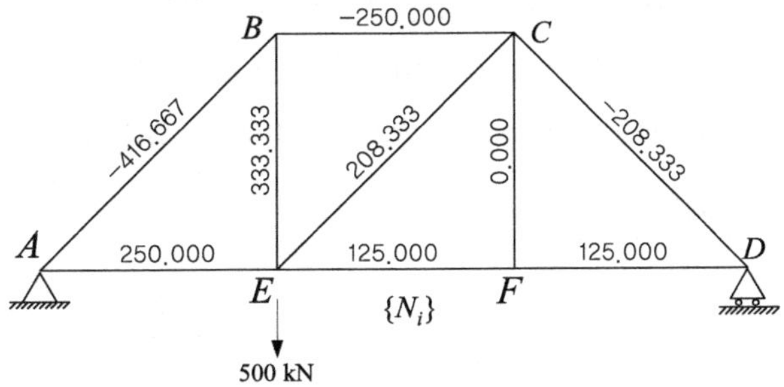

단위하중법에 의해서 f_{11}과 D_1을 구하면 다음과 같다.

$$f_{11} = \frac{1}{EA}\sum n_i^1 n_i^1 \ell_i = \frac{1}{EA}[(-0.6)^2 \times (6{,}000) + (-0.8)^2 \times (8{,}000) + (1.0)^2 \times (10{,}000) \times 2 + (-0.8)^2 \times (8{,}000) + (-0.6)^2 \times (6{,}000)]$$

$$= \frac{34{,}560}{EA}$$

$$D_1 = \frac{1}{EA}\sum n_i^1 N_i \ell_i = \frac{1}{EA}[(-0.6)\times(-250)\times(6{,}000) + (-0.8)\times(333.333)\times(8{,}000) + (1.0)\times(208.333)\times(10{,}000) + (-0.6)\times(125)\times(6{,}000)]$$

$$= \frac{399{,}998.8}{EA}$$

$$\Delta_1 = 5\ \text{mm}$$

$$\frac{1}{\text{EA}} \cdot (34{,}560\text{X}_1 + 399{,}998.8) = 5\ \text{mm}$$

$$X_1 = 387.334\ \text{kN}$$

여기에서 X_1은 하중과 조립오차로 인한 ***BF*** 부재의 부재력이다.

Model 2는 아래와 같은 이유로 외적과 내적 각각 1차 부정정이므로 전체적으로는 2차 부정정 구조이다.

외적 부정정 차수 $m_e = n - 3 = 4 - 3 = 1$

내적 부정정 차수 $m_i = (3 + s + r) - 2k = (3 + 10 + 0) - 2 \times 6 = 1$

Model 2는 2차 부정정 구조이므로 ***BF*** 부재의 부재력과 ***D*** 점의 수평반력을 각각 X_1과 X_2로 하여 방정식을 만들 수 있다.
Model 1 에 비해서 D 점의 수평반력이 미지수로 추가되었으므로, D 점의 수평반력을 제거하고 그 자리에 단위하중을 가했을 때의 부재력 $\{n_i^2\}$는 그림 3.26과 같다.

▶그림 3.26

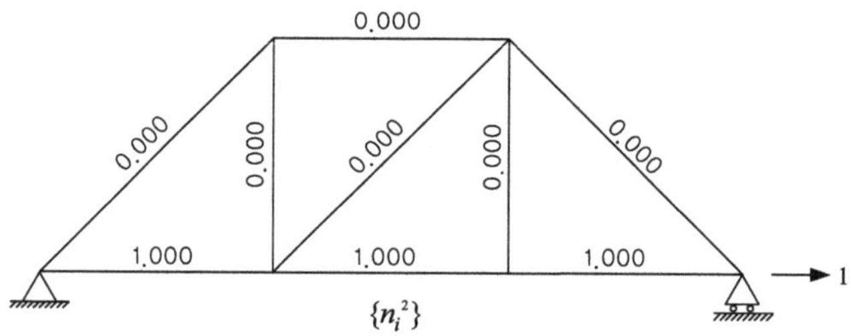

Model 1에서 구한 값과 $\{n_i^2\}$를 사용하여 단위하중법을 적용하면 다음과 같은 결과가 얻어진다.

$$f_{11} = \frac{34,560}{EA}$$

$$f_{12} = \frac{1}{EA}\sum n_i^1 n_i^2 \ell_i = \frac{1}{EA}(-0.6)\times(1)\times(6,000) = -\frac{3,600}{EA}$$

$$f_{22} = \frac{1}{EA}\sum n_i^1 n_i^2 \ell_i = \frac{1}{EA}(1)^2\times(6,000)\times 3 = \frac{18,000}{EA}$$

$$D_1 = \frac{399,998.8}{EA}$$

$$D_2 = \frac{1}{EA}\sum n_i^2 N_i \ell_i$$

$$= \frac{1}{EA}[(1.0)\times(250)\times(6,000)+(1.0)\times(125)\times(6,000)\times 2] = \frac{3,000,000}{EA}$$

$$\frac{1}{EA}\begin{bmatrix}34,560 & -3,600\\ -3,600 & 18,000\end{bmatrix}\begin{Bmatrix}X_1\\ X_2\end{Bmatrix} + \frac{1}{EA}\begin{Bmatrix}399,998.8\\ 3,000,000\end{Bmatrix} = \begin{Bmatrix}5\\ 0\end{Bmatrix}$$

$$\begin{Bmatrix}X_1\\ X_2\end{Bmatrix} = \begin{Bmatrix}377.844\text{ kN}\\ -91.098\text{ kN}\end{Bmatrix}$$

여기에서 X_1은 ***BF*** 부재의 부재력이며, X_2는 ***D*** 점의 수평반력이다.

04. 연습문제

1. 다음의 트러스 구조물에서 각 부재의 압축력 및 인장력 발생 상황을 비교하시오(재질과 단면은 예제와 동일).

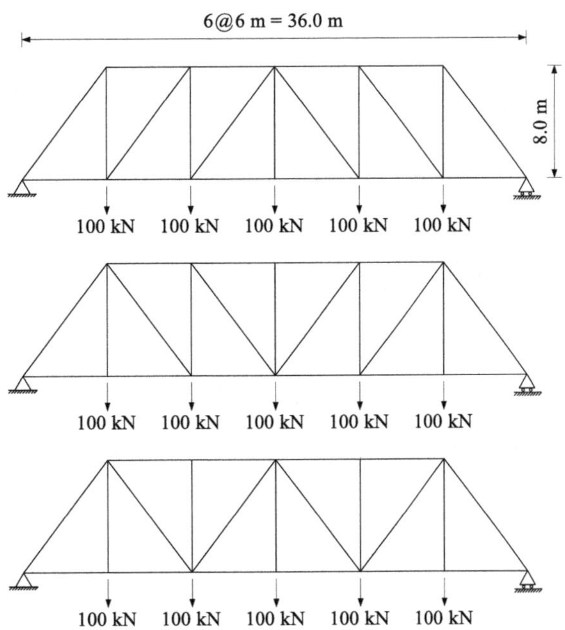

2. 다음과 같은 부정정 트러스 구조물에 절점하중과 조립오차가 발생할 때의 각 부재의 축력을 구하시오(재질과 단면은 예제와 동일).

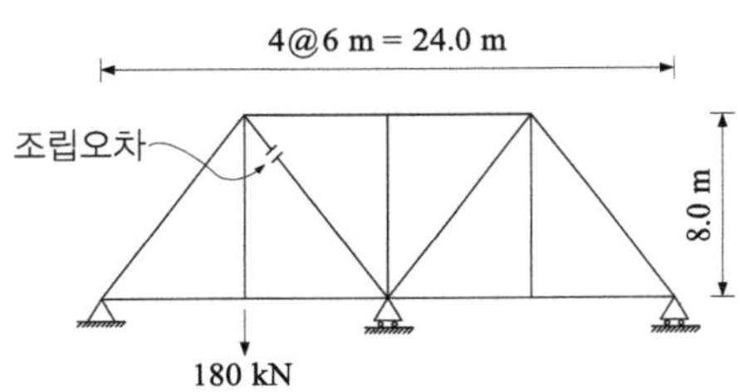

4.
아치 해석

TABLE OF CONTENTS

01. 이해하기

01.1 아치 해석의 개념

01.1.1 일반사항

아치구조는 개구부 상부 하중을 지지하기 위해 돌이나 벽돌 등 압축에 강한 부재를 곡선모양으로 쌓아 올린 구조를 말한다.

단순 지지된 구조물에서 경간이 길수록 휨모멘트는 급격하게 증가한다. 따라서 경간이 긴 구조물에서 경제적인 설계를 위하여 휨모멘트를 감소시키거나 모멘트 저항성능을 높일 필요가 있다. 휨모멘트를 감소시키는 방법으로는 게르버보, 연속보 등이 있으며, 모멘트 저항성능을 높이는 방법으로 아치 등이 있다.

▶사진 4.1
아치 구조물
(a) 아치 육교
(b) 아치 개구부

아치의 경간(ℓ)에 대한 아치 높이(h)의 비율(h/ℓ)을 라이즈비(rise ratio)라고 한다. 라이즈 비가 너무 작으면 아치가 벌어지려고 하는 추력이 커진다. 반면 라이즈비가 크면 아치는 대부분 축력으로 외력을 저항해서 구조적으로는 좋아지지만 요구되는 경간을 구성하려면 아치의 크기가 커져서 비경제적이 된다. 경제성과 구조적 효율성을 동시에 고려하였을 때 라이즈비는 0.3 정도가 좋다고 알려져 있다.

▶그림 4.1
아치의 라이즈비
(rise ratio) = h/ℓ

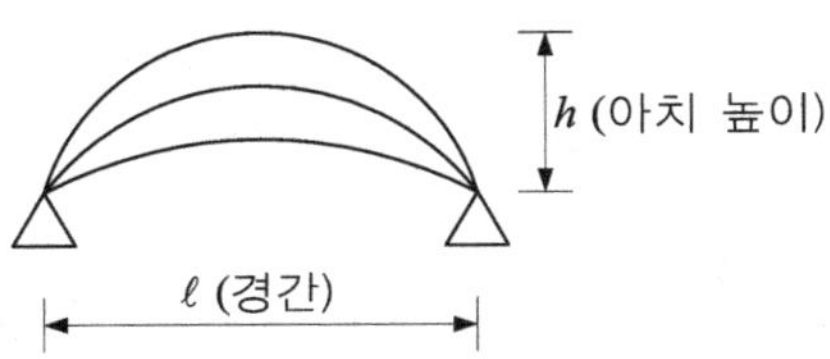

01.1.2 해석 개념

그림 4.2 와 같이 돌을 쌓아 연결하는 아치구조가 가능하게 되는 이유는 아치구조의 축방향에서 압축응력만이 발생하도록 설계하였기 때문이다. 그림 4.2 는 B 점을 중심으로 대칭형상인 아치구조의 한쪽을 그린 것이다. 그림에서 캡스톤의 위치인 B 점의 하단부에서 인장응력이 발생하면 아치는 무너지게 된다. 그러나 모멘트 M 으로 인하여 발생할 수 있는 인장응력이 횡력 H 에 의해서 상쇄된다면 인장응력이 발생하지 않는다. 이와 같은 이유로 아치구조가 하중저항 능력을 가질 수 있게 된다.

▶그림 4.2
아치구조

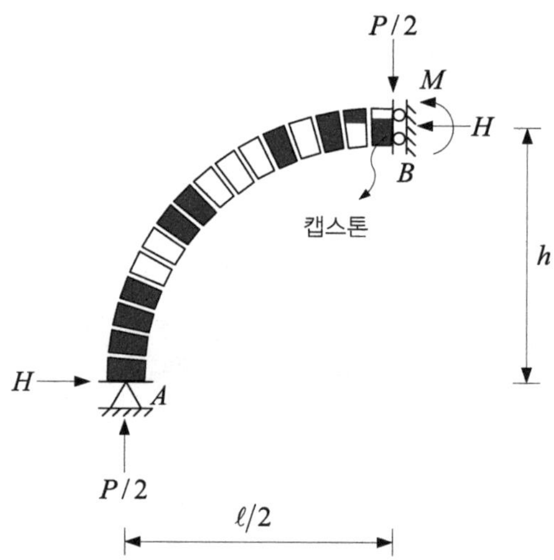

아치의 A 단에서 횡방향의 반력 H 는 아치가 옆으로 벌어지는 것을 막아주는 역할을 한다. 실제 구조에서는 그림 4.3 과 같이 버트레스(Buttress)나 인장타이(Tension-tie)가 반력 H 의 역할을 할 수 있도록 설계한다.

▶그림 4.3
아치구조에서 횡방향 반력의 지지

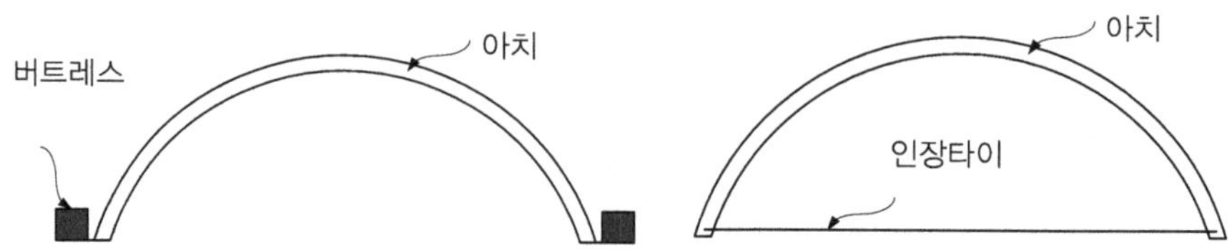

아치의 중앙부 B 점에서의 모멘트 평형조건은 다음과 같이 표현된다.

▶식 4.1

$$\frac{P}{2}\cdot\frac{\ell}{2}=M+H\cdot h$$

위 식에서 좌측 항은 모멘트를 발생하게 하는 역할을 나타내며, 우측 항은 아치의 하중저항 성능을 나타내는 항이 된다. 따라서 하중 P 나 경간 ℓ 이 커져서 모멘트가 증가하는 것을 상쇄하기 위해서는 횡반력 H 나 아치의 높이 h 가 커져야 함을 알 수 있다. 아치의 높이 h 가 영(0)이 되면 H 도 영(0)이 되므로, 단순보가 여기에 해당한다. 단순보가 모멘트를 지지하게 하기 위해서는 부재단면의 크기를 크게 해야 하는 것처럼 아치구조가 모멘트를 지지하게 하기 위해서는 h 를 크게 하여야 한다. 따라서 아치의 형상은 구조물이 받고 있는 모멘트도와 유사한 형상을 가지는 것이 유리하다.

02. 따라하기

02.1 모델 개요

아치 높이(H)와 지간장(ℓ)의 비($H:\ell$)가 각각 1:4, 1:5 그리고 1:7 인 세 가지의 아치 구조물을 해석한 후 변위 및 부재력을 비교해 본다.

▶그림 4.4
해석모델
(a) Model 1

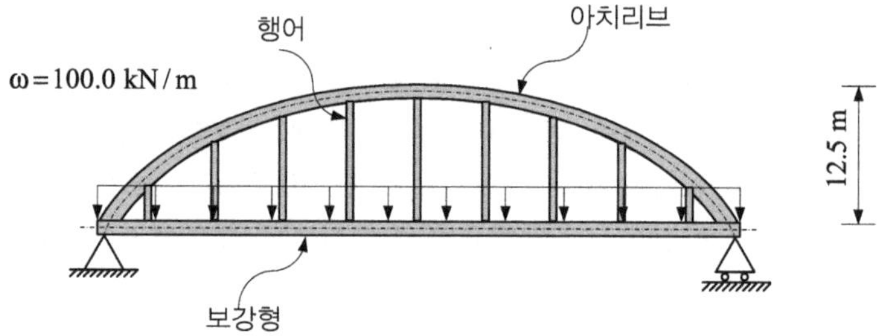

(b) Model 2

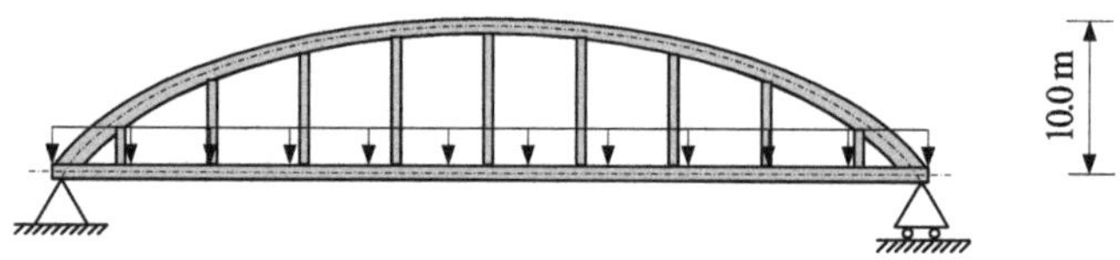

(c) Model 3

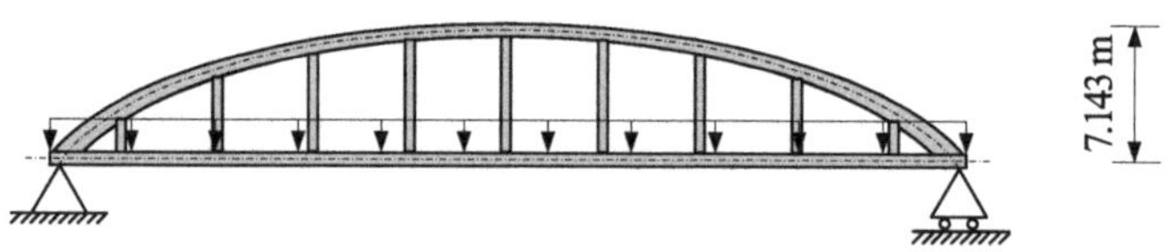

- ***Material*** : Steel : SM490 (탄성계수 $E = 2.05 \times 10^5$ N/mm^2)
- ***Section***
  아치리브 : 상자형 1,000×1,000×20 mm
  보 강 형 : 상자형 1,000×1,000×20 mm
  행　　어 : H 형강 500×200×10/16 mm
- ***Load*** : 등분포하중 : 100.0 kN/m

02.2 작업환경 설정

구조해석 모델링을 시작하기 위해 새 문서를 열고 파일을 저장한다.

Main Menu 에서 ***[File]*** *Tab* > ***[New Project]***
Main Menu 에서 ***[File]*** *Tab* > ***[Save]***
1. 파일 이름 : **'Arch'** 입력 후 [저장] 클릭

예제에서 사용할 단위계를 설정한다.

Main Menu 에서 ***[Tools]*** *Tab* > ***[Setting]*** *Group* > ***[Unit System]***
1. Length > **m**, Force(Mass) > **kN(ton)** 선택
2. **[OK]** 클릭

▶그림 4.5
파일 저장
단위계 설정

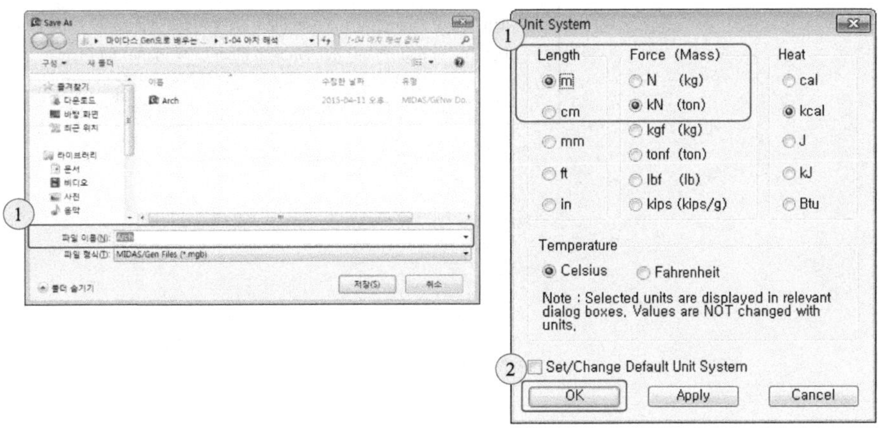

예제 모델은 평면(X-Z 평면)구조이므로 **Structure Type** 에서 구조물이 **X-Z** 평면 내에서만 거동하도록 지정한다.

Main Menu 에서 ***[Structure]*** *Tab* **>** ***[Type]*** *Group* **>** ***[Structure Type]***

1. Structure Type > **X-Z Plane** 선택
2. **[OK]** 클릭

▶그림 4.6
작업평면 설정

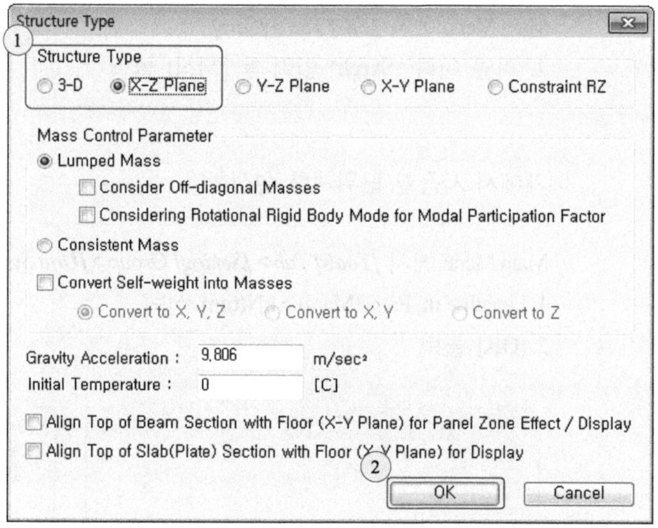

02.3 재질과 단면 정의

02.3.1 재질 정의

구조물의 재질로 SM490 을 선택하고, 각 부재별 단면을 정의한다.
행어는 단면 DB 에서 H 형강을 선택한다.

Main Menu 에서 ***[Properties]*** *Tab* > ***[Material]*** *Group* > ***[Material Properties]***

1. **[Add...]** 클릭
2. Elasticity Data > Type of Design > **Steel** 선택
3. Steel > Standard > **KS09(S)** 선택, DB > **SM490** 선택 후 **[OK]** 클릭

Tip
DB 에 내장된 재질이나 단면을 선택하면 Name 은 자동 생성되며 수정이 가능하다.

Tip
자중 자동 계산 기능을 사용할 때에는 단위중량(Weight Density)을 입력한다.

Tip
OK 버튼을 누르면 재질 대화상자를 닫기 때문에 여러 개의 재질을 정의할 때에는 Apply 버튼이 유용하다.

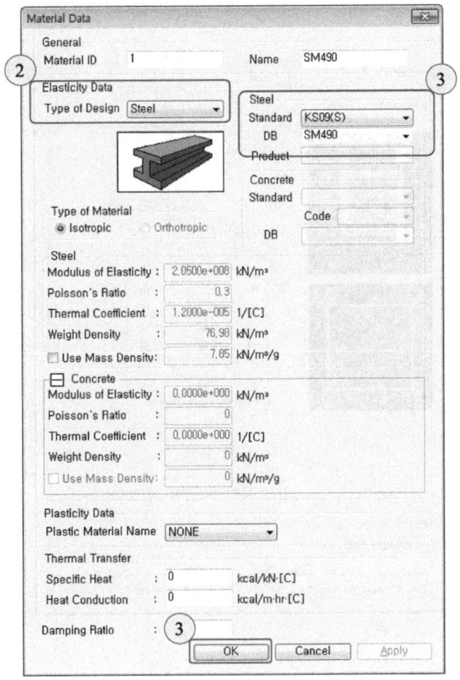

▶그림 4.7
재질 정의

02.3.2 단면 정의 구조해석모델에 사용될 단면을 정의한다.

1. Properties 대화창에서 Section 탭 클릭
2. [Add...] 클릭
3. Section ID : **1** 확인, Name : **'Rib and Girder'** 입력
4. 단면형상 목록 > **Box** 선택, 단면 정의 방법 > **User** 선택
5. H : **'1'**, B : **'1'**, tw : **'0.02'**, tf1 : **'0.02'** 입력 후 **[OK]** 클릭
6. **[Add...]** 클릭, Section ID : **2** 확인
7. 단면형상 목록 > **H-Section** 선택, 단면 정의 방법 > **DB** 선택, DB > **KS** 선택
8. Sect. Name > **H 500×200×10/16** 선택 후 **[OK]** 클릭
9. **[Close]** 클릭

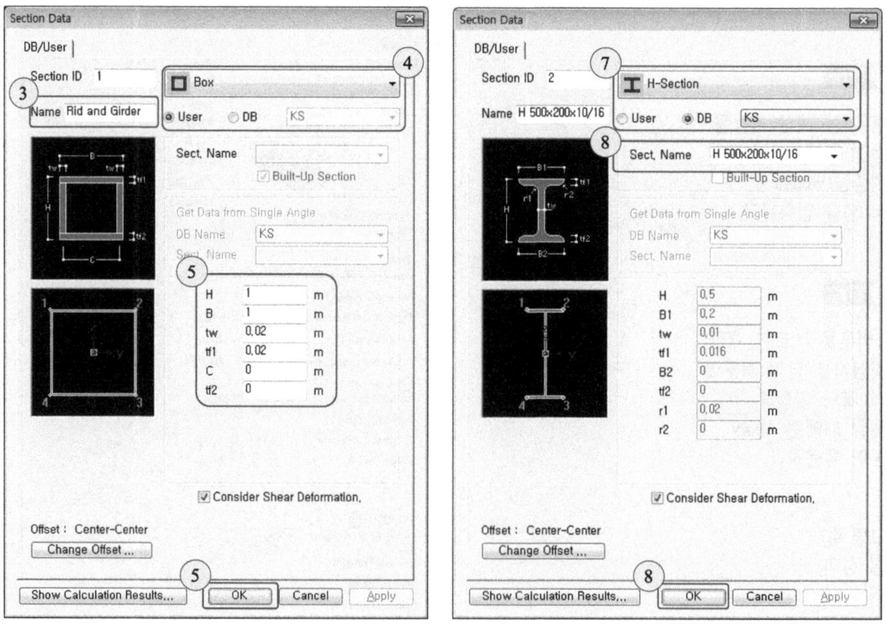

▶그림 4.8
단면 정의

02.4 절점과 요소 생성

02.4.1 절점과 요소 생성

Arch Wizard 기능으로 아치 높이와 지간장의 비가 1:4 인 Model 1 의 아치리브를 생성한다. 보요소(beam element)는 직선이므로, 아치를 입력하기 위해서는 곡선을 여러 개의 직선(segment)으로 분할한다.

Main Menu 에서 ***[Structure]** Tab* > ***[Wizard]** Group* > ***[Base Structure]*** > ***[Arch]***

1. Input/Edit 탭의 Type > **Parabola1** 선택, Number of Segments : **'10'** 입력
2. Boundary Condition > None 선택, Span(L) : **'50'**, Height(H) : **'12.5'** 입력
3. Material > **1:SM490** 선택, Section > **1: Rib and Girder** 선택
4. Insert 탭에서 Insert Point : **'0, 0, 0'** 입력
5. Rotations > Alpha : **'0'**, Beta : **'0'**, Gamma : **'0'** 입력 후 **[OK]** 클릭
6. **Front View, Auto Fitting** (Toggle on)

▶그림 4.9
Arch Wizard

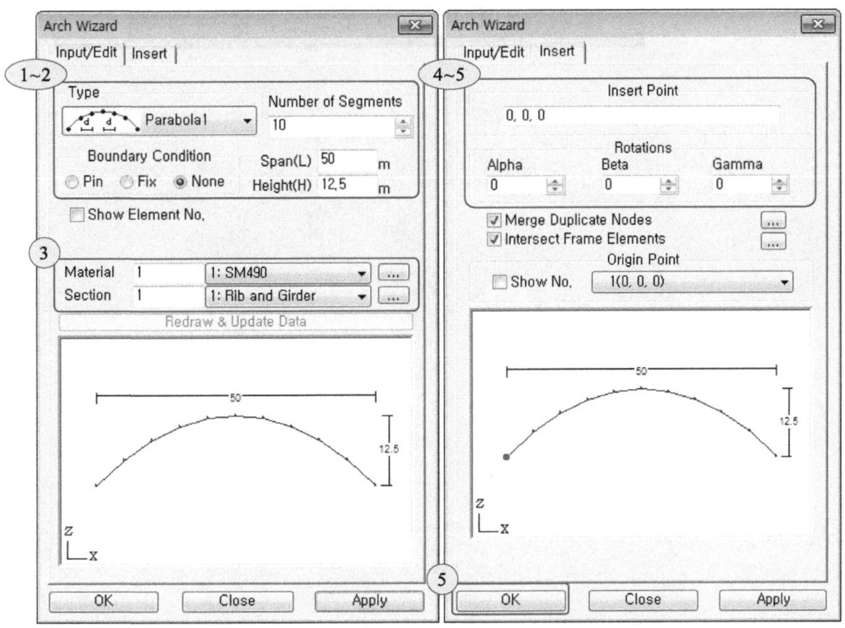

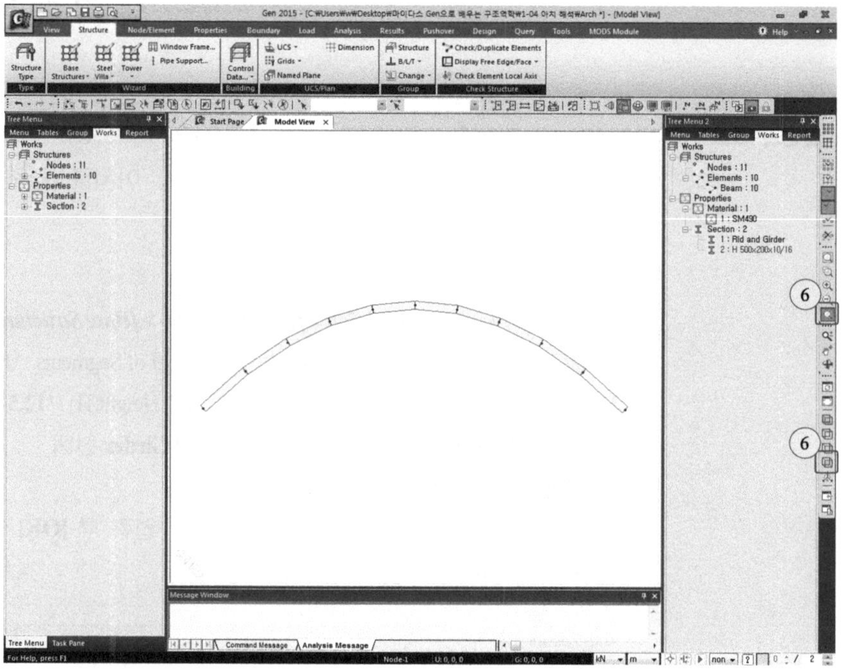

▶그림 4.10
아치리브 생성

절점을 선요소로 확장 변환하는 Extrude Elements 기능으로 행어를 생성한다.

Main Menu 에서 ***[Node/Element]** Tab* > ***[Elements]** Group* > ***[Extrude]***

1. **Shrink, Hidden, Display Node Numbers, Iso View** (Toggle on)
2. **Select by Window** (on) 모드에서 **2~10 번 절점** 선택
3. Extrude Type > **Node → Line Element** 선택
4. Element Attribute > Element Type > **Beam** 선택
5. Material > **1:SM490**, Section > **2 : H 500×200×10/16**, Beta Angle > **90** 선택
6. Generation Type > **Project**, Projection Type > **Project on a line** 선택
7. Base Line Definition > P1 : **'0, 0, 0'**, P2 : **'50, 0, 0'** 입력
8. Direction > **Normal** 선택 후 **[Apply]** 클릭
9. **Auto Fitting** (Toggle on)

▶그림 4.11
행어 생성

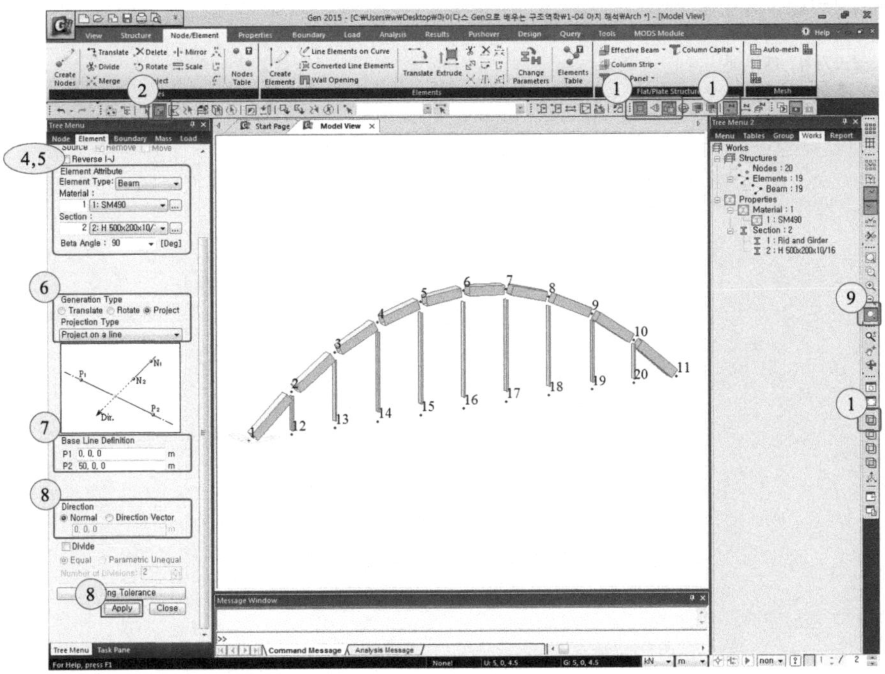

Tip

Beta Angle

Beta Angle 을 90 ° 로 입력하여 행어의 웨브축이 교축의 직각방향을 향하도록 한다.

Beta Angle 에 대한 자세한 사항은 매뉴얼 부분의 "좌표계와 절점" 참조

▶그림 4.12
Beta Angle

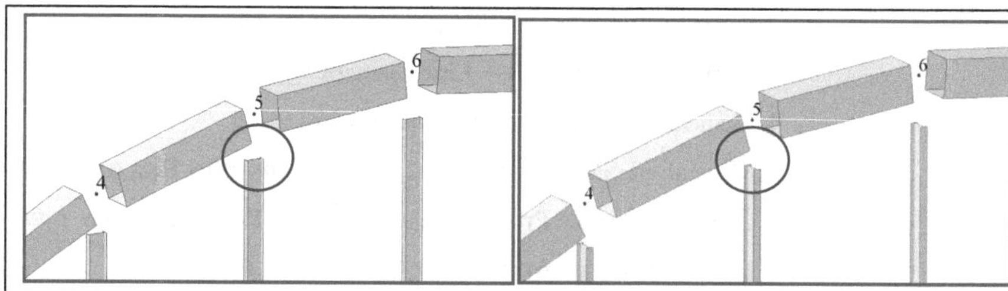

Bata Angle : 0[Deg] Bata Angle : 90[Deg]

Tip

Beta Angle 이란, Truss 나 Beam, Column 등 같은 선요소의 요소좌표계에서 z 축의 배치방향을 말한다.
정사각형이 아닌 비정형 단면일 경우에는 배치방향에 따라서 강성이 많이 달라지기 때문에 특별한 주의가 필요하다.

절점 1 과 절점 11 사이에 보강형을 입력한다.

Main Menu 에서 ***[Node/Element]** Tab* **>** ***[Elements]** Group* **>** ***[Create Elements]***

1. **Shrink, Hidden** (Toggle off), **Front View** (Toggle on)
2. Element Type > **General beam/Tapered beam** 선택
3. Material > Name > **1:SM490** 선택, Section > Name > **1:Rib and Girder** 선택
4. Nodal Connectivity 입력란을 클릭하여 초록색의 입력대기상태 확인
5. Model View 에서 **절점 1 과 절점 11** 을 순서대로 클릭

▶그림 4.13
보강형 입력

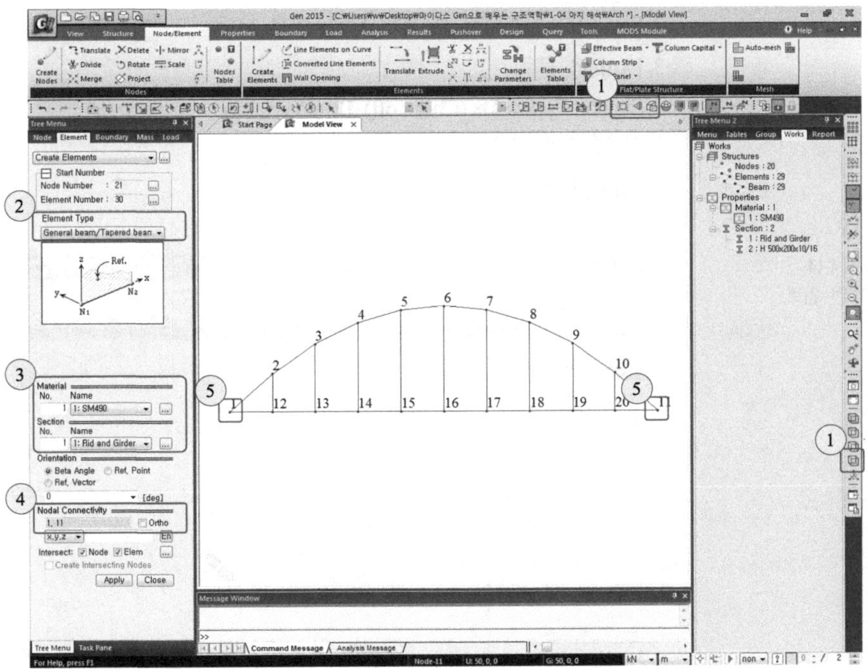

02.5 경계조건 입력

Model 1 의 좌측지점(절점 1)에는 Dx, Dz 자유도를 구속하여 핀 지지조건을 입력하고 우측지점(절점 11)에는 Dz 자유도를 구속하여 롤러 지지조건을 입력한다.

Main Menu 에서 ***[Boundary]** Tab >* ***[Supports]** Group >* ***[Define Supports]***

1. Support Type > **Dx, Dz** (Check on)
2. **Select Single** (on) 모드에서 **1 번 절점** 선택
3. **[Apply]** 클릭
4. Support Type > **Dx** (Check off), **Dz** (Check on)
5. **11 번 절점** 선택
6. **[Apply]** 클릭

▶그림 4.14
경계조건 입력

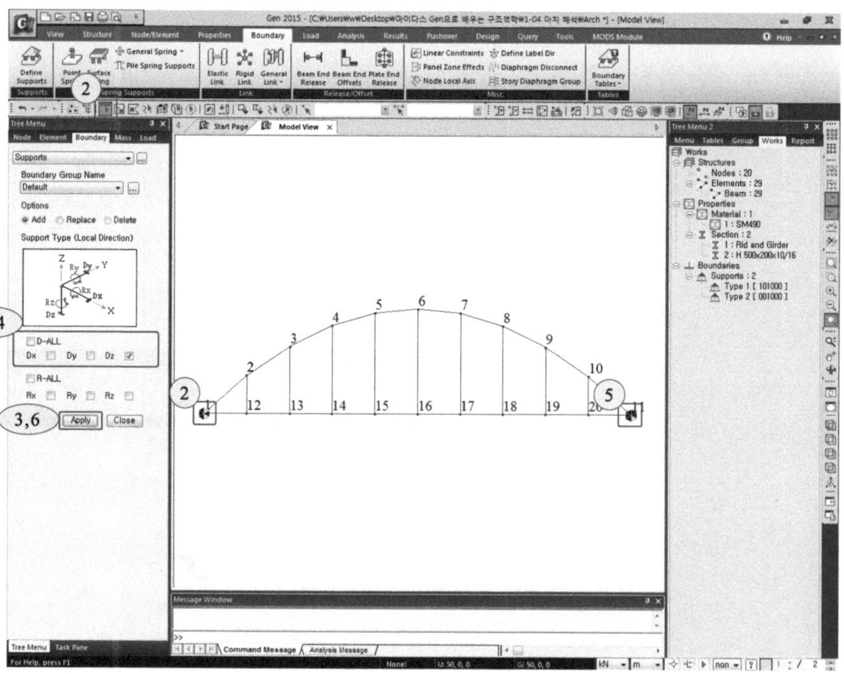

행어의 양단부에 힌지(보 단부 모멘트 해제)조건을 입력한다.

Main Menu 에서 ***[Boundary]*** *Tab* **>** ***[Release/Offset]*** *Group* **>** ***[Beam End Release]***

1. **Display Node Numbers** (Toggle off), **Display Element Numbers** (Toggle on)
2. **Select by Intersecting** (on) 모드에서 **11 번~19 번** 부재를 가로질러서 드래그 후 더블클릭으로 선택 종료
3. General Types and Partial Fixity > **[Pinned-Pinned]** 클릭
4. **[Apply]** 클릭

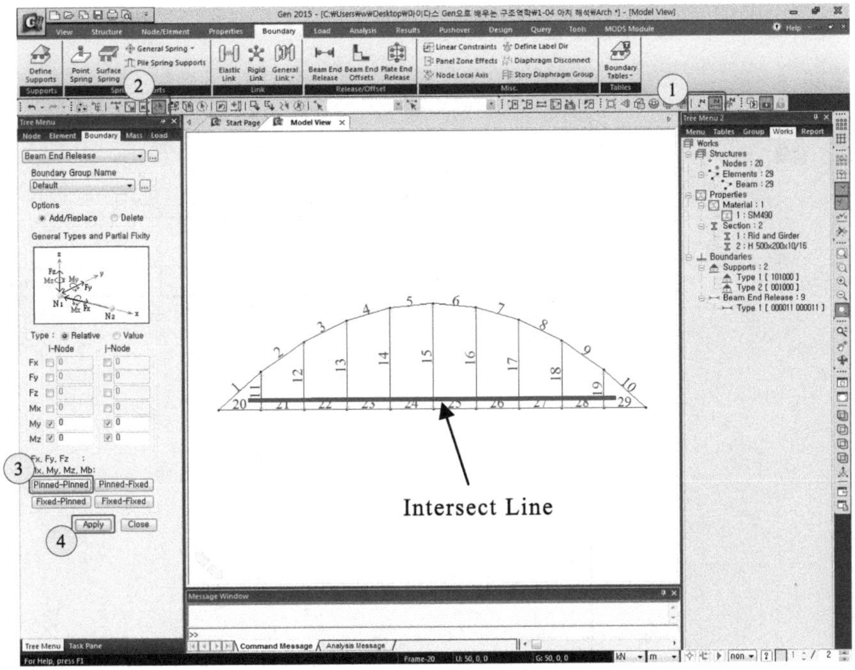

▶그림 4.15
행어 단부 힌지조건 정의

02.6 하중 입력

02.6.1 하중조건 정의 하중을 입력하기 위해서는 입력할 하중의 종류(하중조건)를 먼저 정의한다.

Main Menu 에서 ***[Load]*** *Tab* **>** ***[Create Load Cases]*** *Group* **>** ***[Static Load Cases]***

1. Name : **'Uniform'** 입력
2. Type > **User Defined Load (USER)** 선택
3. **[Add]** 클릭, **[Close]** 클릭

▶그림 4.16
하중조건 정의

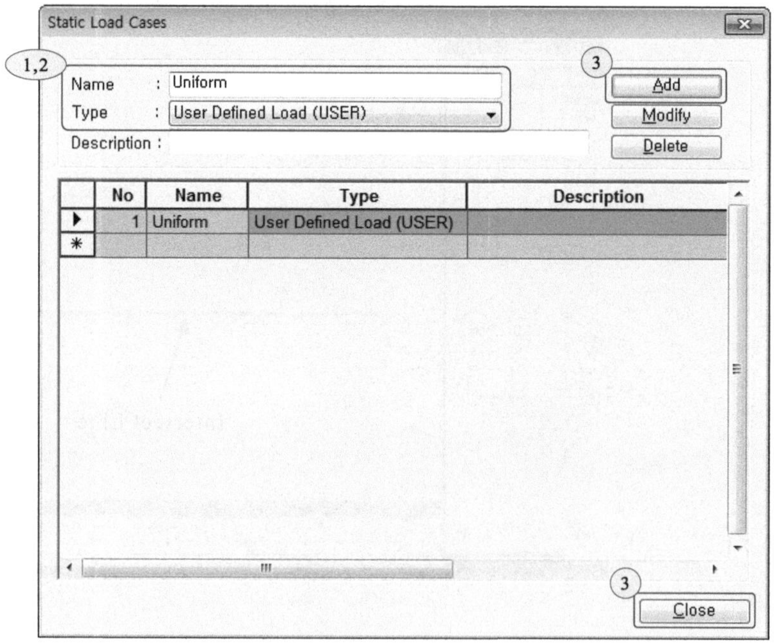

02.6.2 하중 입력 아치의 보강형에 등분포하중 100 kN/m 를 입력합니다.

Main Menu 에서 ***[Load]** Tab* > ***[Beam Load]** Group* > ***[Element]***

1. Load Case Name > **Uniform** 선택, Options > **Add** 선택
2. Load Type > **Uniform Loads** 선택, Direction > **Global Z** 선택
3. Value > **Relative** 선택
4. x1 : **'0'**, w : **'-100'**, x2 : **'1'** 입력
5. 하부 Girder (**20 번~29 번** 부재) 선택 후 **[Apply]** 클릭

▶그림 4.17
등분포하중 입력

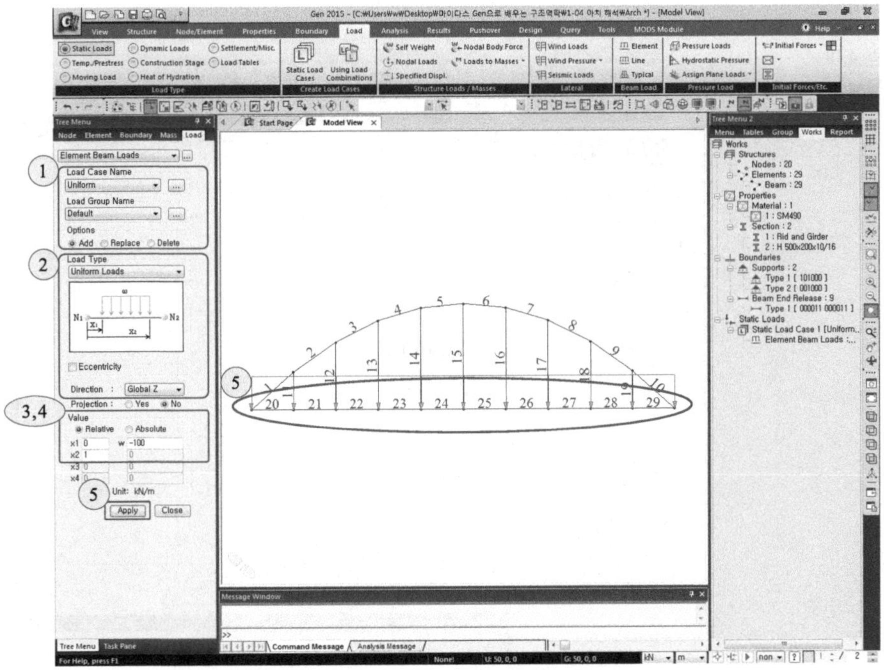

02.6.3 **요소 복제**

Model 1 을 복제하여 Model 2 와 Model 3 을 생성한다. 이때 Model 1 에 입력된 등분포하중과 경계조건을 동시에 복제한다.

Main Menu 에서 ***[Node/Element]*** *Tab* **> *[Elements]*** *Group* **> *[Translate]***

1. Mode > **Copy** 선택
2. Translation > Equal Distance > dx, dy, dz : **'0, 0, -15'** 입력, Number of Times : **'2'** 입력
3. **Copy Node Attributes, Copy Element Attributes** (Check on)
4. **Display Element Numbers** (Toggle off), **Select All** (Toggle on)
5. **[Apply]** 클릭

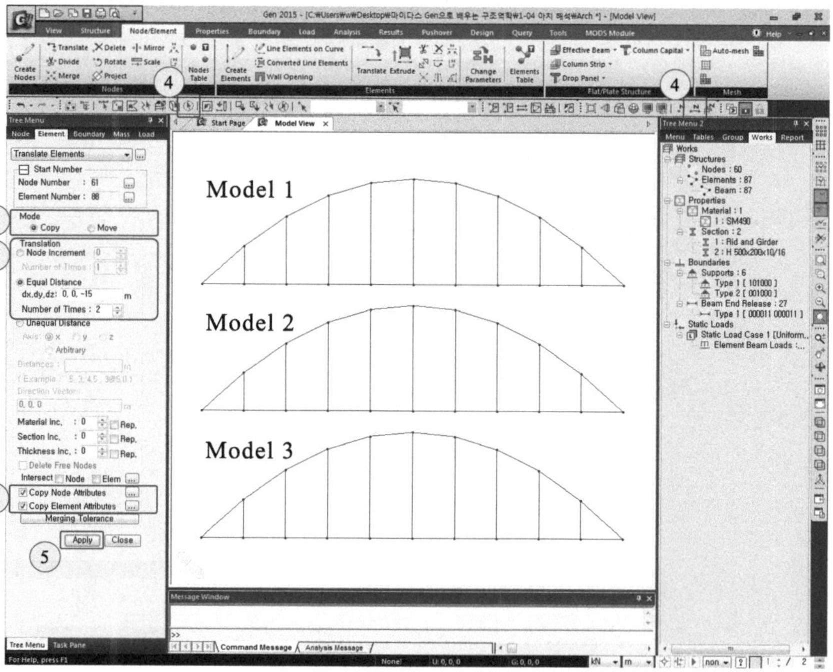

▶그림 4.18
요소복제

02.6.4 **모델 수정** 복제된 아치(Model 2, Model 3)의 높이를 수정한다.

Main Menu 에서 ***[Node/Element]** Tab > **[Nodes]** Group > **[Scale]***

1. **Display Node Numbers** (Toggle on)
2. Scale Factors > sfx : **'1.0'**, sfy : **'1.0'**, sfz : **'4/5'** 입력
3. Scale About > **User** : **'25, 0, -15'** 입력
4. Selection Type > **By Selection**
5. **Select by Windows** (on) 모드에서 **22** 번~**30** 번 절점 선택 후 **[Apply]** 클릭
6. Scale Factors > sfx : **'1.0'**, sfy : **'1.0'**, sfz : **'4/7'** 입력
7. Scale About > **User** : **'25, 0, -30'** 입력
8. Selection Type > **By Selection**
9. **Select by Windows** (on) 모드에서 **42** 번~**50** 번 절점 선택 후 **[Apply]** 클릭

Tip 별도의 계산이 필요 없이 입력상자에 연산기호(+, -, *, /)를 포함하여 입력할 수 있다. (예 : 4/5 = 0.8)

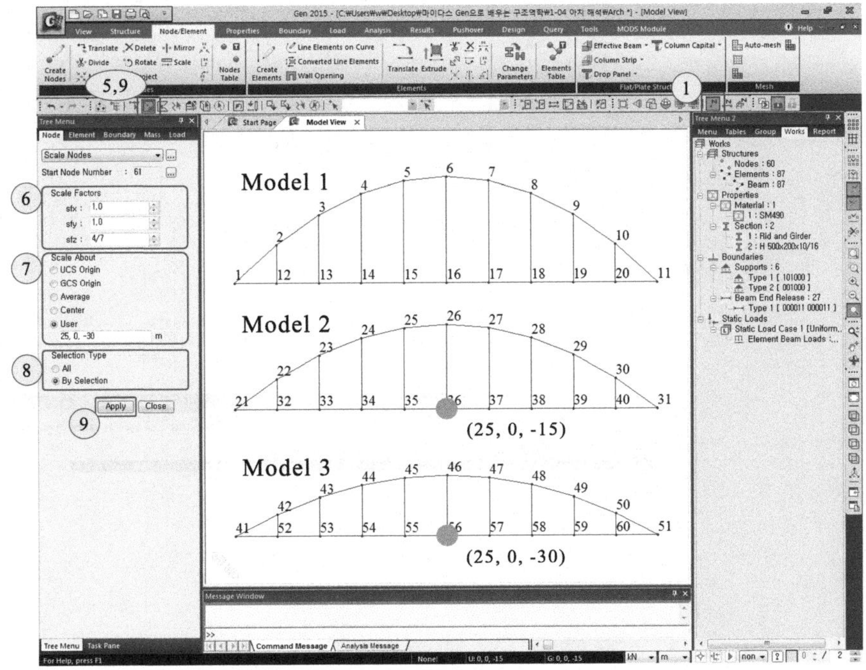

▶그림 4.19 모델 수정

02.7 구조해석 수행

구조해석 모델링을 완료하고 구조해석을 수행한다.

Main Menu 에서 ***[Analysis]*** *Tab* > ***[Perform]*** *Group* > ***[Perform Analysis]*** 실행

▶그림 4.20
해석 정상 종료 메시지

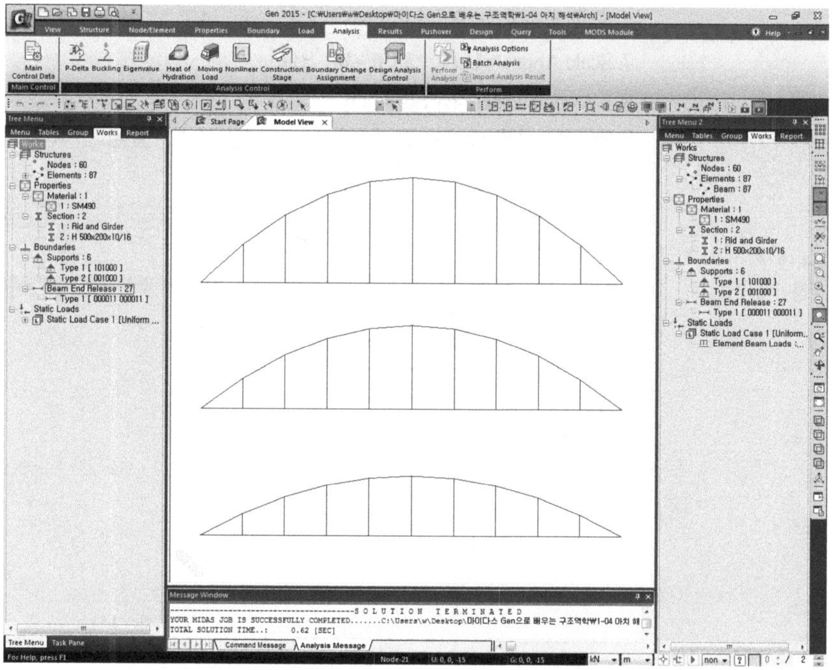

02.8 해석결과 확인

02.8.1 **변위 및 변형** 먼저 변형도를 확인한다. 여기서 DXZ는 $\sqrt{DX^2 + DZ^2}$ 를 계산한 값이다. 아치의 높이가 낮을수록 처짐이 증가하는 것을 알 수 있다. 동일한 부재를 사용하는 경우 아치 높이의 감소는 곧 강성의 감소를 의미한다.

Main Menu 에서 ***[Results]** Tab* > ***[Results]** Group* > ***[Deformations]*** > ***[Displacement Contour]***

1. **Display Node Numbers** (Toggle off)
2. Load Cases / Combinations > **ST: Uniform** 선택
3. Components > **DXZ** 선택
4. Type of Display > **Contour, Deform, Values, Legend** (Check on)
5. **[Apply]** 클릭
6. 화면 하단의 Status Bar 에서 길이단위를 **mm** 로 변경

▶그림 4.21
변형결과

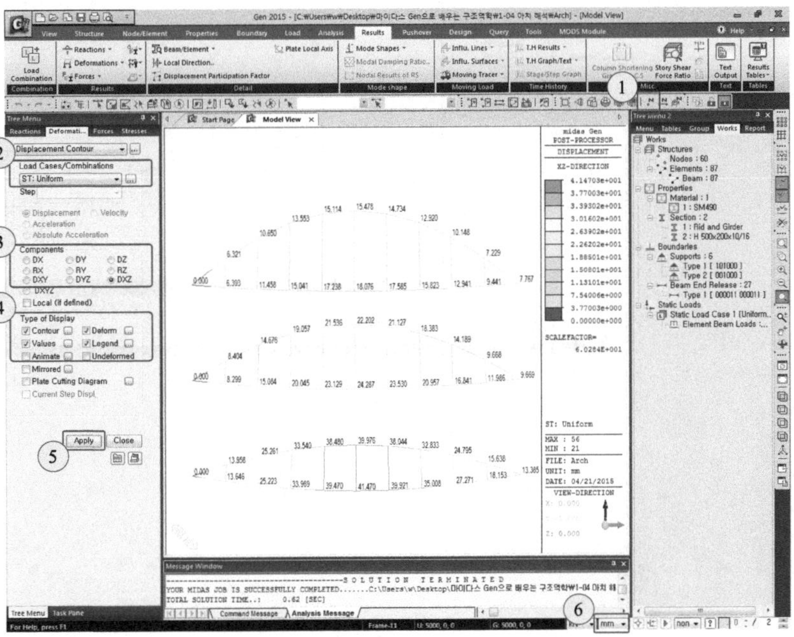

02.8.2 **부재력**

등분포하중에 의한 축력을 확인한다. 아치의 높이가 낮을수록 보강형과 아치리브에 발생하는 축력이 증가하는 것을 알 수 있다.

Main Menu 에서 ***[Results]** Tab* > ***[Results]** Group* > ***[Forces]*** > ***[Beam Diagrams]***

1. Load Cases/Combinations > **ST: Uniform** 선택
2. Components > **Fx** 선택
3. Type of Display > **Contour, Values, Legend** (Check on), **Deform** (Check off)
4. **[Apply]** 클릭

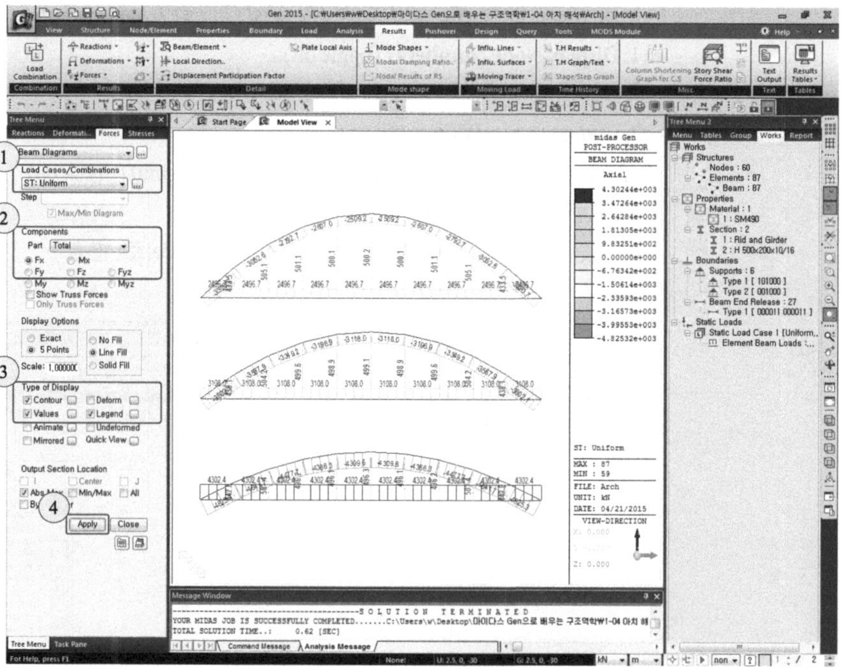

▶그림 4.22
축력결과

등분포하중에 의한 휨모멘트를 확인한다. 아치의 높이가 낮을수록 보강형과 아치리브에 작용하는 휨모멘트의 절대값이 커지고 아치리브와 보강형이 만나는 우각부의 휨모멘트는 감소하는 것을 알 수 있다.

Main Menu 에서 ***[Results]** Tab* > ***[Results]** Group* > ***[Forces]*** > ***[Beam Diagrams]***

1. 화면 하단의 Status Bar 에서 길이단위를 **'m'**로 변경
2. Components > **My** 선택
3. **[Apply]** 클릭

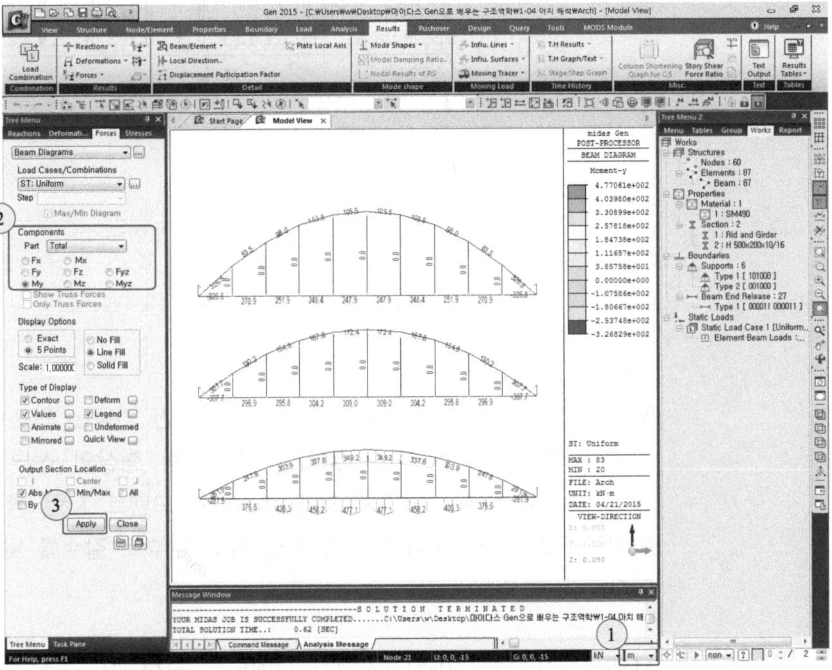

▶그림 4.23
모멘트 결과

03. 풀어보기

03.1 역학적 개념의 이해 및 수 계산

▶그림 4.24

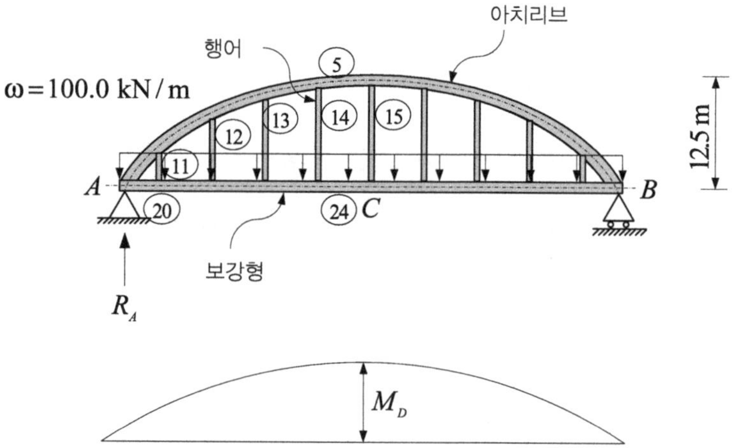

Model 1 은 아치형상을 띠고 있지만 전체적인 거동은 단순보의 경우와 동일하며, 아치의 형상은 모멘트도를 닮았다. 직사각형 형상의 선부재인 보에서 모멘트를 많이 받는 위치에서 단면을 크게 설계하면 모멘트 저항 성능이 높아지는 것처럼, 아치구조도 중앙부에서 높이가 가장 높고 단부로 갈수록 낮아지는 형상으로 되어 있다.

Model 1 과 같은 아치구조에서 모멘트는 상현재인 아치리브와 하현재의 우력에 의해서 저항된다. 즉, 하현재의 인장력(혹은 상현재의 압축력)에 아치의 높이를 곱해주면 해당 위치에서의 저항모멘트가 된다.

다음 표는 설명에 사용되는 부재의 번호와 각 부재가 받고 있는 축력, 전단력, 그리고 모멘트 등을 나타낸 것이다.

▶표 4.1

부재번호	N (kN)	V (kN)	M (kN · m)
24	2496.743	-	-64.784
5	-2509.24	-	105.495
20	-	310.204	-
11	433.461	-	-
12	505.076	-	-
13	501.131	-	-
14	500.052	-	-
15	500.150	-	-

아치 중앙부에서의 모멘트와 부재력의 관계를 검토하기 위하여 등분포하중을 받는 단순보로 생각해 보면 중앙부 C 점에서의 모멘트 M_o 와 A 점에서의 반력 R_A 는 다음과 같이 계산된다.

$$M_o = \frac{\omega\ell^2}{8} = \frac{100\times50^2}{8} = 31,250\ \mathrm{kN\cdot m}$$

$$R_A = \frac{\omega\ell}{2} = \frac{100\times50}{2} = 2,500\ \mathrm{kN}$$

아치구조에서 모멘트 M_o 는 상현재와 하현재 사이의 우력에 의해서 저항하게 된다. 따라서 모멘트 M_o 를 아치의 중앙부 높이 값으로 나누면 다음과 같다.

$$N = \frac{M_o}{h} = \frac{31,250}{12.5} = 2,500\ \mathrm{kN}$$

여기에서 얻어진 축력값이 아치에 대한 해석값(부재번호 24 와 5 의 축력)과 다른 이유는 부재번호 5 의 아치리브와 부재번호 24 의 보강형이 모멘트를 받고 있기 때문이다. 따라서 이들 부재에 작용하는 모멘트들을 고려하면, 부재번호 24 에 작용하는 축력과 동일한 축력이 얻어진다.

$$N = \frac{M_o - M_5 - M_{24}}{h} = 2,496.743 \text{ kN}$$

그리고 상현재인 5 번 부재의 축력을 가로방향 분력으로 환산하면 역시 동일한 축력을 얻을 수 있다.

지점 A 에서의 반력은 20 번 부재의 전단력과 행어(부재 11~15)의 축력을 더해서 계산할 수 있으며, 단순보의 반력과 동일함을 알 수 있다.

$$R_A = V_{20} + N_{11} + N_{12} + N_{13} + N_{14} + \frac{N_{15}}{2} = 2,500 \text{ kN}$$

이상과 같은 분석을 통해서 아치는 압축력을 통해 힘을 전달하며 모멘트도와 유사한 형상을 통해서 작용하는 하중을 지지한다는 것을 알 수 있다.

04. 연습문제

1. 다음 그림과 같은 아치구조에서 아치리브와 보강형의 강성 차이가 구조물의 거동에 미치는 영향을 분석하시오(재질은 예제와 동일).

1) 아치리브 : □ - 1000×1000×20
□ - 1500×1500×20
□ - 2000×2000×20

2) 보 강 형 : □ - 1000×1000×20
□ - 1500×1500×20
□ - 2000×2000×20

3) 행 어 : H - 500×200×10/16

단면 :

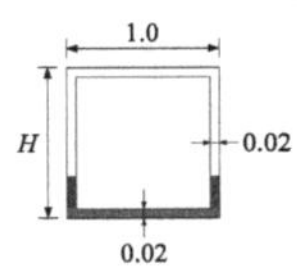

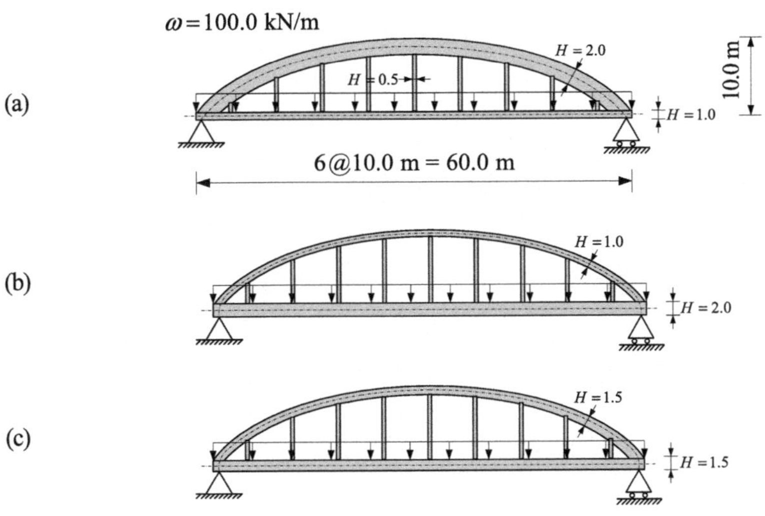

5. 연속보 해석

TABLE OF CONTENTS

01. 이해하기

01.1 연속보 해석의 개념

01.1.1 일반사항

2개 이상의 단순보가 연속으로 연결된 구조물을 연속보라고 한다.

▶사진 5.1
단순보 및 연속보

연속보에서 반력, 즉 미지수의 개수는 힘의 평형조건의 개수보다 많기 때문에 부정정 구조가 된다.
정정보의 반력은 힘의 평형조건식만으로 구할 수 있지만, 부정정 구조인 연속보는 힘의 평형조건식만으로 구할 수 없기 때문에 변형의 적합조건과 같은 추가적인 조건을 사용해야 한다.

01.1.2 해석 개념

연속보의 구조적 거동은 인접부재의 휨 강성의 영향을 받는다. 그림 5.1 과 같은 3경간 연속보에서 BC 부재에서의 모멘트 분포는 인접된 AB 부재와 CD 부재의 휨 강성 특성에 따라 달라진다.

BC 부재가 단순보였다면 양단(B 단과 C 단)에서의 모멘트가 영(0)이 되어야 하지만, 인접부재로 인하여 단부 모멘트(M_B 와 M_C)가 발생한다. 모멘트 M_B 와 M_C 의 크기는 AB 부재와 CD 부재의 휨 강성에 따라 달라진다. A 단의 회전이 구속된 AB 부재의 강성이 D 단의 회전이 구속되지 않은 CD 부재의 강성보다 크기 때문에 M_B 가 M_C 보다 크게 된다.

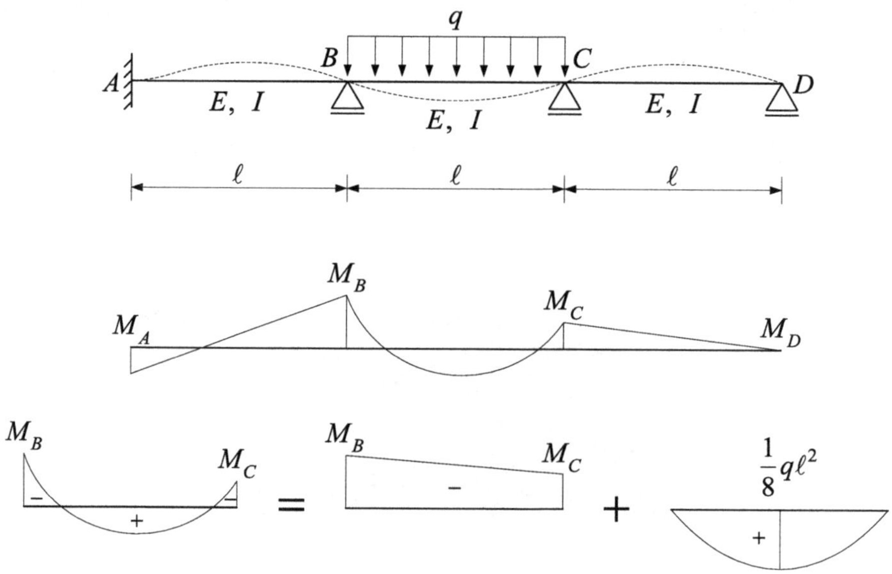

▶그림 5.1
3 경간 연속보

그림 5.2 는 경계조건에 따른 보의 강성을 나타낸 것이다.

그림에서 알 수 있듯이 좌측 단에 단위값 1 의 회전각이 발생하게 하는 데 소요되는 모멘트 M_1, M_2, M_3, M_4 는 우측 단의 조건에 따라 달라진다. 그림 5.2(a)는 우측 단이 고정단이며, 5.2(b)는 우측 단이 힌지단이다. 그림 5.2(c)는 우측 단에 동일한 회전각(1)이 발생하여 역대칭형상으로 변형한 것이며, 5.2(d)는 우측 단에 반대방향의 회전각(-1)이 발생하여 대칭형상으로 변형한 것이다. 그 결과 휨 강성의 크기는 5.2(c) $(6EI/\ell)$, 5.2(a) $(4EI/\ell)$, 5.2(b) $(3EI/\ell)$, 그리고 5.2(d) $(2EI/\ell)$ 의 순서임을 알 수 있다.

그림 5.2(a)가 그림 5.1 의 AB 부재에 해당하며 그림 5.2(b)가 그림 5.1 의 CD 부재에 해당한다.

▶그림 5.2 (a) $M_1 = \dfrac{4EI}{\ell}$

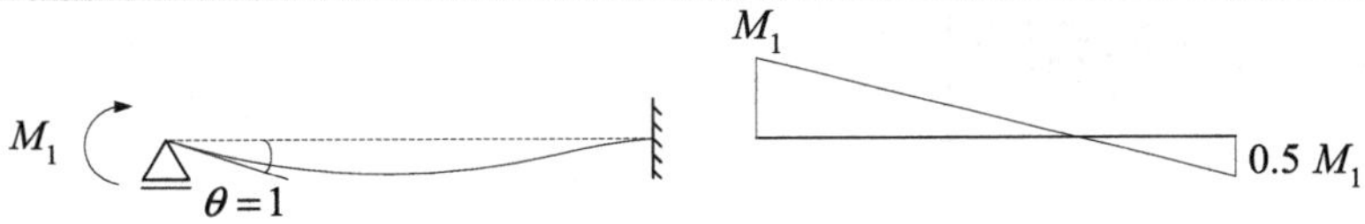

▶그림 5.2 (b) $M_2 = \dfrac{3EI}{\ell}$

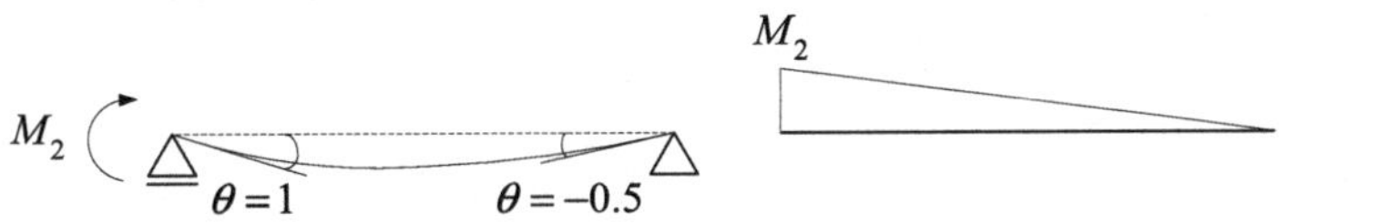

▶그림 5.2 (c) $M_3 = \dfrac{6EI}{\ell}$

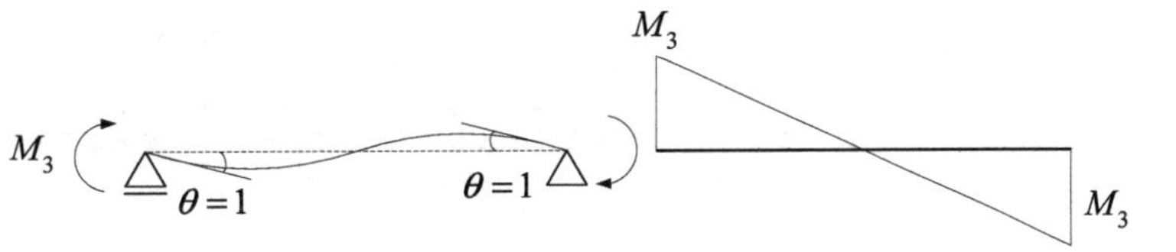

▶그림 5.2 (d) $M_4 = \dfrac{2EI}{\ell}$

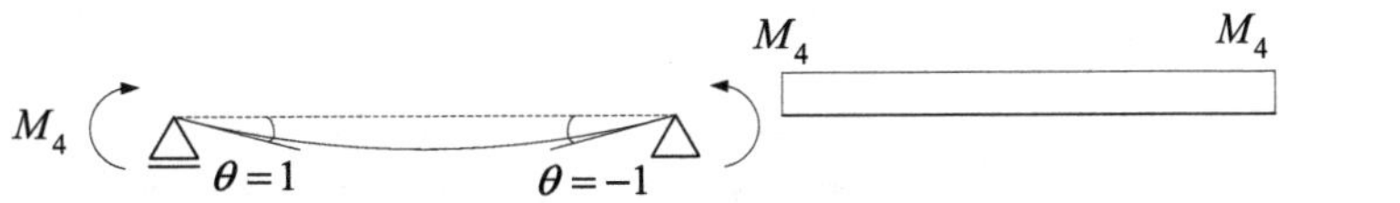

부정정 구조의 해법에는 강성법(stiffness method), 유연도법(flexibility method), 모멘트분배법(moment distribution method), 유한요소법(finite element method) 등 여러 방법이 있으나, 모두 위의 그림 5.2 와 같은 동일한 원리를 사용한다. 각각의 방법들이 가지고 있는 특성이 다르기 때문에 주어진 문제의 조건에 따라 보다 적절한 방법을 선택하는 것이 바람직하다. 이 장의 예제는 모멘트분배법과 유연도법을 사용하여 구조해석한 예를 보이고 있다. 간단한 구조물에 대한 해법으로는 모멘트분배법이 매우 간편하고 직관적이기 때문에 구조물의 특성을 이해하는 데 있어서 유용하게 사용할 수 있는 방법이다.

02. 따라하기

02.1 모델 개요

연속보와 게르버보에서 등분포하중과 온도하중(상하면 온도 차)에 대한 반력, 변위 및 부재력을 비교해 본다.

▶그림 5.3

(a) 해석모델 1
3 경간 연속
2 차 부정정

(b) 해석모델 2
3 경간 정정

(c) 해석모델 3
3 경간 연속
1 차 부정정

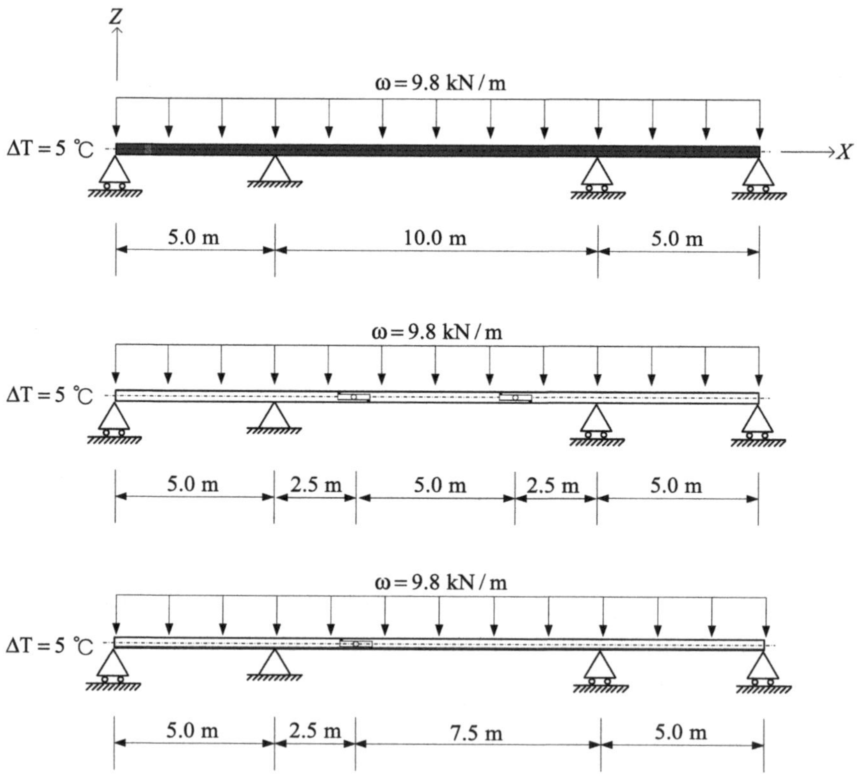

- ***Material*** : SM490(용접구조용 강재, 최저 인장강도 490 MPa)
- ***Section*** : 상자형 단면 400×200×12 mm
- ***Load*** : 1. 등분포하중 : 9.8 kN /m
  2. 온도하중 : ΔT = 5 ℃ (상하면 온도차)

02.2 작업환경 설정

구조해석 모델링을 시작하기 위해 새 문서를 열고 파일을 저장한다.

Main Menu 에서 ***[File]*** *Tab* > ***[New Project]***

Main Menu 에서 ***[File]*** *Tab* > ***[Save]***

1. 파일 이름 : **'C-Beam'** 입력 후 [저장] 클릭

예제에서 사용할 단위계를 설정한다.

Main Menu 에서 ***[Tools]*** *Tab* > ***[Setting]*** *Group* > ***[Unit System]***

1. Length > **m**, Force(Mass) > **kN(ton)** 선택
2. **[OK]** 클릭

▶그림 5.4
파일저장
단위계 설정

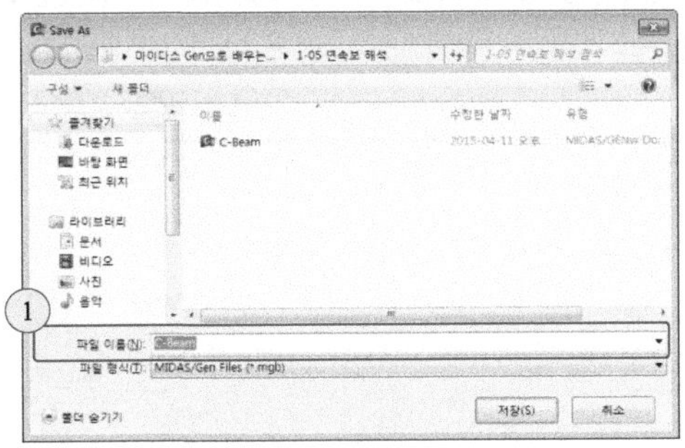

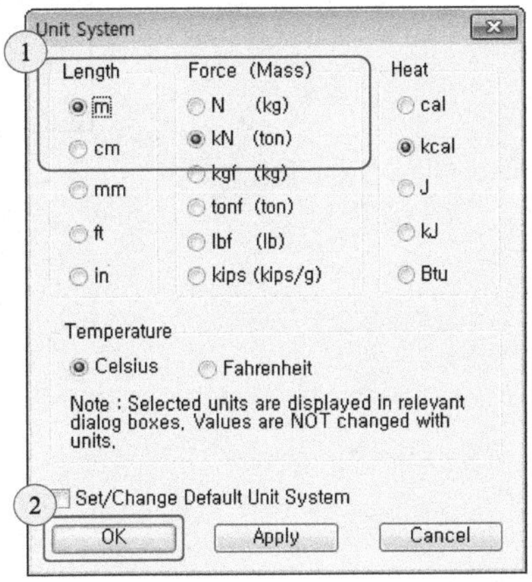

예제 모델은 평면(X-Z 평면)구조이므로 Structure Type 에서 구조물이 X-Z 평면 내에서만 거동하도록 지정한다.

Main Menu 에서 ***[Structure]*** *Tab* > ***[Type]*** *Group* > ***[Structure Type]***

1. Structure Type > **X-Z Plane** 선택
2. **[OK]** 클릭

▶그림 5.5
작업평면 설정

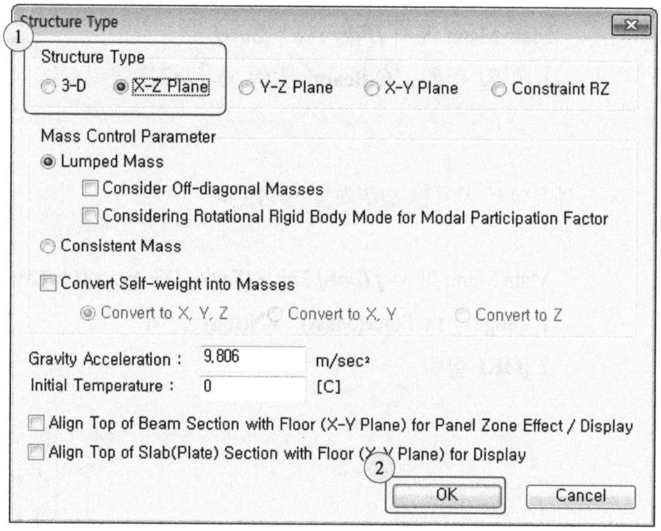

02.3 재질 및 단면 정의

연속보의 재질을 강재 SM490(한국표준규격)으로 선택하고 단면을 정의한다.

Main Menu 에서 ***[Properties]** Tab* > ***[Material]** Group* > ***[Material Properties]***

1. **[Add...]** 클릭, Type of Design > **Steel** 선택
2. Steel > Standard > **KS09(S)** 선택, DB > **SM490** 선택 후 **[OK]** 클릭
3. Section 탭 클릭
4. **[Add...]** 클릭, 단면형상 목록 > **Box** 선택
5. 단면 정의 방법 > **DB** 선택, DB > **KS** 선택
6. Sect. Name > **B 400×200×12** 선택
7. **[OK]** 클릭, **[Close]** 클릭

Tip
DB 로 구축된 재질을 선택하면 재료의 기본물성치 (탄성계수, 포아송비, 열팽창계수, 단위중량)이 자동 입력된다.

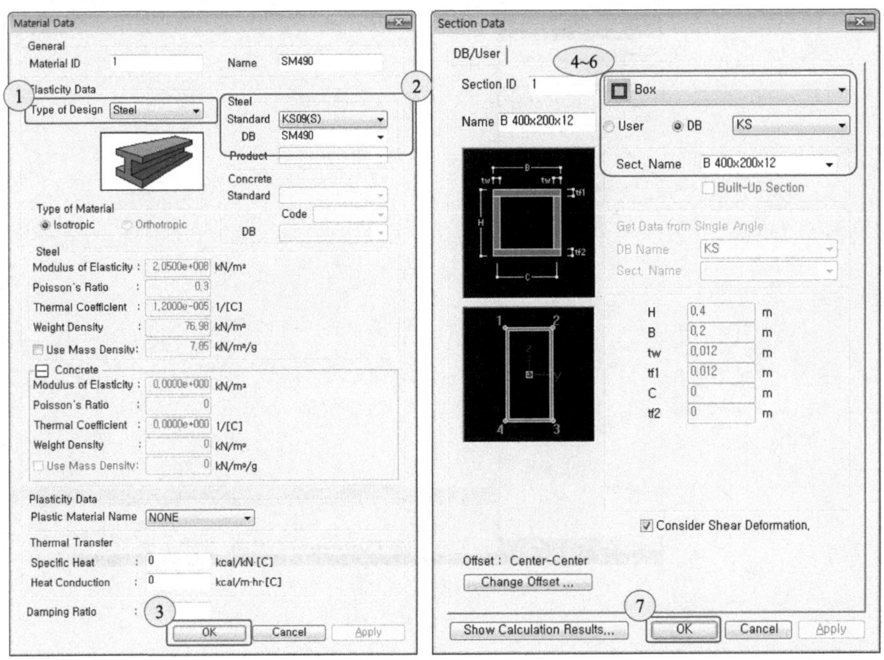

▶그림 5.6
재질 정의
단면 정의

02.4 절점과 요소 생성

02.4.1 절점 생성

연속보를 생성하기 위해 절점을 먼저 입력한다. 절점은 요소의 시작점과 끝점, 하중과 경계조건 등의 입력에 필요한 위치, 해석결과를 확인하고자 하는 위치 등 구조물의 기하형상이나 속성을 정의하기 위해 필요한 모든 곳에 생성한다.

Main Menu 에서 ***[Node/Element]*** *Tab* > ***[Nodes]*** *Group* > ***[Create Nodes]***

1. Coordinates (x, y, z) : **'0, 0, 0'** 입력
2. **[Apply]** 클릭
3. **Auto Fitting, Front View** (Toggle on)

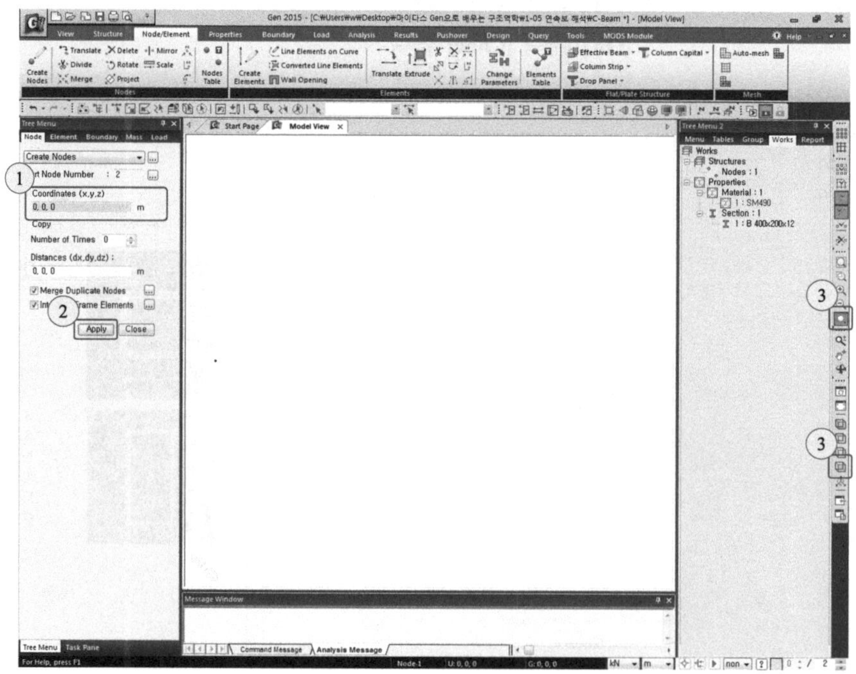

▶그림 5.7
절점 생성

02.4.2 요소 생성

절점을 선요소로 확장 변환하는 Extrude Elements 기능으로 연속보를 생성한다.

Main Menu 에서 ***[Node/Element]** Tab* **>** ***[Elements]** Group* **>** ***[Extrude]***

1. Extrude Type > **Node → Line Element** 선택
2. Element Attribute > Element Type > **Beam** 선택
3. Material > **1:SM490**, Section > **1:B 400×200×12** 선택, Beta Angle : **'0'** 입력
4. Generation Type > **Translate** 선택
5. Translation > **Unequal Distance** 선택
6. Axis > **x** 선택, Distance : **'3@5/3, 8@10/8, 3@5/3'** 입력
7. **Select All** (on) 모드에서 모든 절점 선택
8. **[Apply]** 클릭

▶그림 5.8
요소 생성

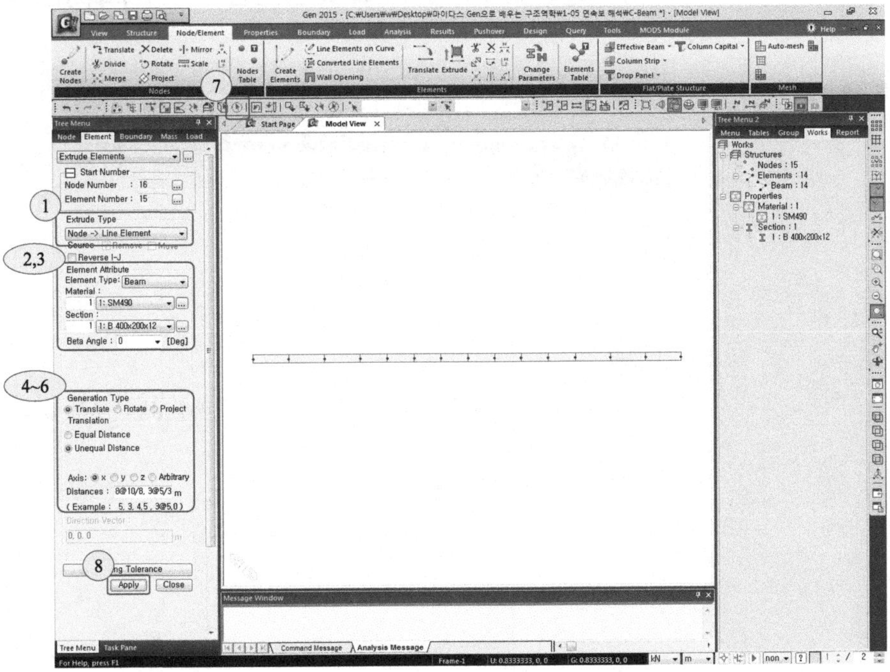

02.5 경계조건 입력

핀 지지조건은 Dx, Dz 의 자유도를 구속시키고, 롤러 지지조건의 경우 Dz 의 자유도만 구속시킨다.

Main Menu 에서 ***[Boundary]*** *Tab* > ***[Supports]*** *Group* > ***[Define Supports]***

1. Options > **Add**, Support Type > **Dx, Dz** (Check on)
2. **Display Node Numbers** (Toggle on)
3. **Select Single** (on) 모드에서 4 번 절점 선택 후 **[Apply]** 클릭
4. Support Type > **Dx** (Check off), **Dz** (Check on)
5. **Select Single** (on) 모드에서 **1, 12, 15 번 절점** 선택 후 **[Apply]** 클릭

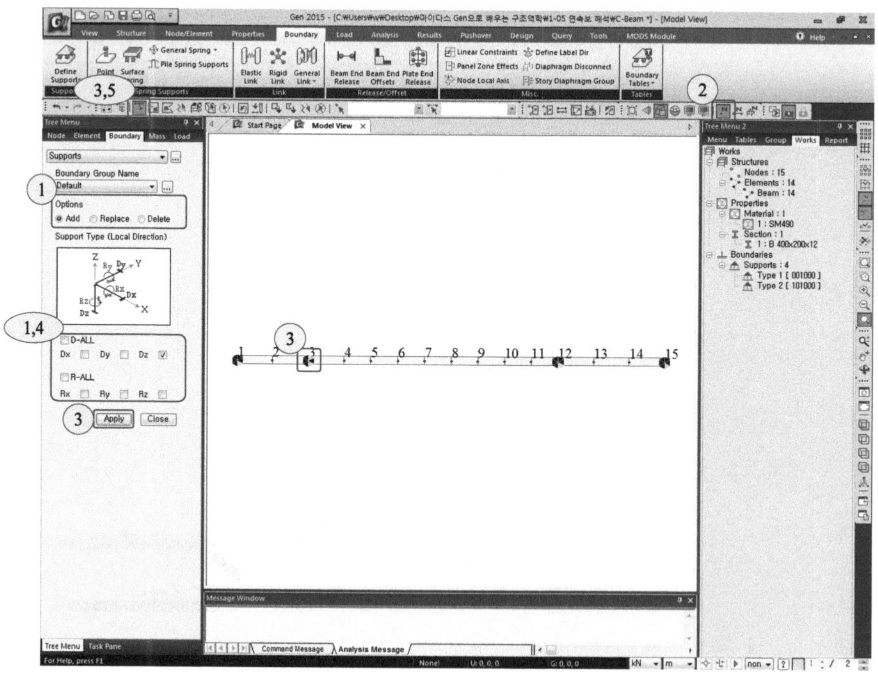

▶그림 5.9
지점조건 입력

02.6 하중 입력

02.6.1 **하중조건 정의**

등분포하중과 온도하중을 입력하기 위해 하중조건을 먼저 정의한다.

Main Menu 에서 ***[Load]*** *Tab* > ***[Create Load Cases]*** *Group* > ***[Static Load Cases]***

1. Name : **'등분포하중'** 입력
2. Type > **User Defined Load (USER)** 선택 후 **[Add]** 클릭
3. Name : **'온도하중'** 입력
4. Type > **User Defined Load (USER)** 선택 후 **[Add]** 클릭
5. **[Close]** 클릭

▶그림 5.10
하중조건 정의

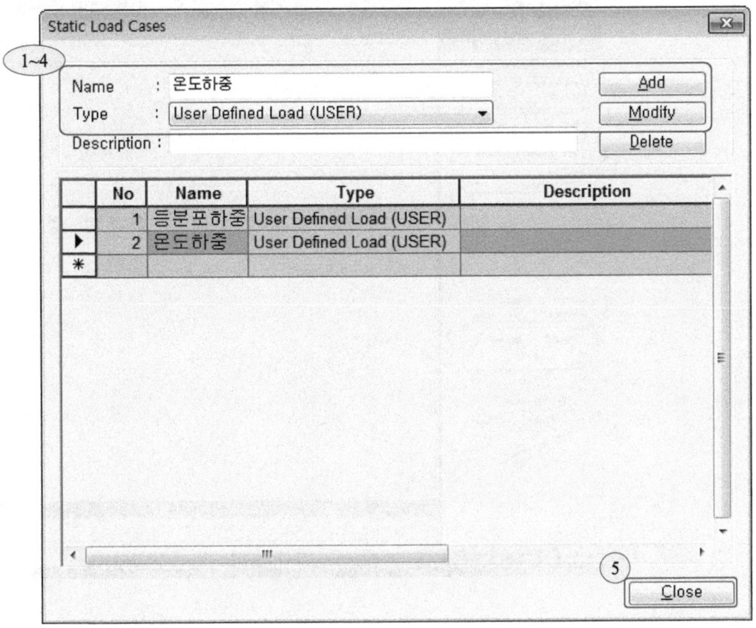

02.6.2 **등분포하중 입력** 연속보에 등분포하중 9.8 kN/m 를 입력한다.

Main Menu 에서 ***[Load]*** *Tab* **> *[Beam Load]*** *Group* **> *[Element]***

1. **Hidden, Display Node Numbers** (Toggle off), **Select All** (Toggle on)
2. Main Menu 에서 ***[View]*** *Tab* **> *[Display]*** *Group* **> *[Display]***

   Load 탭에서 **Load Value** (Check on), **[OK]** 클릭
3. Load Case Name > 등분포하중 선택
4. Load Type > **Uniform Loads** 선택
5. Value 에서 x1 : **'0'**, w : **'-9.8'**, x2 : **'1'** 입력
6. **[Apply]** 클릭

▶그림 5.11
등분포하중 입력

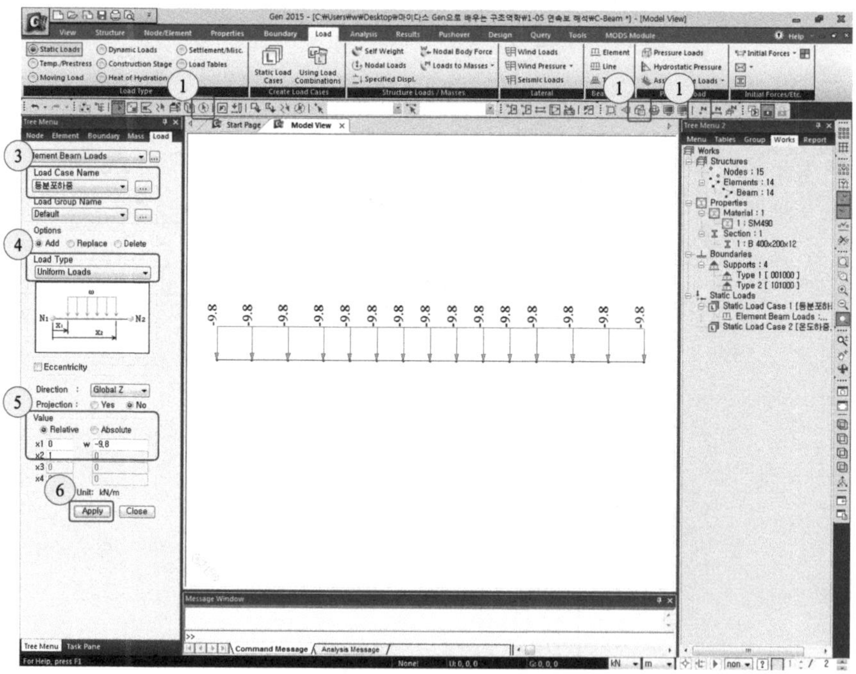

02.6.3 **온도하중 입력** 연속보의 상하면 온도차($\Delta T = 5$ ℃)를 입력한다.
온도 차이가 입력되면 요소의 재질정보에서 정의된 열팽창계수를 참조하여 온도 차이에 의해 보 단면에 발생하는 응력을 하중의 형태로 고려한다.

Main Menu 에서 ***[Load]*** *Tab* > ***[Temp./Prestress]*** > ***[Temperature Loads]*** *Group* > ***[Temp.Gradient]***

1. **Select All** (Toggle on)
2. Load Case Name > 온도하중 선택
3. Types > **Beam** 선택
4. Gradient > T2z-T1z : **'5'** 입력
5. **[Apply]** 클릭

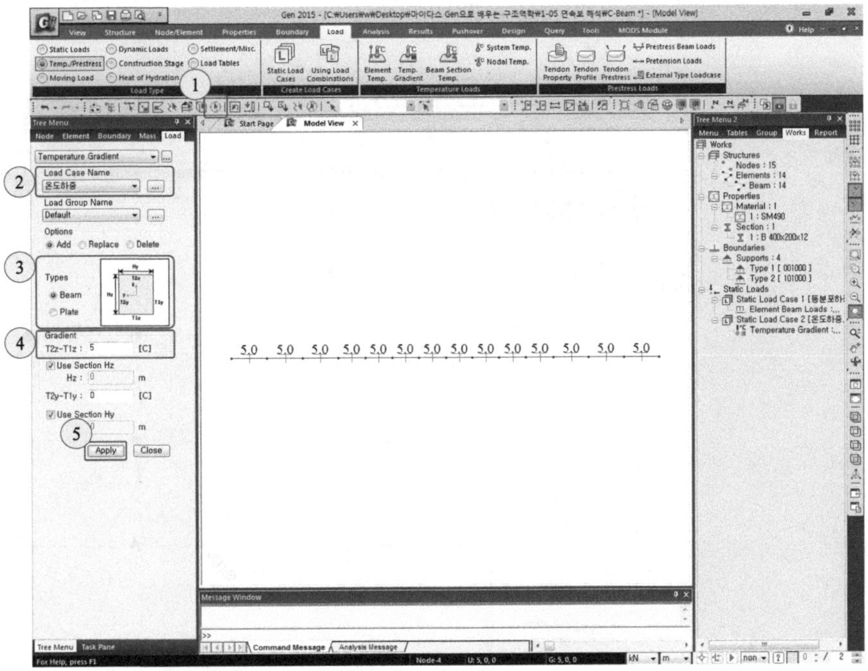

▶그림 5.12
온도하중 입력

02.6.4 요소 복제

연속보(Model 1)를 복제하여 게르버보(Model 2, Model 3)를 생성한다. 이때 연속보(Model 1)에 입력된 등분포하중, 온도하중 그리고 경계조건을 동시에 복제하기 위해 Copy Node Attributes 와 Copy Element Attributes 를 적용한다.

Main Menu 에서 ***[Node/Element]** Tab* > ***[Elements]** Group* > ***[Translate]***

1. **Display** (Toggle on)
   Boundary 탭에서 **Support** (Check on), **[OK]** 클릭
2. **Select All** (on) 모드에서 모든 부재 선택
3. Mode > **Copy** 선택
4. Translation > **Equal Distance** 선택
5. dx, dy, dz : **'0, 0, -5'** 입력, Number of Times : **'2'** 입력
6. **Copy Node Attributes, Copy Element Attributes** (Toggle on)
7. **[Apply]** 클릭

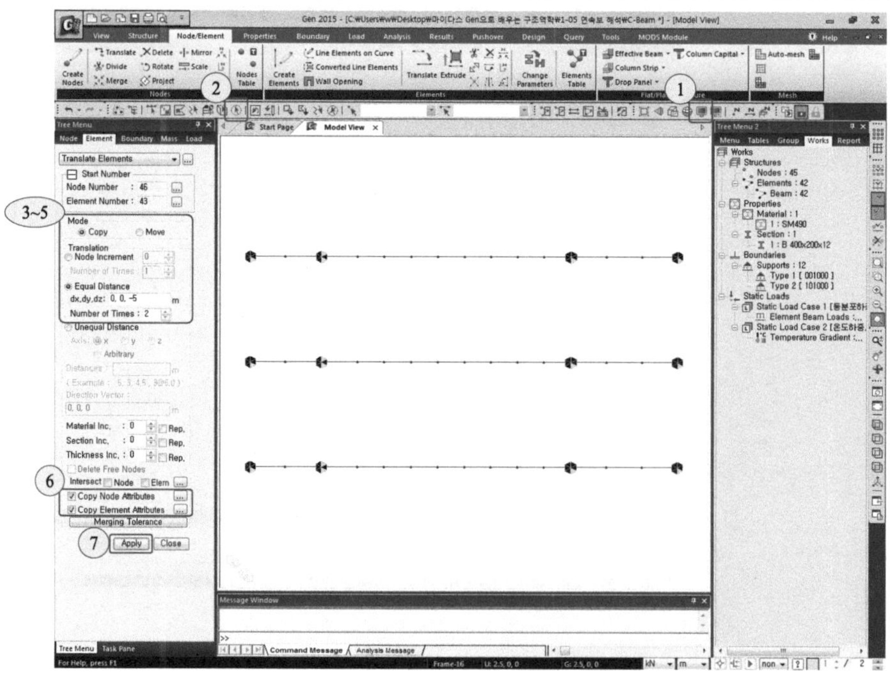

▶그림 5.13
요소 복제

02.6.5 게르버보 지점조건 입력

게르버보를 생성하기 위해 복제된 연속보에 내부 힌지조건을 추가 입력한다. 힌지조건은 보요소의 단부 절점에서 강성 연결을 해제(release)함으로써 구현할 수 있다.

Main Menu 에서 ***[Boundary]** Tab* > ***[Release/offset]** Group* > ***[Beam End Release]***

1. **Display Element Numbers** (Toggle on)
2. **Select Single** (on) 모드에서 **19, 23, 33** 번 부재 선택
3. General Types and Partial Fixity > **[Fixed-Pinned]** 클릭
   (i-Node > My, Mz (Check off), j-Node > My, Mz (Check on) 확인)
4. **[Apply]** 클릭

▶그림 5.14
게르버보 지점 입력

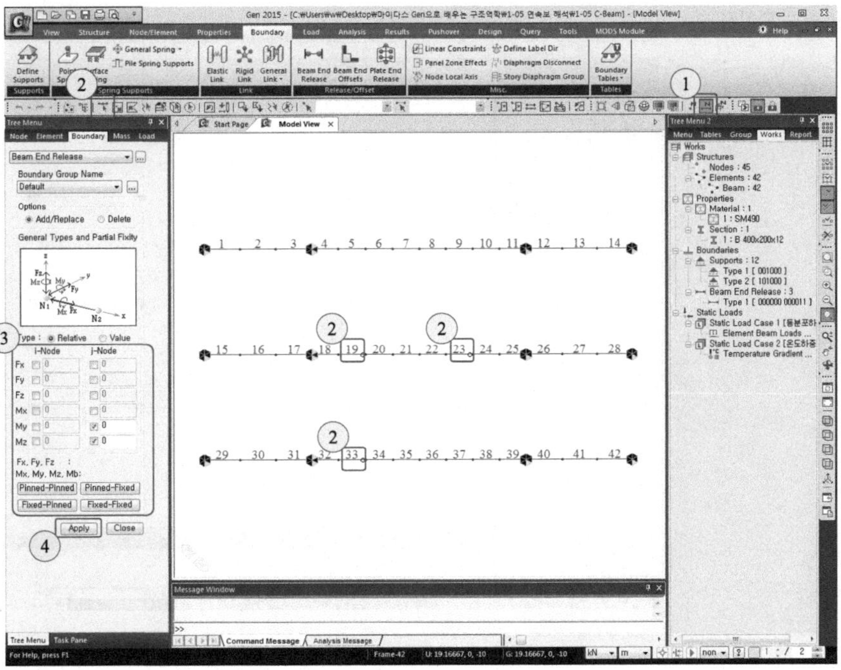

Tip

보요소의 생성 시 먼저 지정한 절점이 i-node, 나중에 지정한 절점이 j-node 가 되며, 이에 따라 좌표계가 결정된다. **[Display]**의 Element 탭에서 Local Axis 나 Local Direction 을 check on 하면 화면에서 확인할 수 있다.

02.7 구조해석 수행

연속보와 게르버보의 하중, 경계조건 입력을 마치고 구조해석을 수행한다.

Main Menu 에서 ***[Analysis]*** *Tab >* ***[Perform]*** *Group >* ***[Perform Analysis]***

1. **Display Element Numbers** (Toggle off)
2. Message Window 에서 해석 정상 종료 메시지 확인

▶그림 5.15
해석 정상 종료 메시지

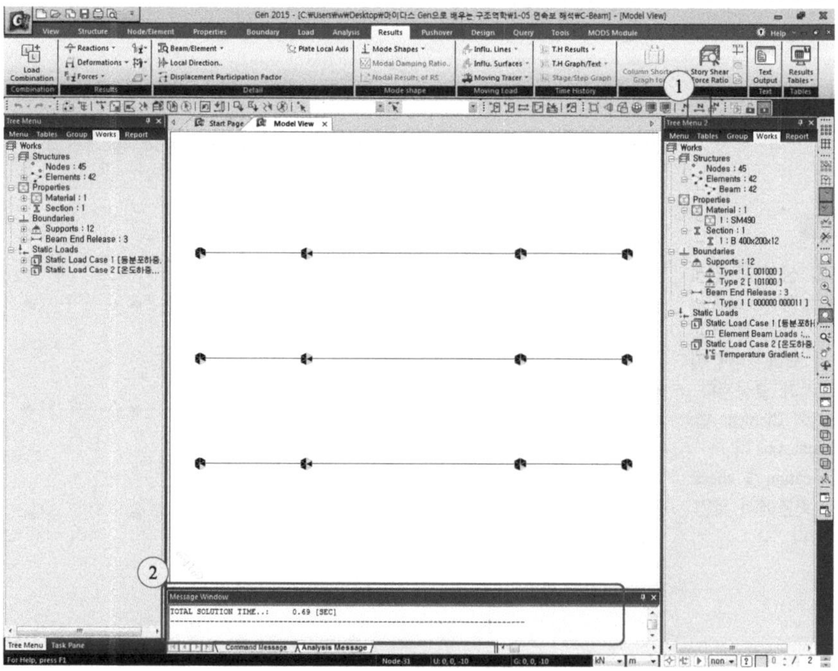

02.8 해석결과 확인

02.8.1 반력

등분포하중에 의해 연속보 및 게르버보에 발생하는 반력을 비교한다.
대칭구조물인 Model 1 과 2 에서는 반력 또한 대칭이며, Model 3 에서는 내민보의 길이가 짧은 부분의 지점에 큰 반력이 발생한다.

Main Menu 에서 ***[Results]*** *Tab* **>** ***[Results]*** *Group* **>** ***[Reactions]*** **>** ***[Reaction Forces/Moments]***

1. **Display** (Toggle on)
   Boundary 탭에서 **Support** (Check off), **Beam End Release Symbol** (Check on), **[OK]** 클릭
2. Load Cases/Combinations > **ST:** 등분포하중 선택
3. Components > **FXYZ** 선택
4. Type of Display > **Values, Legend** (Check on) 후 **[Apply]** 클릭

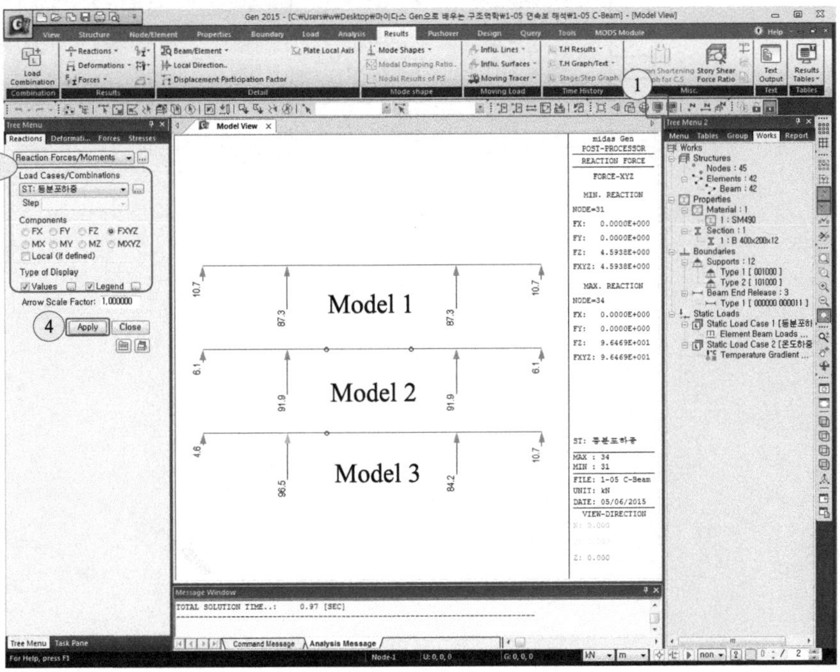

▶그림 5.16
등분포하중에 의한 반력 결과

등분포하중에 의한 반력을 표로 확인한다. 재하된 외적 하중의 총합과 반력의 총합을 비교함으로써 구조물의 모델링 및 하중 입력이 적절한지 확인할 수 있다.
이 예제에서 재하된 하중은 전체좌표계 Z 축 방향으로 9.8 kN/m×20 m×3 = 588 kN 이며 테이블의 Z 축 방향 반력(FZ)의 총합과 일치함을 알 수 있다.

Main Menu 에서 ***[Results]*** *Tab* > ***[Tables]*** *Group* > ***[Result Tables]*** > ***[Reaction]***
1. Load Cases/Combinations > 등분포하중**(ST)** (Check on), 온도하중**(ST)** (Check off)
2. **[OK]** 클릭

▶그림 5.17
반력결과 테이블

Node	Load	Fx (kN)	Fy (kN)	Fz (kN)	Mx (kN·m)	My (kN·m)	Mz (kN·m)
1	등분포하	0.000000	0.000000	10.749251	0.000000	0.000000	0.000000
4	등분포하	0.000000	0.000000	87.250749	0.000000	0.000000	0.000000
12	등분포하	0.000000	0.000000	87.250749	0.000000	0.000000	0.000000
15	등분포하	0.000000	0.000000	10.749251	0.000000	0.000000	0.000000
16	등분포하	0.000000	0.000000	6.125000	0.000000	0.000000	0.000000
19	등분포하	0.000000	0.000000	91.875000	0.000000	0.000000	0.000000
27	등분포하	0.000000	0.000000	91.875000	0.000000	0.000000	0.000000
30	등분포하	0.000000	0.000000	6.125000	0.000000	0.000000	0.000000
31	등분포하	0.000000	0.000000	4.590376	0.000000	0.000000	0.000000
34	등분포하	0.000000	0.000000	96.478872	0.000000	0.000000	0.000000
42	등분포하	0.000000	0.000000	84.201880	0.000000	0.000000	0.000000
45	등분포하	0.000000	0.000000	10.728872	0.000000	0.000000	0.000000
SUMMATION OF REACTION FORCES PRINTOUT							
	Load	Fx (kN)	Fy (kN)	Fz (kN)			
	등분포하	0.000000	0.000000	588.000000			

온도하중에 의한 구조물의 반력을 비교해 보면 외적 정정 구조물인 Model 2 에서는 반력이 발생하지 않고 부정정 구조물인 Model 1 과 Model 3 에서는 수직 반력이 발생하는 것을 알 수 있다.

Model View 탭 클릭

Main Menu 에서 ***[Results]** Tab* > ***[Results]** Group* > ***[Reactions]*** > ***[Reaction Forces/Moments]***

1. Load Cases/Combinations > **ST : 온도하중** 선택
2. Components > **FXYZ** 선택
3. Type of Display > **Values, Legend** (Check on)
4. **[Apply]** 클릭

▶그림 5.18
온도하중에 의한 반력

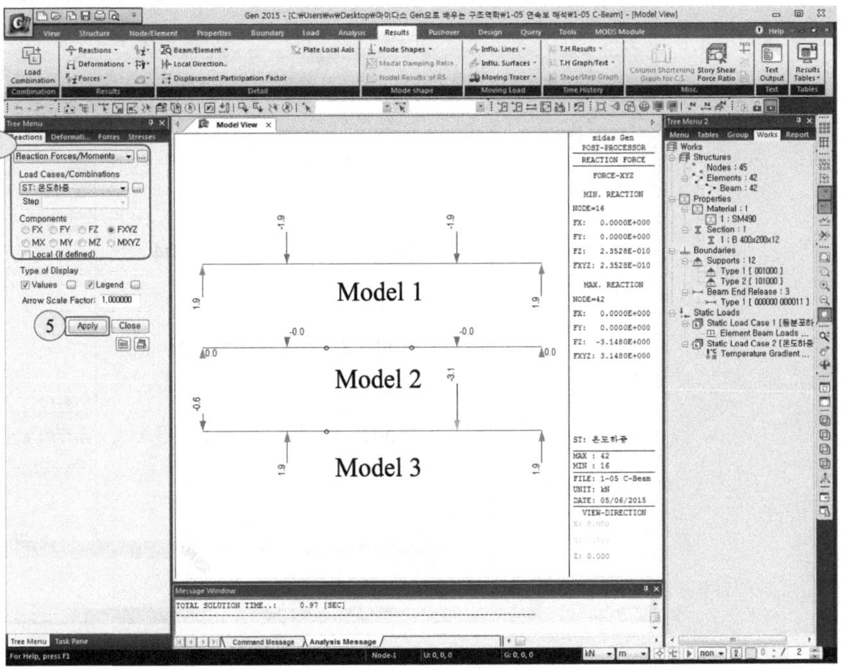

02.8.2 **변위 및 변형** 온도하중에 의한 변형도를 확인한다. 여기서 DXZ는 $\sqrt{DX^2 + DZ^2}$ 을 의미한다. 연속보(Model 1)의 경우 처짐이 가장 적고, 게르버보에서는 정정 구조물(Model 2)보다 1차 부정정 구조물(Model 3)에서 더 큰 처짐이 발생하는 것을 알 수 있다.

Main Menu에서 ***[Results]*** *Tab* > ***[Results]*** *Group* > ***[Deformations]*** > ***[Deformed Shape]***

1. Load Cases/Combinations > **ST :** 온도하중 선택
2. Components > **DXYZ** 선택
3. Type of Display > **Undeformed, Legend** (Check on), **Values** (Check off)
4. **[Apply]** 클릭

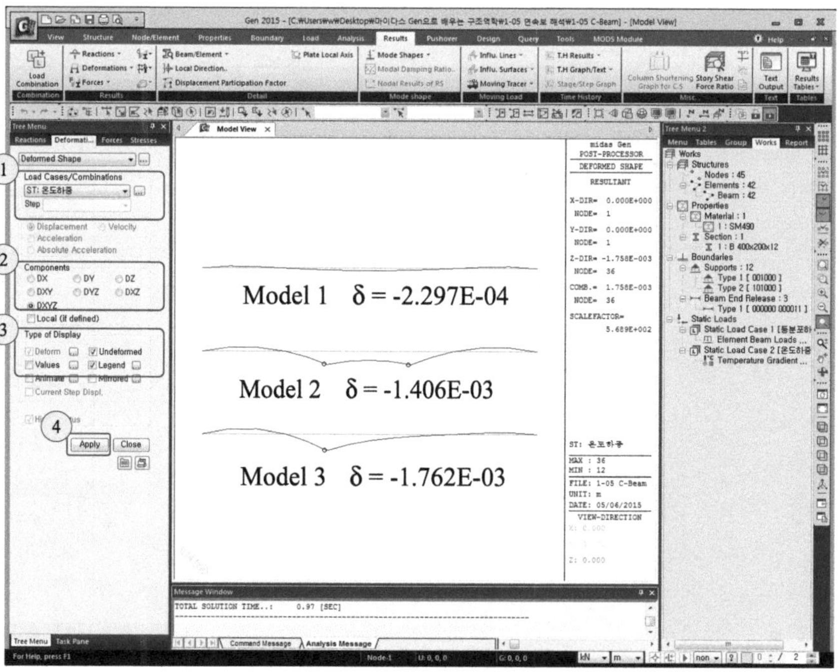

▶그림 5.19
온도하중에 의한 변위

02.8.3 **부재력** 등분포하중에 의한 구조물의 휨모멘트를 확인한다.

Main Menu 에서 ***[Results] Tab > [Results] Group > [Forces] > [Beam Diagrams]***

1. Load Cases/Combinations > **ST : 등분포하중** 선택
2. Components > **My** 선택
3. Display Options > **No Fill** 선택
4. Type of Display > **Contour, Values, Legend** (Check on), **Deform** (Check off)
5. **[Apply]** 클릭

▶그림 5.20
등분포하중에 의한 휨 모멘트 결과

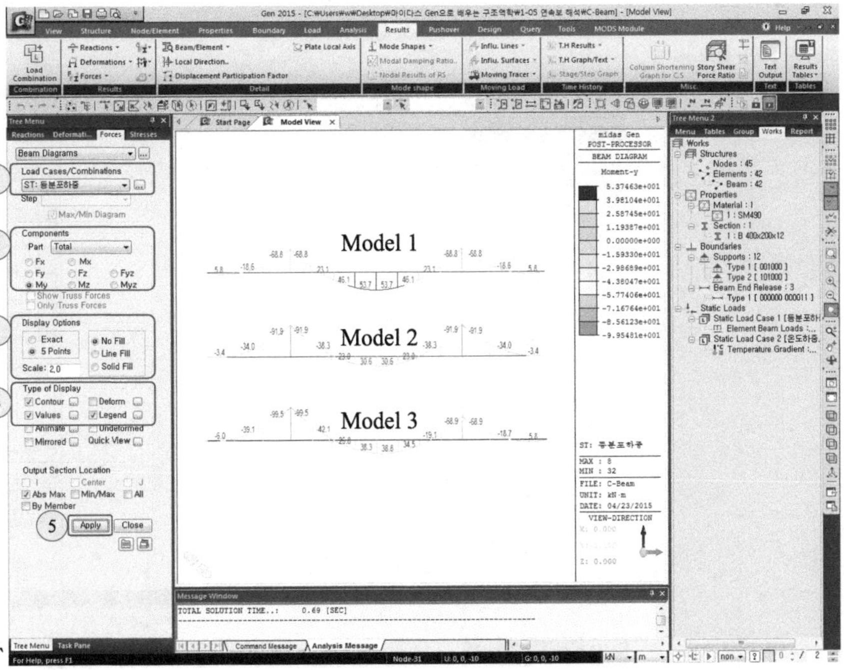

게르버보(Model 2)의 경우 연속보(Model 1)에 비해 중앙 지간에 발생하는 휨모멘트가 감소되고 지점부에서 휨모멘트가 증가하는 것을 확인할 수 있다. 내부 힌지가 1 개인 게르버보(Model 3)에서 힌지 부분의 휨모멘트는 Model 2 와 유사하고 힌지가 없는 부분은 Model 1 과 근사한 휨모멘트를 확인할 수 있다.

온도하중에 의한 구조물의 휨모멘트를 확인한다.

앞서 기술한 온도하중에 의한 변형도에서 Model 2는 양쪽의 내민보와 중앙부의 단순보가 독립적으로 거동함을 확인할 수 있었다. 따라서 내적 하중에 의한 변형을 구속하지 않으므로 온도변화에 의한 부재력은 발생하지 않게 된다.

Main Menu 에서 ***[Results]*** *Tab* > ***[Results]*** *Group* > ***[Forces]*** > ***[Beam Diagrams]***

1. Load Cases/Combinations > **ST :** 온도하중 선택
2. **[Apply]** 클릭

▶그림 5.21
온도하중에 의한 휨모멘트 결과

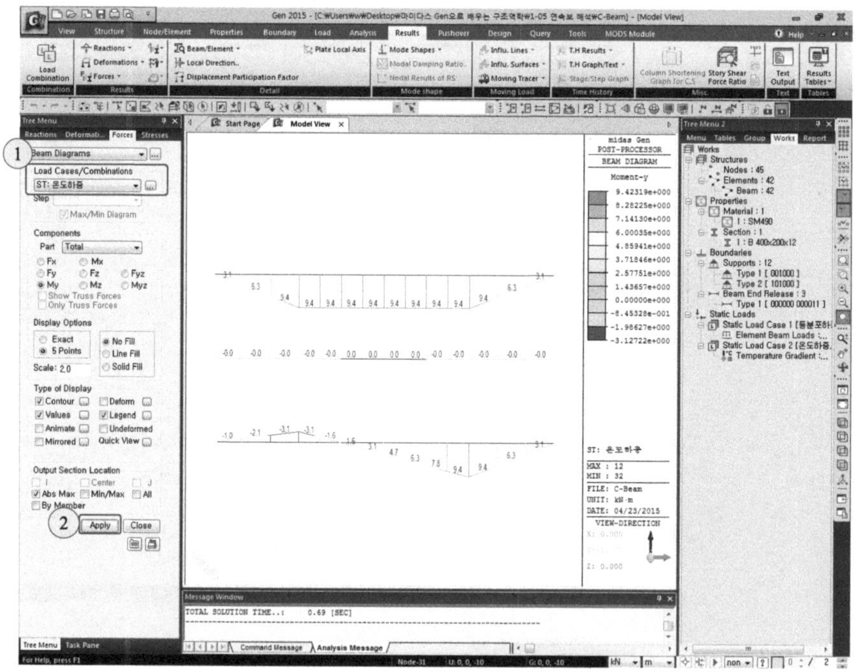

03. 풀어보기

03.1 역학적 개념의 이해 및 수 계산

03.1.1 Model 1 3 경간 연속 2 차 부정정 계산

Model 1 은 중앙에 대하여 대칭이므로 반쪽만을 대상으로 모멘트분배법을 적용할 수 있다. A 단이 힌지(롤러)이므로 AB 부재의 강성은 $3EI/\ell$ 이며, B 점과 C 점의 회전각이 대칭(크기는 같고, 방향은 반대)으로 발생하므로 BC 부재의 강성은 $2EI/\ell$ 가 된다. 따라서 두 부재의 강성, 분배율, 그리고 고정단 모멘트는 다음과 같다.

▶그림 5.22 모멘트 분배

$$K_{BA}=\frac{3EI}{\ell}=\frac{3EI}{5},\qquad K_{BC}=\frac{2EI}{\ell}=\frac{2EI}{10}=\frac{EI}{5}$$

$$D_{BA}=\frac{K_{BA}}{K_{BA}+K_{BC}}=\frac{3}{3+1}=0.75,\quad D_{BC}=\frac{K_{BC}}{K_{BA}+K_{BC}}=\frac{1}{3+1}=0.25$$

$$M_{BA}^{F}=\frac{1}{8}\omega\ell^{2}=\frac{25}{8}\omega=30.625,\qquad M_{BC}^{F}=-\frac{1}{12}\omega\ell^{2}=-\frac{100}{12}\omega=-81.667$$

그리고 모멘트분배법을 적용하면 B 점의 모멘트를 아래와 같이 구할 수 있다.

▶표 5.1 모멘트분배법에 의한 계산결과

모멘트분배법	절점 A	절점 B	
분배율	1.0	0.75	0.25
고정단 모멘트	0	30.625	-81.667
해제 모멘트의 분배 모멘트	0	38.282	12.761
도달 모멘트 (전달률=0.5)	0	0	0
결과 모멘트	0	68.907	-68.907

분배 모멘트 : 해제 모멘트가 분배율(강성비)에 따라 분배되는 모멘트

해제 모멘트 : 해당절점의 고정단 모멘트를 모두 합산한 모멘트를 영(0)으로 만드는 모멘트

B 점의 해제 모멘트는

$$-(M_{BA}+M_{BC})\cdot D_{BA}=38.282\ ,\ -(M_{BA}+M_{BC})\cdot D_{BC}=12.761$$

도달 모멘트란 인접 단부에서 발생한 모멘트로 인하여 전달되어 오는 모멘트(그림 5.2(a))

A 점에서 고정단 모멘트가 영(0)인 이유는 A 점이 힌지인 상태를 반영하여 B 점의 고정단 모멘트를 산정하였기 때문이며, 절점 A와 절점 B에서 도달 모멘트가 영(0)인 이유는 더 이상의 모멘트 분배가 필요 없기 때문이다.

▶그림 5.23
모멘트분배법에 의한 계산결과

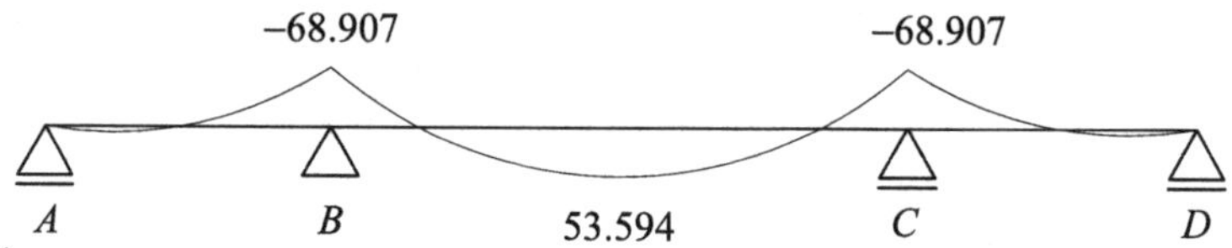

03.1.2 Model 2
3 경간 정정 계산

Model 2 는 정정 구조물이므로 아래와 같이 해석할 수 있다.

▶그림 5.24
Model 2 분해

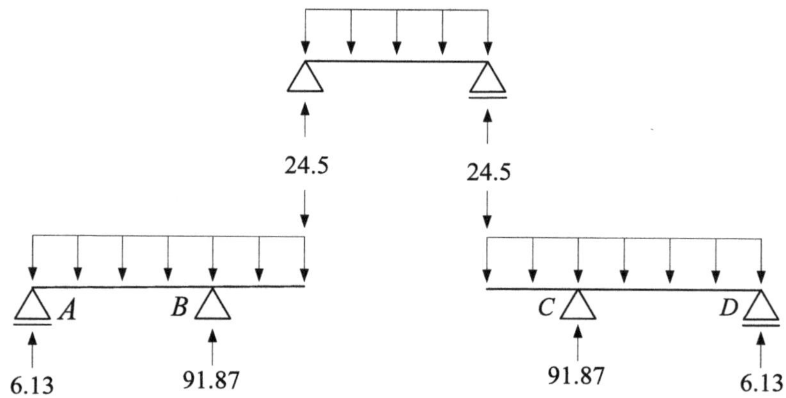

$$M_B = 24.5\times2.5+\frac{1}{2}\times9.8\times2.5^2 = 91.875$$

▶그림 5.25
Model 2 모멘트 계산결과

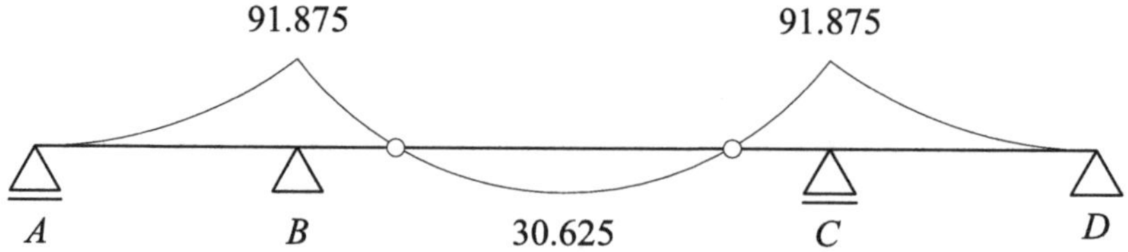

03.1.3 Model 3
3 경간 연속
1 차 부정정 계산

Model 3 은 부정정 구조의 해법 중에서 변형일치법(혹은 단위하중법)을 적용하여 해석할 수 있다. C 점의 모멘트 M_c 를 미지수로 하여 변형일치법을 적용하면 아래 그림과 같이 나타낼 수 있다.

▶그림 5.26
변형일치법

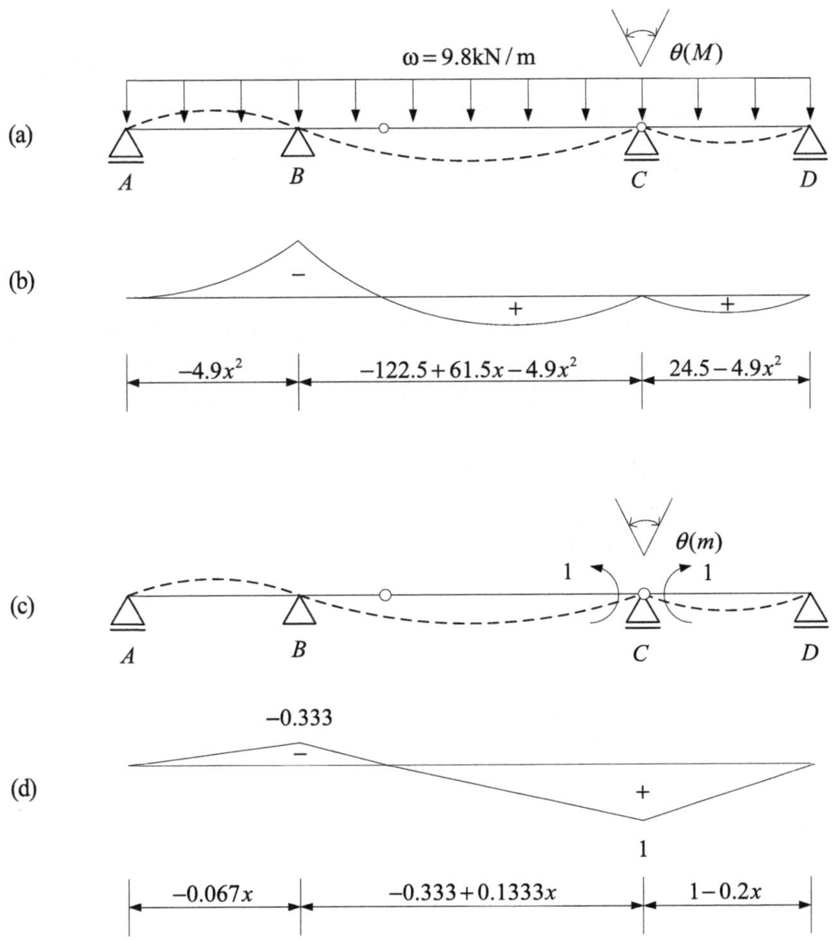

그림 5.26(a)는 C 점에 힌지를 넣고 하중을 작용시킨 상태에서 구조해석을 한 경우이며, 두 번째는 힌지를 넣은 C 점에 단위모멘트를 가한 경우이다. 이들 구조는 추가적인 힌지로 인하여 정정 구조물이므로, 힘의 평형조건만으로도 상기와 같은 구조

해석이 가능하다. 그러나 실제는 힌지가 존재하지 않기 때문에 다음과 같은 미지수 M_c 에 대한 적합조건(compatibility condition)을 만족해야 한다.

$$\theta(m)\cdot M_c+\theta(M)=0$$

여기에서 $\theta(m)$은 C 점에 단위모멘트를 작용시켰을 때 C 점의 회전각이며, $\theta(M)$는 하중이 작용할 때 C 점의 회전각이다. 위 식은 C 점이 연속단이므로 꺾임이 발생할 수 없다는 것을 의미한다. 따라서 변형일치법을 적용하면 M_c 값을 구할 수 있다.

$$\theta(m)=\frac{1}{EI}\int_0^5(-0.067x)^2dx+\frac{1}{EI}\int_0^{10}(-0.333+0.1333x)^2dx+\frac{1}{EI}\int_0^5(1-0.2x)^2dx=\frac{4.4467}{EI}$$

$$\theta(M)=\frac{1}{EI}\int_0^5(-4.9x^2)(-0.067x)dx+\frac{1}{EI}\int_0^{10}(-122.5+61.25x-4.9x^2)(-0.333+0.1333x)dx$$
$$+\frac{1}{EI}\int_0^5(24.5x-4.9x^2)(1-0.2x)dx=\frac{306.5052}{EI}$$

$$\frac{4.4467}{EI}M_c+\frac{306.5052}{EI}=0$$
$$M_c=-68.91\ \mathrm{kN\cdot m}$$

▶그림 5.27
변형일치법에 의한
모멘트 계산 결과

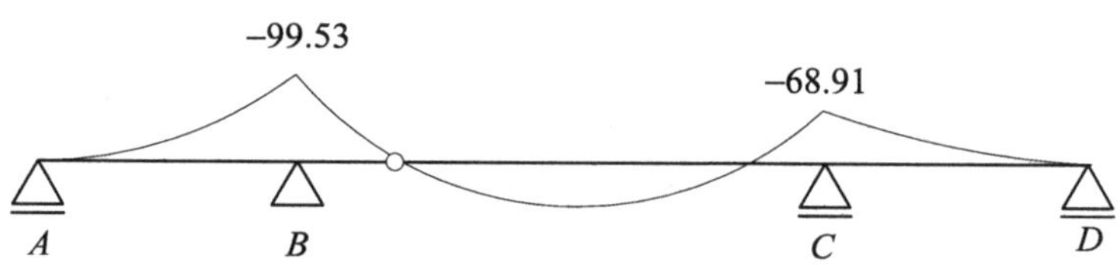

04. 연습문제

1. 다음 그림과 같이 동일한 지간(Span)의 단순보, 게르버보, 연속보 및 지점부의 강성이 보강된 보에서 순차적으로 정모멘트가 감소하고 부모멘트가 증가함을 확인하시오.

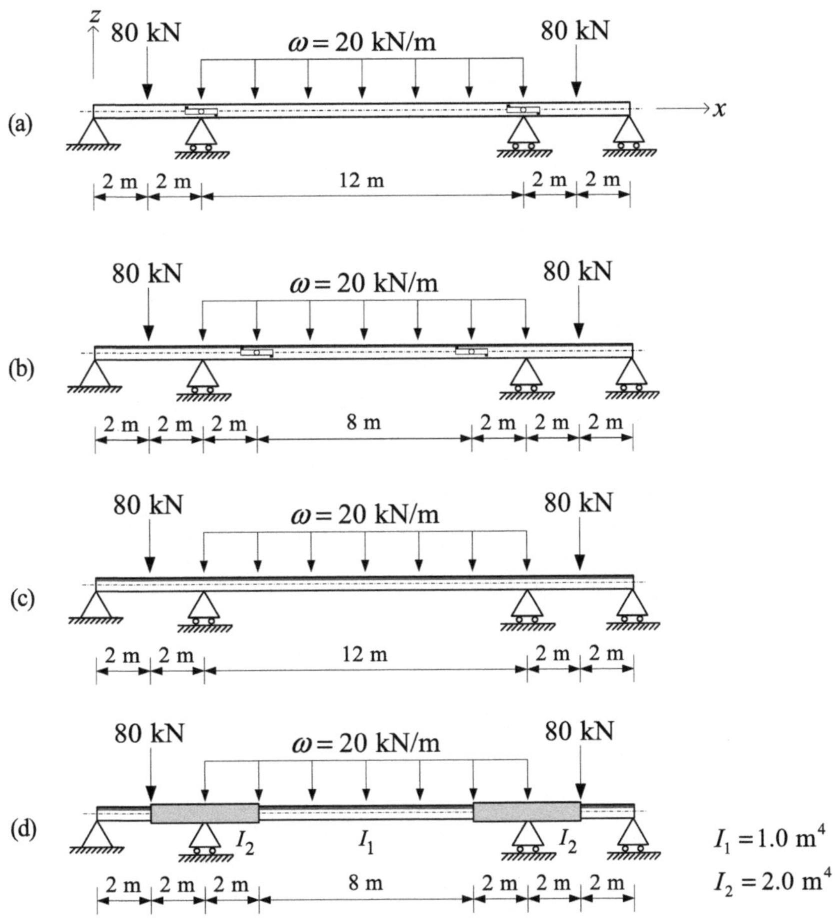

6. 프레임 해석

TABLE OF CONTENTS

01. 이해하기

01.1 프레임 해석의 개념

01.1.1 일반사항

부재와 부재가 서로 강절(fixed joint 혹은 rigid joint)로 연결되어 있는 구조를 프레임(frame, rigid fram) 또는 라멘(rahmen)이라고 한다.
일반적으로 기둥과 보가 강성으로 접합되어 연속적으로 이루어진 골조를 말하며 절점에 연결된 부재로부터 다른 부재로 휨모멘트, 전단력, 축력 등의 힘을 전달시킬 수 있다.

▶사진 6.1
프레임구조

구조물을 역학적으로 분류하면 정정 프레임구조, 합성 프레임구조, 직사각형 프레임구조, 이형 프레임구조, 벽식 프레임구조 등이 있다.
직사각형 프레임구조는 사무실, 학교, 병원 등의 정형구조물에서 많이 사용되며, 이형 프레임구조는 경기장, 체육관, 조형물, 가설구조물 등 비정형구조물에 많이 사용되고 있다.
벽식 프레임구조는 강성이 큰 벽체와 슬래브로 구성된 라멘교량, 아파트 등에서 많이 볼 수 있다.

▶그림 6.1
프레임구조 형식
(a) 정정 프레임
(b) 합성 프레임
(c) 이형 프레임
(d) 직사각형 프레임
(e) 직사각형 프레임
(f) 벽식 프레임

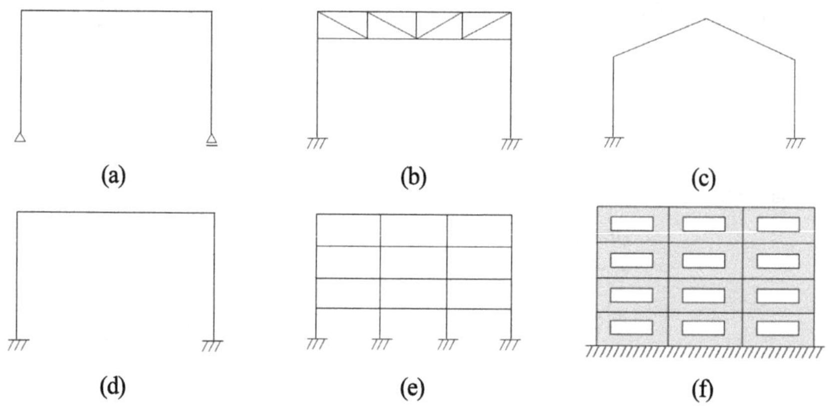

또한 부정정 프레임은 외력을 받아 구조체가 변형되어도 각 절점에서 이루는 각은 변형 전과 같다고 가정한다. 즉, 변형하여도 강절 위치에서는 직각을 유지한다.

▶그림 6.2
프레임구조의 변형

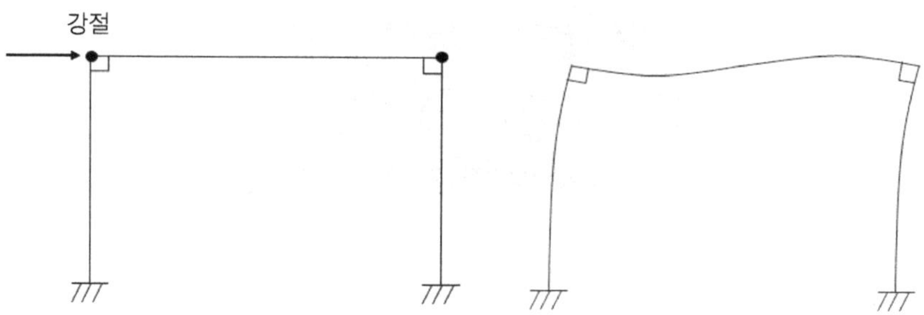

01.1.2 **해석 개념**

프레임은 단순보, 켄틸레버보, 혹은 연속보 등과 개념은 다르지 않다. 프레임도 단순보나 연속보와 같은 선 부재이지만 2 차원 혹은 3 차원 방향으로 연결된 구조이다. 프레임의 모든 요소는 각각 자신의 요소좌표계를 가지고 있다. 일반적으로 절점 i 와 절점 j 를 연결하는 방향이 x 축 방향이며, x 축에 직각인 방향이 z 축, 그리고 오른손 법칙에 따라 y 축이 결정된다. 따라서 프레임은 선 부재를 연결하여 2 차원이나 3 차원 공간에 위치하게 한 것이라고 할 수 있다. 그러나 그 밖의 역학적 사항들은 대부분 동일하다.

▶그림 6.3 프레임구조의 요소좌표계 및 변위

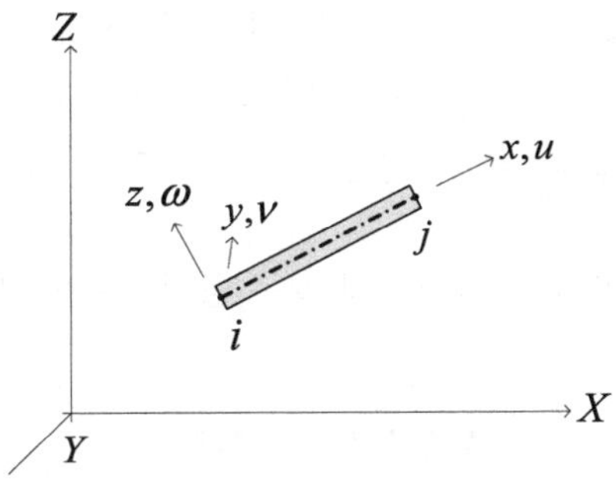

Tip

그림 6.3 에서 u, v, w 는 각각 요소좌표계 기준으로 x, y, z 방향의 변위를 나타낸다.

프레임구조에서 부정정 차수의 판별법은 트러스구조에서 설명한 방법을 사용할 수 있으며, 부정정 구조에 대한 해석법도 다르지 않다. 해석결과를 나타낼 때 반력은 전체좌표계의 방향을 따르고, 부재력은 요소좌표계를 따르는 것이 일반적이다. 요소좌표계 x, y, z 방향의 이동변위를 u, v, w 로 나타내고 x, y, z 축을 회전하는 변위를 $\theta_x, \theta_y, \theta_z$ 로 나타냈을 때, 전체좌표계 X-Z 평면에 위치한 2 차원 프레임의 변형 및 단면의 축은 다음 그림과 같이 나타난다.

▶그림 6.4
2 차원 프레임의 변형 및 단면의 축
(a) 요소좌표계에서 변형
(b) 단면의 축

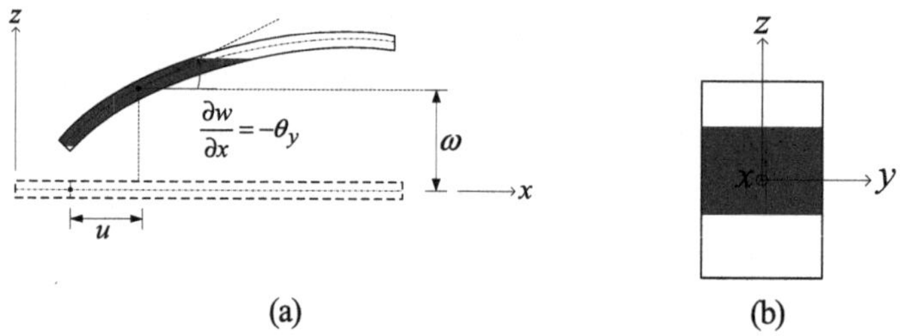

프레임 부재에 요소좌표계 z 방향의 하중이 작용한다면 x 축에 직각인 방향으로 변형(w)이 발생한다. 그리고 휨모멘트는 y 축을 회전하는 방향이 되므로, 단면의 축도 그림 6.4(b)와 같은 방향을 가지게 된다

프레임은 그림 6.5 와 같은 방식으로 연직력과 횡력에 저항할 수 있다.

▶그림 6.5
프레임구조의 외력에 대한 변형 및 부재력

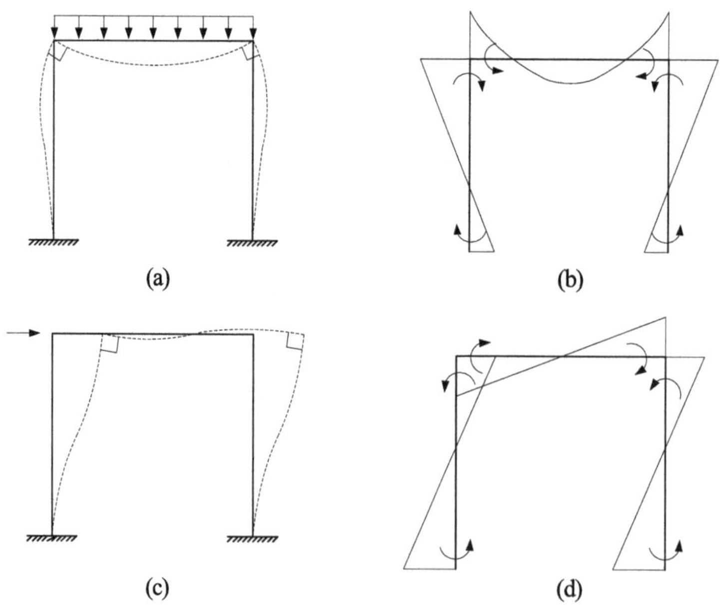

02. 따라하기

02.1 모델 개요

다음 그림과 같은 간단한 프레임구조에 대하여 부재력과 처짐 형상을 확인한다.

▶그림 6.6
해석모델
(a) Model 1
(a) Model 2

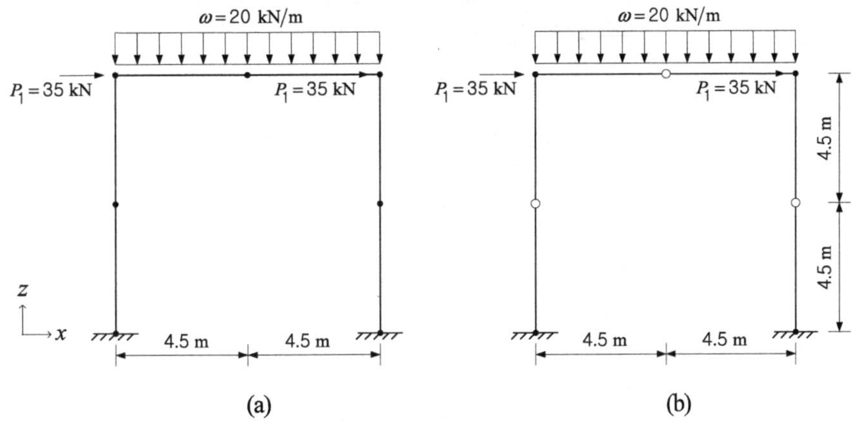

➢ ***Material***

콘크리트 : C24 (탄성계수 E = 2.5791×10^4 N/mm^2)

➢ ***Section***

단면적(Area) : 5×10^8 mm^2

단면 2 차 모멘트(Iyy) : 6×10^9 mm^4

➢ ***Load***

1. 모델의 상부 보에 등분포하중 20 kN/m 재하
2. 기둥 상부에 (+) X 방향으로 집중하중 35 kN 재하

사용된 골조모델은 모든 부재가 강접합으로 연결된 Model 1 과 요소의 중앙에 힌지 (hinge)를 설치한 Model 2 의 2 가지이다. 힌지의 유무에 따른 부재력과 변형형상의 차이를 확인해 본다.

▶그림 6.7
해석모델(Gen)

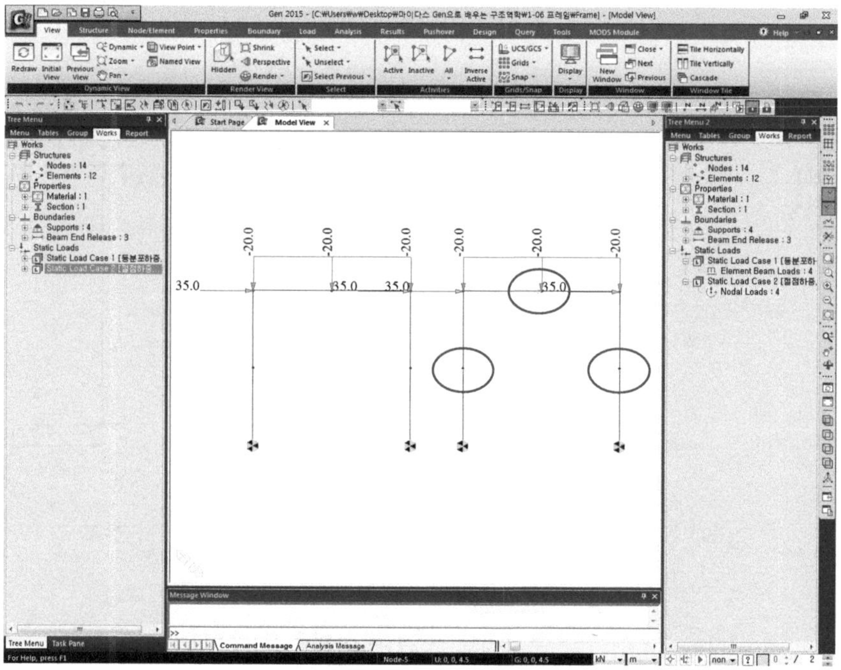

02.2 작업환경 설정

구조해석 모델링을 시작하기 위해 새 문서를 열고 파일을 저장한다.

Main Menu 에서 ***[File]*** *Tab* **>** ***[New Project]***

Main Menu 에서 ***[File]*** *Tab* **>** ***[Save]***

1. 파일 이름 : **'Frame'** 입력 후 [저장] 클릭

예제에서 사용할 단위계를 설정한다.

Main Menu 에서 ***[Tools]*** *Tab* **>** ***[Setting]*** *Group* **>** ***[Unit System]***

1. Length > **m**, Force(Mass) > **kN(ton)** 선택
2. **[OK]** 클릭

▶그림 6.8
파일 저장
단위계 설정

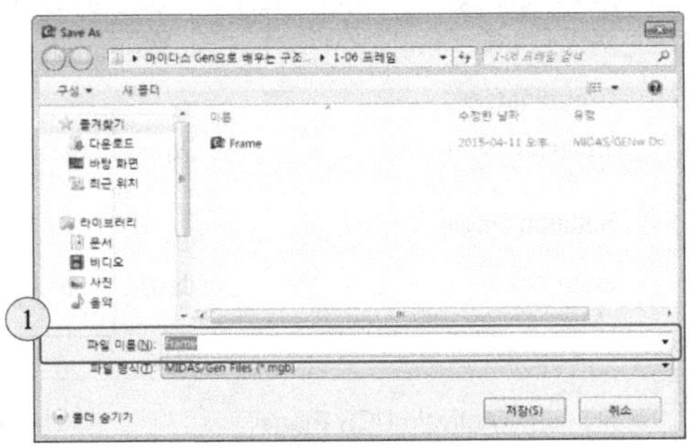

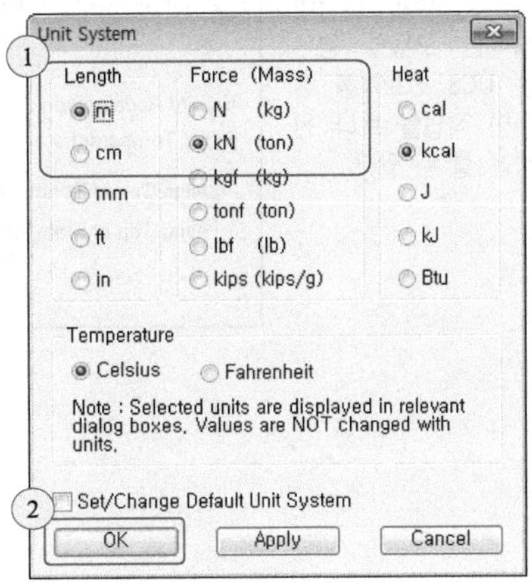

X-Z 평면의 구조물을 간편하게 모델링하기 위해 X-Z 평면을 사용자 좌표계(UCS) x-y 평면으로 정의한다.

Main Menu 에서 ***[Structure]** Tab* > ***[Type]** Group* > ***[Structure Type]***

1. Structure Type > **X-Z Plane** 선택
2. **[OK]** 클릭

Main Menu 에서 ***[Structure]** Tab* > ***[UCS/Plan]** Group* > ***[UCS]*** > ***[X-Z Plane]***

1. Coordinate : **'0, 0, 0'** 입력, Rotation Angle : **'0'** 입력 후 **[OK]** 클릭

▶그림 6.9
(a) 작업평면 설정
(b) 사용자 좌표계 (USC) 설정

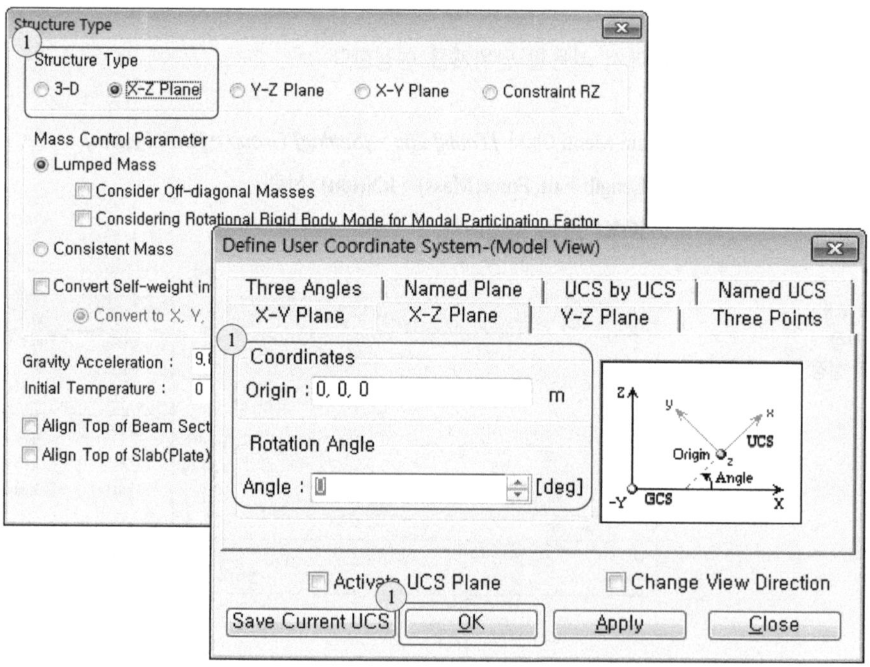

Tip

절점 및 부재 간격이 규칙적인 모듈일 경우에는 UCS 좌표계를 설정하면 작업을 보다 원활하게 할 수 있다.

02.3 재질 및 단면 정의

예제 모델에 사용된 구조부재의 재질과 단면을 입력한다.

Tip

프로그램에서는 단면크기를 입력하면 단면 강성을 자동 계산한다.
이 예제에서는 단면 강성을 직접 입력한다.

Main Menu 에서 ***[Properties]*** *Tab* **>** ***[Material]*** *Group* **>** ***[Material Properties]***

1. [Add...] 클릭, Type of Design > **Concrete** 선택
2. Concrete > Standard > **KS01(RC)**, Code > **KCI-2012**, DB > **C24** 선택
3. **[OK]** 클릭
4. Section 탭 클릭, **[Add...]** 클릭, Value 탭 클릭
5. 단면형상 목록 > **Solid Rectangle** 선택, Name : **'Sec'** 입력
6. H : **'0.001'**, B : **'0.001'**, Area : **'5e+2'**, Iyy : **'6e-3'** 입력
7. **[OK]** 클릭, **[Close]** 클릭

▶그림 6.10
재질 정의
단면 정의

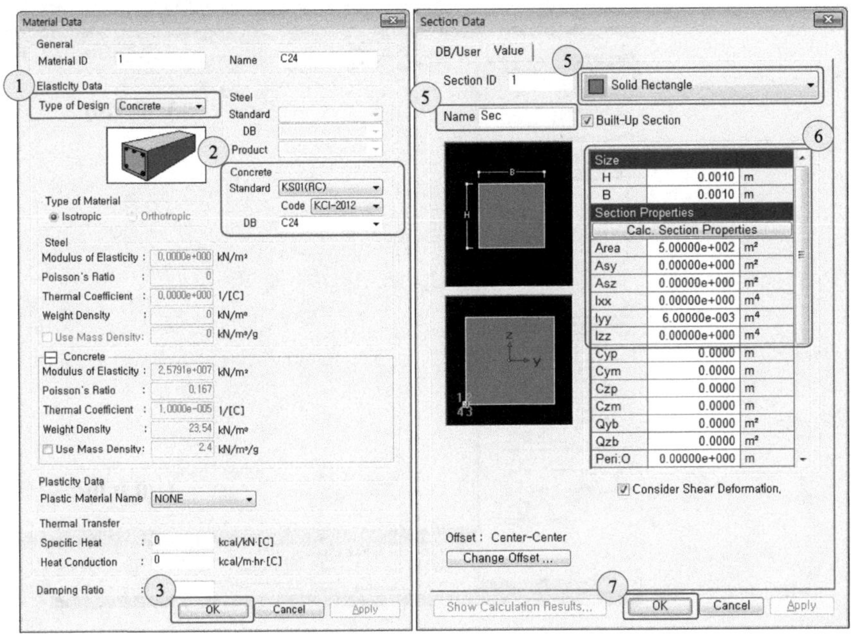

02.4 절점과 요소 생성

UCS 좌표를 활용하여 절점과 보요소(beam element)를 동시에 생성한다.

Tip

Point Grid 와 Point Grid Snap 를 활용하면 화면에서 직접 절점 생성과 부재 생성을 편리하게 작업할 수 있다.

Point Grid Snap 모드에서 마우스를 가져가면 화면 하단에 현재 위치의 좌표가 출력된다.

Main Menu 에서 ***[Node/Element]*** *Tab* > ***[Elements]*** *Group* > ***[Create Elements]***

1. **Display Node Numbers, Display Element Numbers, Point Grid, Point Grid Snap, Auto Fitting, Front View** (Toggle on)
2. Element Type > **General Beam/Tapered beam** 선택
3. Material > **1:C24** 선택, Section > **1: Sec** 선택
4. Nodal Connectivity 입력란을 클릭하여 초록색의 입력대기상태 확인 후 Model View 에서 **(U : 0,0,0), (U : 0,9,0)** 좌표를 순서대로 클릭

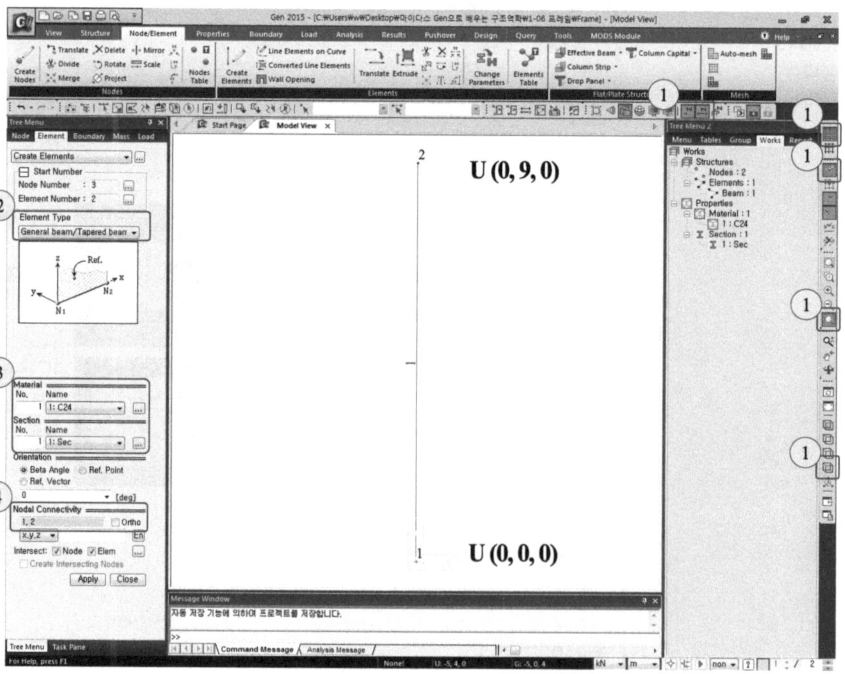

▶그림 6.11
기둥 생성

화면 하단의 UCS 좌표 위치를 참조하면서 (U : 9, 0, 0), (U : 9, 9, 0)과 (U : 0, 9, 0), (U : 9, 9, 0) 위치를 순차적으로 지정하여 요소 2 와 3 을 생성한다. 이때 해당 위치에 정확하게 스냅을 하기 위해서는 아이콘 메뉴의 Grid/Snap 탭에서 Point Grid 와 Point Grid Snap 이 켜져 (Toggle on) 있어야 한다.

Tip

마우스 휠을 누른 상태에서 드래그하면 화면에서 모델의 위치가 움직이고, 마우스 휠을 한 번 누른 후에 휠을 돌리면 화면을 확대/축소 할 수 있다. 확대/축소는 휠을 한번 더 눌러 준다.

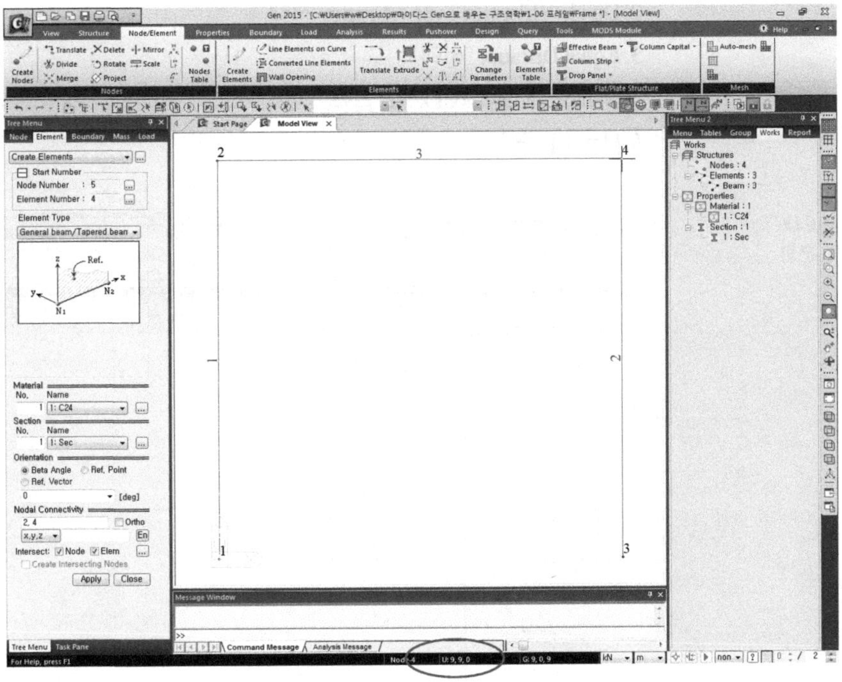

▶그림 6.12
기둥, 보 생성

생성된 요소의 중앙에 힌지를 입력하기 위하여 Divide Elements 기능으로 1, 2, 3 번 부재를 이등분한다. 힌지는 Model 2 에만 입력한다.

Main Menu 에서 ***[Node/Element]*** *Tab* > ***[Elements]*** *Group* > ***[Divide]***

1. **Point Grid** (Toggle off), **Select All** (Toggle on)
2. Divide > Element Type > **Frame** 선택
3. **Equal Distance** 선택
4. Number of Divisions x : **'2'** 입력
5. **[Apply]** 클릭

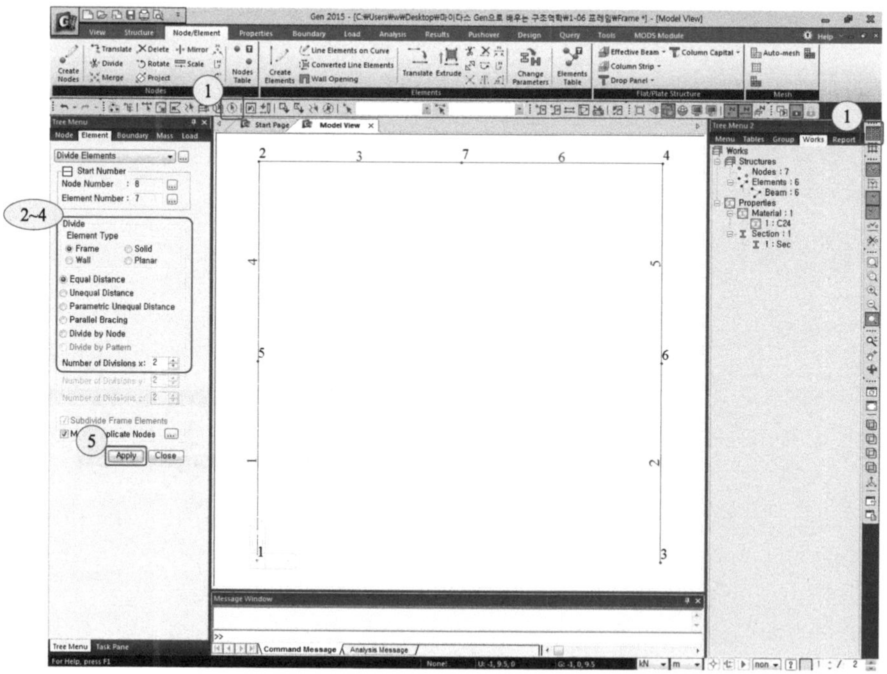

▶그림 6.13
요소의 분할

02.5 경계조건 입력

기둥 하부에 고정단 지지조건을 입력한다.

Main Menu 에서 ***[Boundary]*** *Tab* > ***[Supports]*** *Group* > ***[Define Supports]***

1. Support Type > **Dx, Dz, Ry** (Check on)
2. **Select Single** (on) 모드에서 **1, 3 번 절점** 선택
3. **[Apply]** 클릭

▶그림 6.14
지지조건의 입력

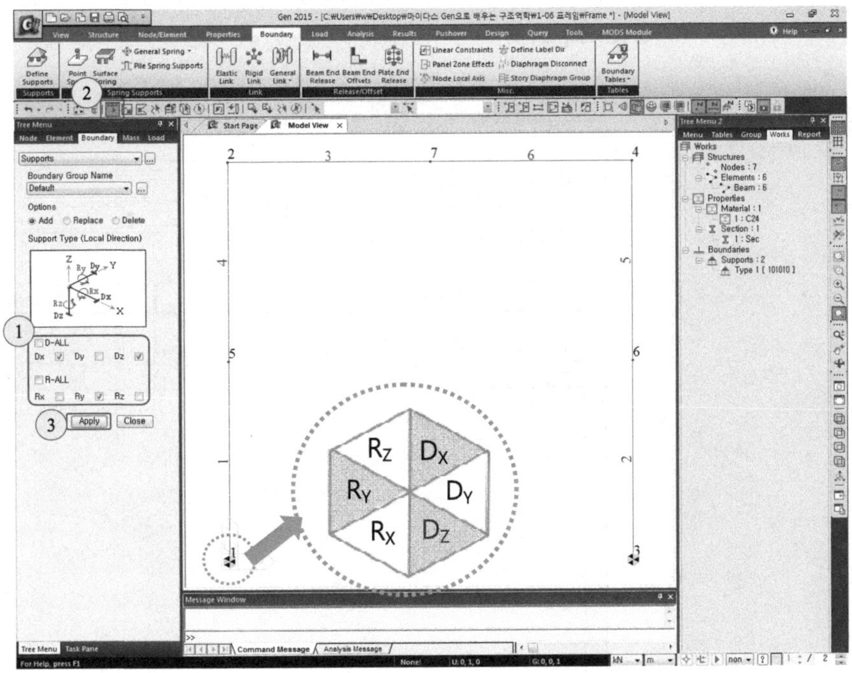

Tip

지지조건의 label 에서 오른쪽 상부 삼각형이 절점좌표계 (절점좌표계가 정의되어 있지 않은 경우 전체좌표계) x 축 변위 자유도를 의미하며, 시계방향으로 y, z 축 방향 변위 자유도, 그리고 x, y, z 축에 대한 회전변위 자유도를 의미한다.

02.6 하중 입력

02.6.1 **하중조건 정의** 하중을 입력하기 위해서는 입력할 하중의 종류(하중조건)를 먼저 정의한다.

Main Menu 에서 ***[Load]*** *Tab* ***> [Create Load Cases]*** *Group* ***> [Static Load Cases]***

1. Name : **'등분포하중'** 입력
2. Type > **User Defined Load (USER)** 선택 후 **[Add]** 클릭
3. Name : **'절점하중'** 입력
4. Type > **User Defined Load (USER)** 선택 후 **[Add]** 클릭
5. **[Close]** 클릭

▶그림 6.15
하중조건 정의

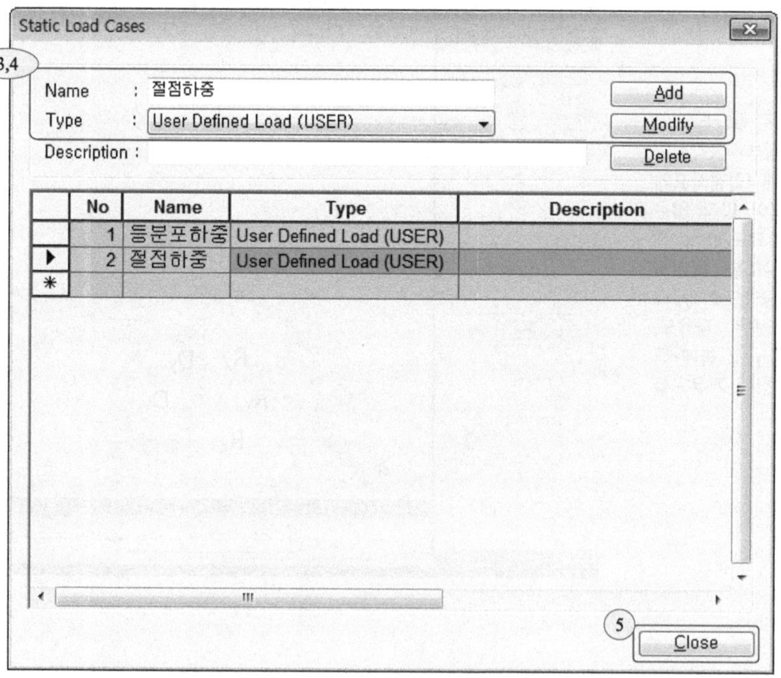

02.6.2 **하중 입력**

보 상부에 등분포하중을 입력한다.

Main Menu 에서 ***[Load]*** *Tab* **>** ***[Beam Load]*** *Group* **>** ***[Element]***

1. **Display** (Toggle on)
   Load 탭에서 **Load Value** (Check on), **[OK]** 클릭
2. **Select Single (on)** 모드에서 **3** 번과 **6** 번 부재 클릭
3. Load Case Name > 등분포하중 선택
4. Load Type > **Uniform Loads** 선택
5. Direction > **Global Z** 선택
6. Value 에서 x1 : **'0'**, w : **'-20'**, x2 : **'1'** 입력
7. **[Apply]** 클릭

Tip
부재가 선택되면 Model View 상단에 선택된 부재번호가 출력된다.

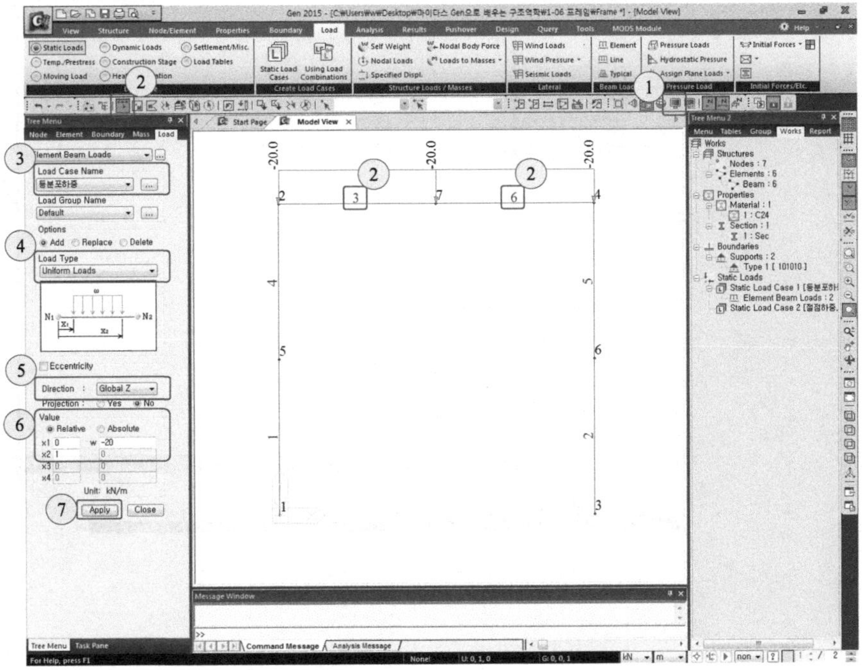

▶그림 6.16
등분포하중 입력

기둥 상단에 절점하중을 입력한다.

Main Menu 에서 ***[Load]** Tab* > ***[Structure Loads/Masses]*** *Group* > ***[Nodal Loads]***

1. **Select Single (on)** 모드에서 2 번과 **4** 번 절점 클릭
2. Load Case Name > **절점하중** 선택
3. Options > **Add** 선택
4. Nodal Loads 에서 FX : **'35'** 입력
5. **[Apply]** 클릭

Tip
절점이 선택되면 Model View 상단에 선택된 절점번호가 출력된다.

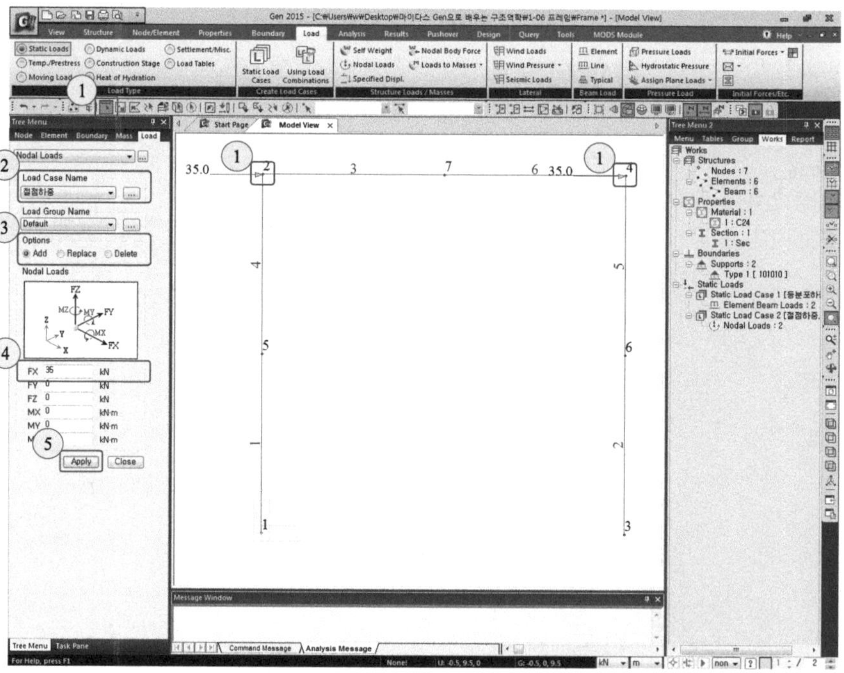

▶그림 6.17
등분포하중 입력

02.6.3 **요소 복제**

강접합만으로 이루어진 Model 1 과 3 개의 힌지가 사용된 Model 2 의 해석결과를 비교하기 위하여 Model 2 를 생성한다. Model 2 는 Model 1 을 우측으로 복제하여 생성한다.

Tip

Copy Node(Element) Attributes 는 원본 절점(부재)에 입력된 데이터를 동시에 복사하는 옵션이다.

Main Menu 에서 ***[Node/Element]** Tab > **[Elements]** Group > **[Translate]***

1. Mode > **Copy** 선택
2. Translation > Equal Distance > dx, dy, dz : **'12, 0, 0'** 입력
3. **Copy Node Attributes, Copy Element Attributes** (Check on)
4. **Select All** (on) 모드에서 모든 부재 선택
5. **[Apply]** 클릭

▶그림 6.18 Model 2 생성

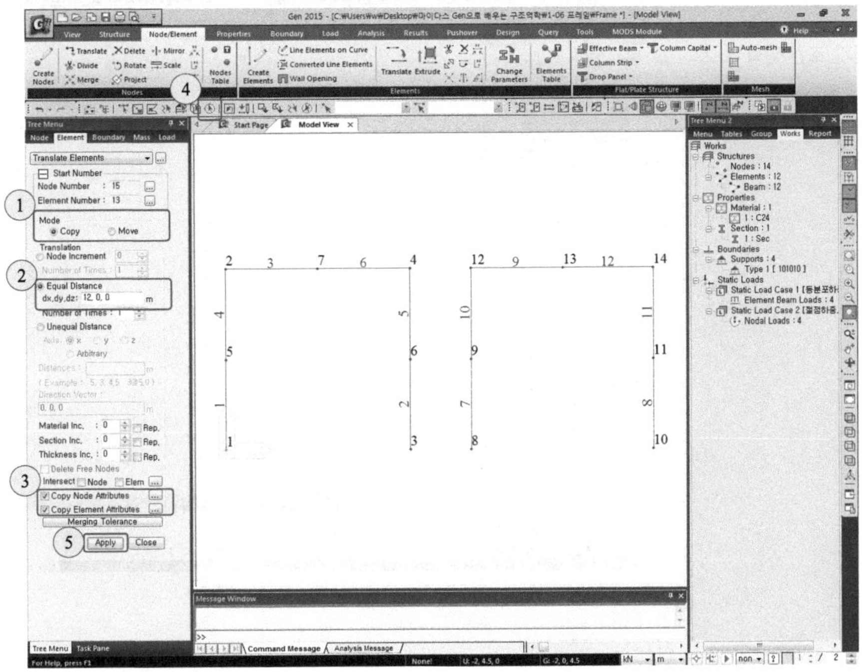

02.6.4 내부 힌지 입력 Model 2 에 내부 힌지(Beam End Release)를 입력한다.

Main Menu 에서 ***[Boundary]** Tab >* ***[Beam/Offset]** Group >* ***[Beam End Release]***

1. **Display Node Numbers** (Toggle off), **Display Element Numbers** (Toggle on)
2. **Select Single** (on) 모드에서 **7, 8, 9** 번 부재 선택
3. General Types and Partial Fixity > **[Fixed-Pinned]** 클릭
4. **[Apply]** 클릭

Tip

[Pinned-Pinned] 등의 버튼은 부재의 i 단과 j 단의 지점조건을 의미하며, i, j 단의 구분은 부재 좌우 절점번호가 빠른 쪽이 i 단이다.

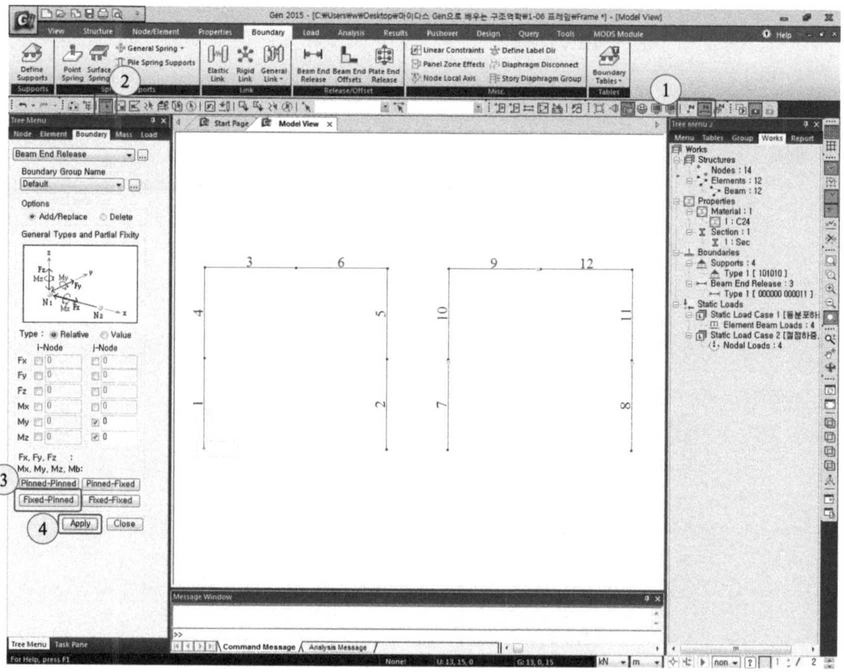

▶그림 6.19
부재 힌지 조건 입력

02.7 구조해석 수행

구조해석모델의 부재 생성, 하중, 경계조건 입력을 마치고 구조해석을 수행한다.

Main Menu 에서 *[Analysis] Tab > [Perform] Group > [Perform Analysis]* 실행

1. Message Window 에서 해석 정상 종료 메시지 확인

▶그림 6.20
해석 정상 종료 메시지

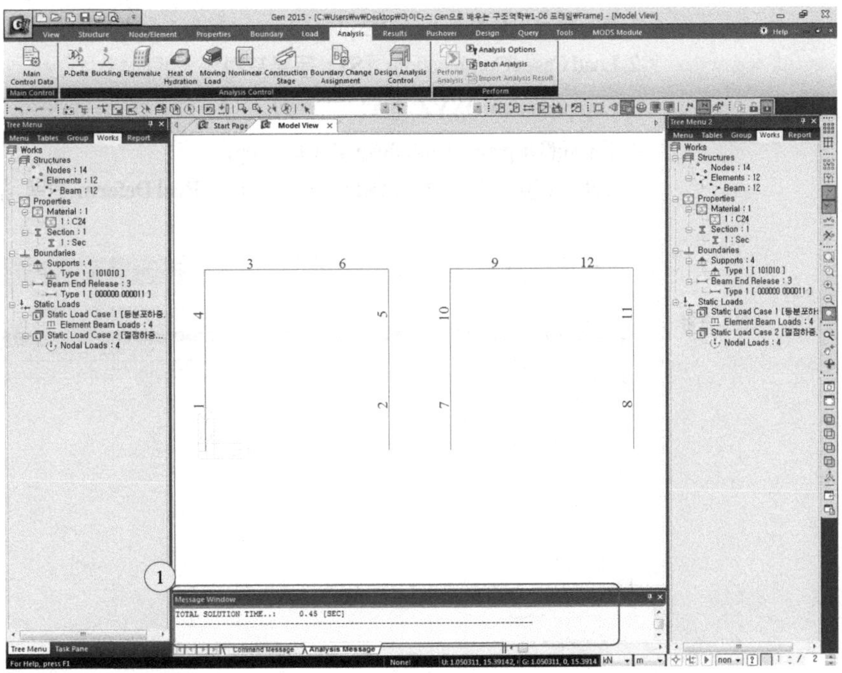

02.8 해석결과 확인

02.8.1 변위 및 변형

중력방향 하중(등분포하중)에 의한 구조물의 변형도를 확인한다.

Model 2는 보 중앙의 힌지점에서 큰 변형이 발생하였으며, 외팔보와 비슷한 거동을 하게 되는 것을 알 수 있다.

Main Menu 에서 ***[Results] Tab > [Results] Group > [Deformations] > [Deformed Shape]***

1. **Display Node Numbers, Display Element Numbers** (Toggle off)
2. Load Cases/Combinations > **ST:** 등분포하중 선택
3. Components > **DXYZ** 선택
4. Type of Display > **Undeformed** (Check on)
   Deform 옆의 **[...]** 클릭, Deformation Type > **Real Deform** 선택 후 **[OK]** 클릭

▶그림 6.21
중력방향에 의한 변형 결과

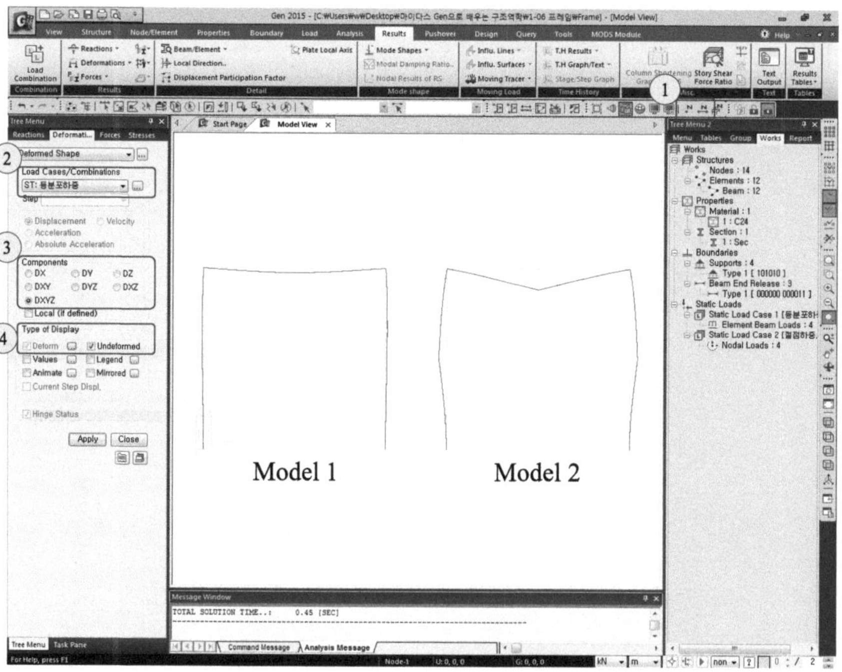

횡력(Load 2)에 의한 구조물의 변형도를 확인한다.

Model 2 에서 기둥 중앙의 힌지점을 기준으로 변형의 형상이 급격히 변화하는 것을 확인할 수 있다. 힌지점 하부의 기둥에는 상부의 횡하중이 전단력으로 전달되며 회전자유도에 대해 상부 기둥이 아무런 구속도 하지 못하게 된다. 따라서 하부고정 상부 자유단 기둥이 횡력을 부담하는 경우와 같이 변형하게 된다.

1. Load Cases/Combinations > **ST: 절점하중** 선택
2. Deform 옆의 **[...]** 클릭, Deformation Scale Factor : **'2.0'** 입력
3. **[OK]** 클릭

▶그림 6.22
횡력에 의한 변형결과

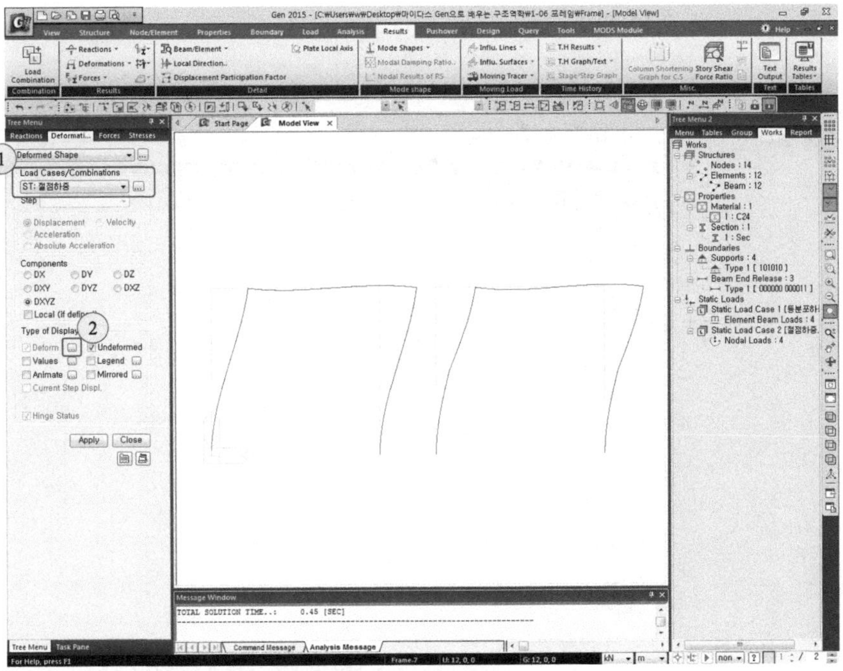

02.8.2 **부재력**

중력방향 하중(Load 1)에 의한 구조물의 전단력도를 확인한다.

Model 2 에서 보에 작용하는 하중에 의해 기둥 상단에 발생한 휨모멘트 202.5 kN · m 는 기둥의 힌지점에 45(=202.5/4.5) kN 의 전단력을 유발하게 된다. 여기에서 '4.5'는 힌지점 상부 기둥의 길이이다.

Main Menu 에서 ***[Results]*** *Tab* > ***[Results]*** *Group* > ***[Forces]*** > ***[Beam Diagrams]***

1. Load Cases/Combinations > **ST:** 등분포하중 선택
2. Components > **Fz** 선택
3. Display Option > **Exact** 선택, Scale : **'2'** 입력
4. Type of Display > **Contour, Deform** (Check off), **Values** (Check on)
5. **[Apply]** 클릭

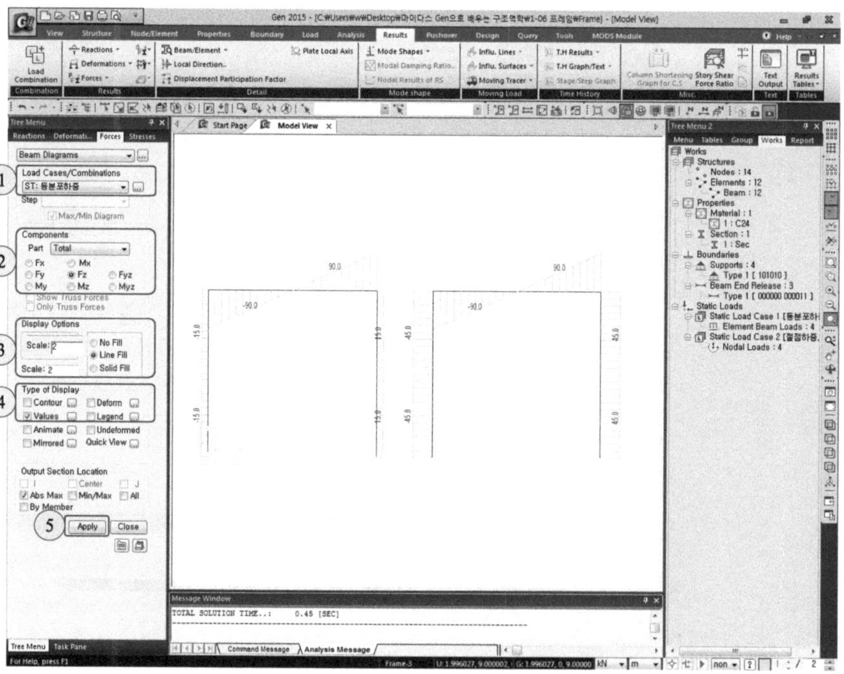

▶그림 6.23
등분포하중에 의한 전단력도

중력방향 하중에 의해 발생한 휨모멘트를 확인한다.
Model 2 의 보는 중앙의 힌지점으로 인하여 외팔보와 같은 휨모멘트 분포를 갖게 되는 것을 알 수 있다.

Main Menu 에서 ***[Results]*** *Tab* > ***[Results]*** *Group* > ***[Forces]*** > ***[Beam Diagrams]***
1. Load Cases/Combinations > **ST:** 등분포하중 선택
2. Components > **My** 선택
3. Output Section Location > **Min/Max** 선택
4. **[Apply]** 클릭

▶그림 6.24
해석모델

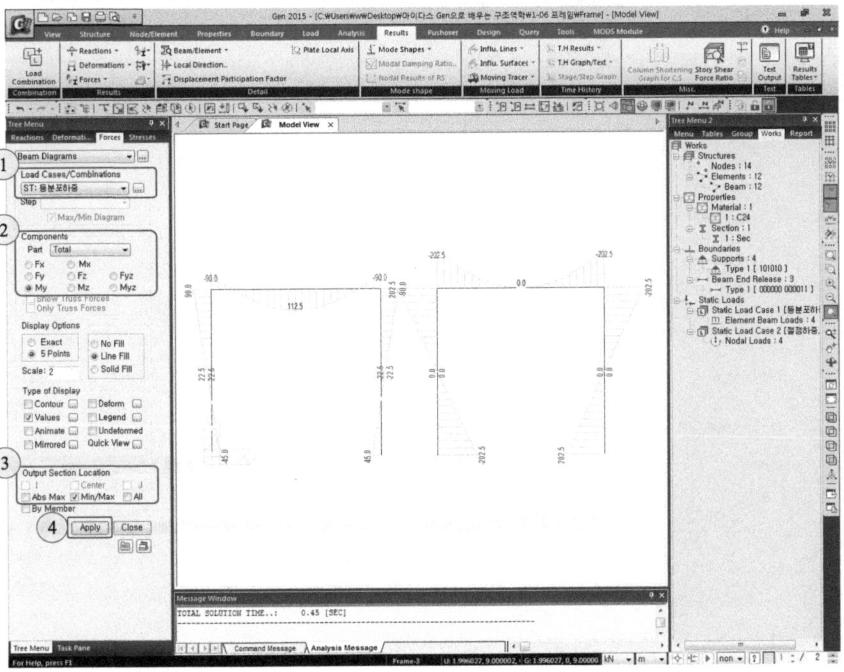

횡력에 의한 휨모멘트를 확인합니다.

Main Menu 에서 ***[Results]*** *Tab* > ***[Results]*** *Group* > ***[Forces]*** > ***[Beam Diagrams]***

1. Load Cases/Combinations > **ST:** 절점하중 선택
2. Components > **My** 선택
3. **[Apply]** 클릭

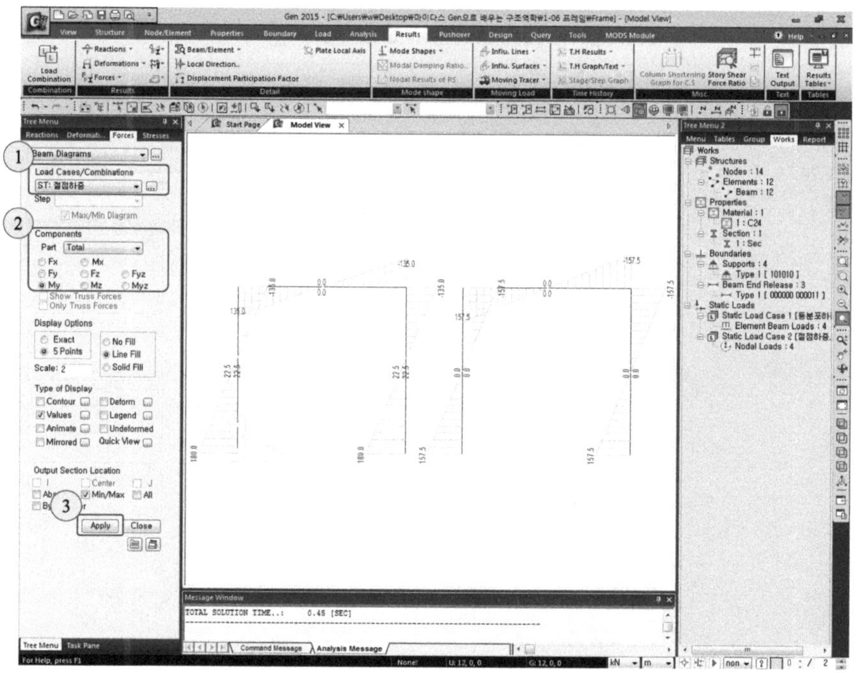

▶그림 6.25
횡력에 의한 휨모멘트도

03. 풀어보기 03.1 역학적 개념의 이해 및 수 계산

03.1.1 Model 1 계산 횡력이 작용할 때

<횡력이 작용할 때>

Model 1 은 3 차 부정정 구조이므로 변형일치법을 사용하는 경우 미지수는 세 개가 되므로 수 계산을 위한 방법으로는 적합하지 않다. 그러나 대칭성을 이용하고 자유도를 미지수로 하여 모멘트분배법을 적용하는 경우 미지수의 개수를 한 개로 줄일 수 있다. 횡력이 작용하는 경우 Model 1 은 아래 그림의 (a)와 같이 역대칭 형상으로 변형하게 된다. 따라서 B 점과 C 점의 회전을 고정한 상태로 횡력을 가하면, 그림 6.26(b)와 같이 변형하면서 고정단 모멘트 M_F 가 발생하게 된다.

▶그림 6.26

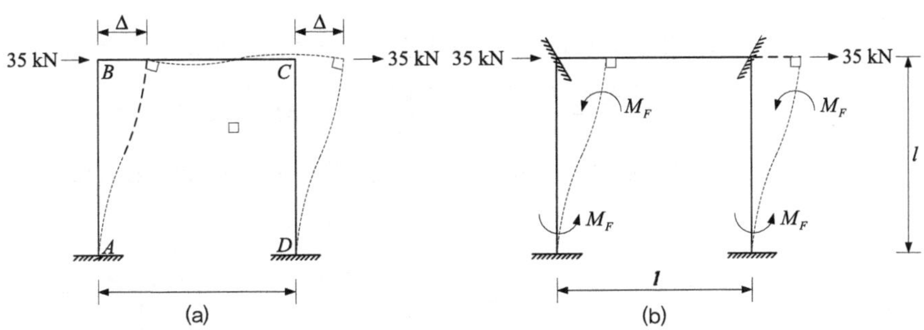

실제 구조물은 절점 B 와 절점 C 의 회전이 구속되어 있지 않으므로 모멘트분배법을 적용하여 구속을 해제할 수 있다. 이때 역대칭성을 고려하여 기둥과 보의 강비를 계산하면 다음과 같으므로 기둥과 보의 모멘트 분배율은 각각 0.4 와 0.6 이 된다.

▶식 6.1

$$k_{BA}(\text{타단 고정}) = \frac{4EI}{\ell}, \qquad k_{BC}(\text{타단 역대칭}) = \frac{6EI}{\ell}$$

모멘트분배법을 적용하면 다음과 같으며, 이는 Gen에 의한 해석결과와 일치한다.

▶표 6.1

모멘트분배법	절점 A	절점 B	
분배율	1.0	0.4	0.6
고정단 모멘트	M_F	M_F	0
해제 모멘트의 분배 모멘트	0	$-0.4\,M_F$	$-0.6\,M_F$
도달 모멘트 (전달률=0.5)	$-0.2\,M_F$	0	0
결과 모멘트	$0.8\,M_F$	$0.6\,M_F$	$-0.6\,M_F$

분배 모멘트 : 해제 모멘트가 분배율(강성비)에 따라 분배되는 모멘트
해제 모멘트 : 해당절점의 고정단 모멘트를 모두 합산한 모멘트를 영으로 만드는 모멘트
도달 모멘트란 인접 단부에서 발생한 모멘트로 인하여 전달되어 오는 모멘트(그림 5.2(a))

M_F 값은 다음과 같은 횡방향 힘의 평형조건으로부터 산정된다.

▶식 6.2

$$70 = 2\times\frac{0.6M_F + 0.8M_F}{\ell} = \frac{2.8M_F}{\ell}\quad,\quad M_F = 225\ \mathrm{kN\cdot m}$$

수 계산 결과와 프로그램 Gen에 의한 해석결과가 일치한다.

▶그림 6.27

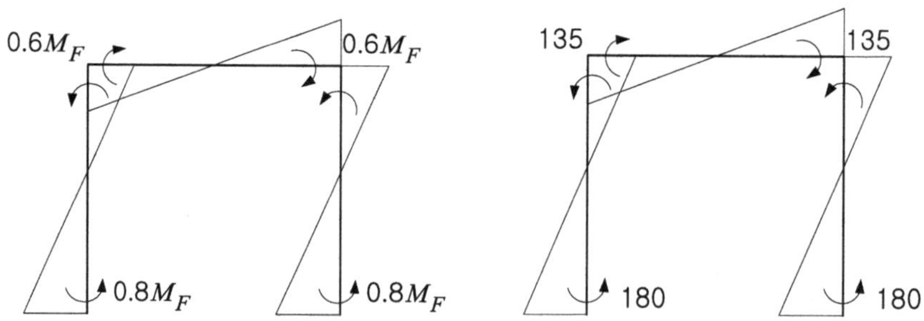

03.1.2 Model 1 계산 연직하중이 작용할 때

<연직하중이 작용할 때>

연직하중이 작용하는 경우 Model 1 은 아래 그림의 (a)와 같이 대칭형상으로 변형하게 된다. 따라서 B 점과 C 점의 회전을 고정한 상태로 연직하중을 가하면 아래 그림 (b)와 같이 변형하면서 고정단 모멘트 M_F 가 발생하게 된다.

▶그림 6.28

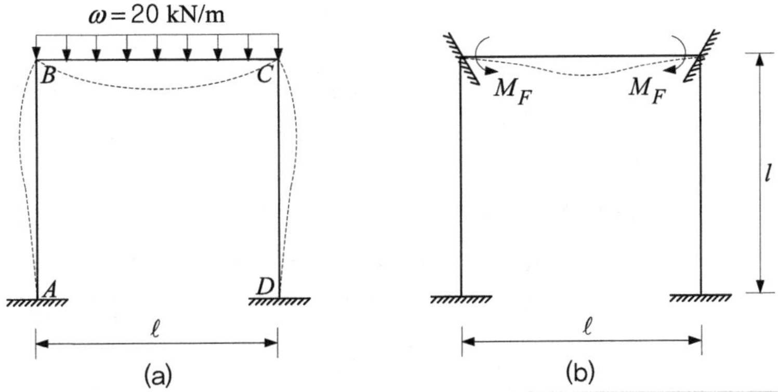

▶식 6.3

$$M_F = \frac{\omega \ell^2}{12} = 135\ \text{kN}\cdot\text{m}$$

실제 구조물은 절점 B 와 절점 C 의 회전이 구속되어 있지 않으므로, 모멘트분배법을 적용하여 구속을 해제할 수 있다. 이때 대칭성을 고려하여 기둥과 보의 강비를 계산하면 다음과 같으므로, 기둥과 보의 모멘트 분배율은 각각 2/3 와 1/3 이 된다.

▶식 6.4

$$k_{BA}(\text{타단 고정}) = \frac{4EI}{\ell}, \qquad k_{BC}(\text{타단 대칭}) = \frac{2EI}{\ell}$$

모멘트분배법을 적용하면 다음과 같으며, 이는 Gen 에 의한 해석결과와 일치한다.

▶표 6.2

모멘트분배법	절점 A	절점 B	
분배율	1.0	2/3	1/3
고정단 모멘트	0	0	−135
해제 모멘트의 분배 모멘트	0	90	45
도달 모멘트 (전달률=0.5)	45	0	0
결과 모멘트	45	90	−90

▶그림 6.29

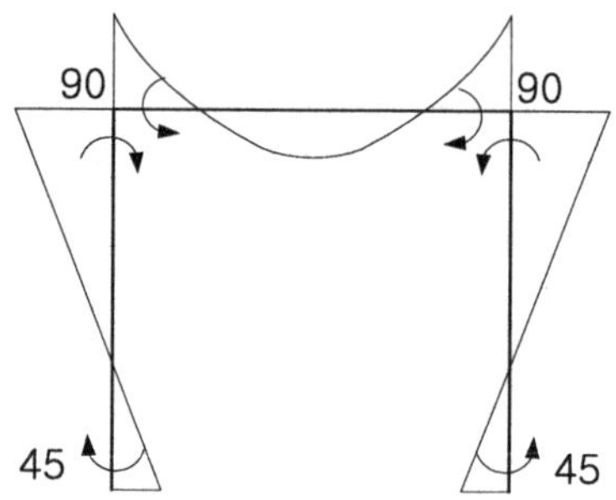

03.1.3 Model 2 **계산**

<횡력이 작용할 때>

Model 2 는 반력의 수가 6 개이므로, 6 개의 방정식을 필요로 한다. 그러나 힘의 평형 조건에 의한 식 3 개와 E, F, 그리고 G 점의 모멘트가 영인 조건 3 개를 식으로 만들 수 있으므로, 추가적인 조건을 필요로 하지는 않은 정정 구조물이다. 따라서 아래와 같은 6 개의 식으로 해석이 가능하다.

$$\sum F_X = 0 : H_A + H_D - 70 = 0$$
$$\sum F_Y = 0 : V_A + V_D = 0$$
$$\sum M_D = 0 : -M_A - M_D - 9V_D + 35\times 9 + 35\times 9 = 0$$
$$M_E = 0 : 4.5H_A - M_A = 0$$
$$M_G = 0 : 4.5H_D - M_D = 0$$
$$M_F = 0 : 9H_D - 4.5V_D - M_D = 0$$

▶그림 6.30

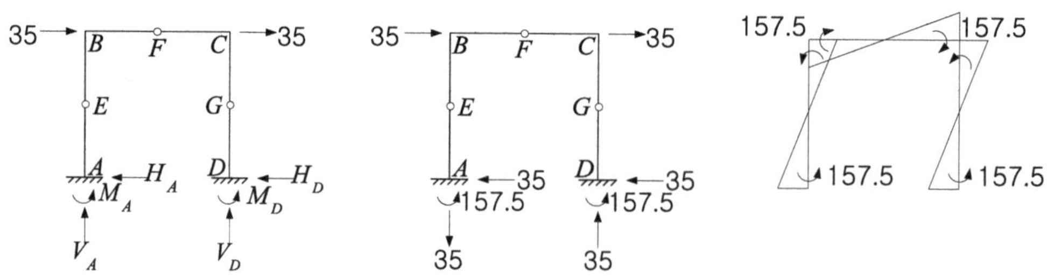

<연직하중이 작용할 때>

$$\sum F_X = 0 : H_A + H_D = 0$$

$$\sum F_Y = 0 : V_A + V_D = 20 \times 9$$

$$\sum M = 0 : M_A + M_D + 9V_D - 20 \times 9 \times 4.5 = 0$$

$$M_E = 0 : -4.5H_A + M_A = 0$$

$$M_G = 0 : -4.5H_D + M_D = 0$$

$$M_F = 0 : -9H_D + 4.5V_D + M_D - 20 \times 4.5 \times \frac{4.5}{2} = 0$$

▶그림 6.31

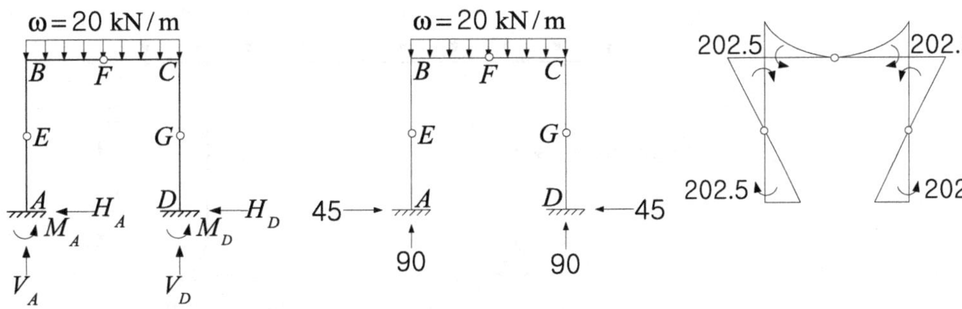

04. 연습문제

1. 다음의 골조에 대하여 전단력, 휨모멘트도, 축력 다이어그램을 작성하고 처짐 형상을 나타내시오.

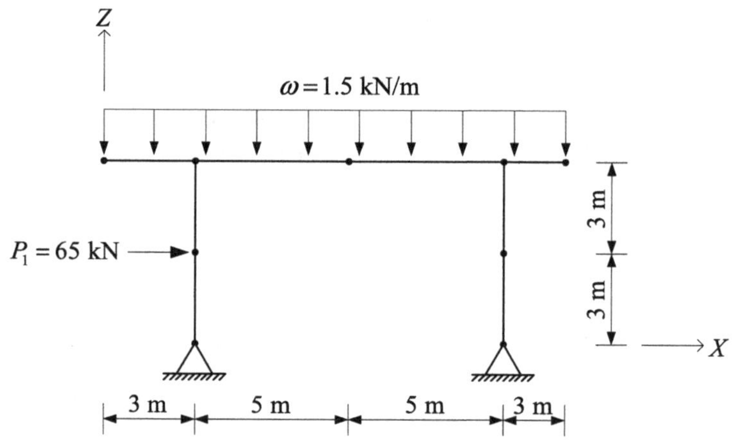

- ***Material***: 콘크리트 압축강도 24 MPa
- ***Section***

  형상 : Solid Rectangle

  크기 : B×H 500×500 mm
- ***Load***

  등분포하중 : 1.5 kN/m

  절점하중 : 65 kN

7. 경사지지점이 있는 프레임 해석

TABLE OF CONTENTS

01. 이해하기

01.1 경사지지점 해석의 개념

01.1.1 일반사항

구조물의 지지조건이 전체 좌표계 기준으로 보았을 때 경사방향인 경우가 발생할 수 있다.

이 경우 구조물의 변형 및 부재력은 지지조건이 전체좌표계에 수직 또는 수평인 경우와 다른 양상을 가지게 되므로 주의를 요한다.

▶사진 7.1
구조물의 경사 지지

01.1.2 해석 개념

그림 7.1 은 구조물의 형상은 동일하지만 지지조건이 약간 다른 두 가지의 구조물이다. 그림 7.1(a)는 C 점이 BC 부재와 동일한 방향으로 구속되어 있지만 그림 7.1(b)는 C 점이 연직 방향으로 구속되어 있다.

그림 7.1
(a) 경사 지지
(b) 수직 지지

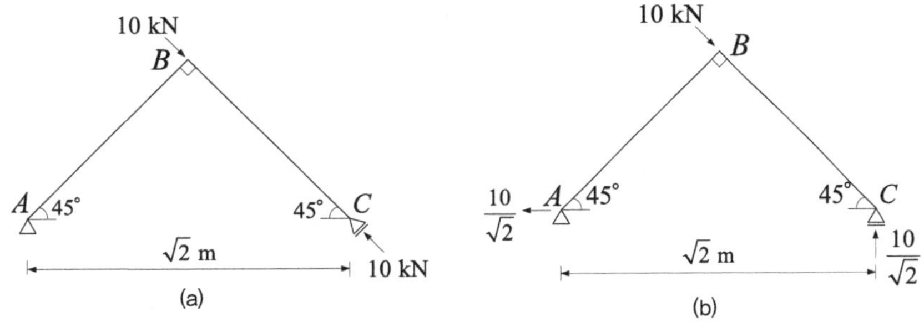

그림 7.2 는 두 구조물에 대한 축력도, 전단력도, 휨모멘트도를 나타낸 것이다. 그림에서 알 수 있는 것처럼 지지조건의 차이로 인하여 구조물 부재력에 큰 차이가 발생했다.

아래 그림 (a)에서는 C 점에만 반력이 생기고 오직 BC 부재만 축력 10 kN 을 받게 된다. 그러나 그림 (b)에서는 A 점에도 반력이 발생하며 AB 및 BC 부재 모두 휨모멘트를 받게 된다.

▶그림 7.2
그림 7.1 구조물의 부재력도

(a) 축력도

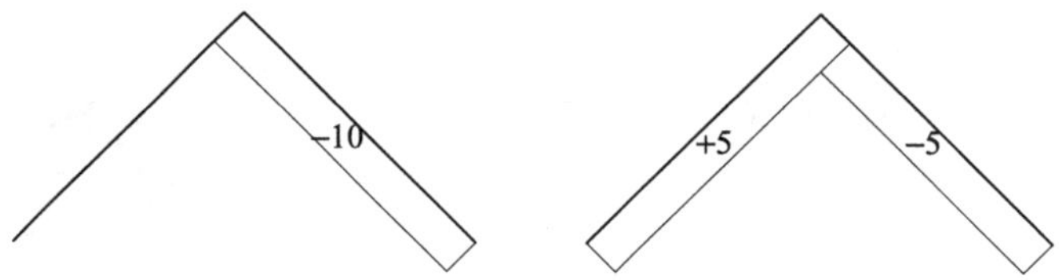

(a)

(b) 전단력도

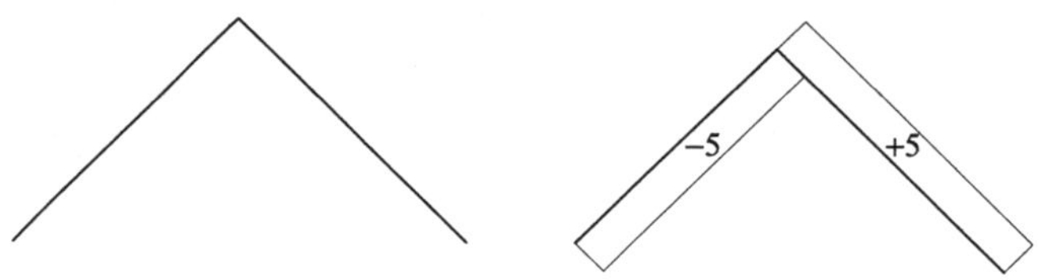

(b)

(c) 휨모멘트도

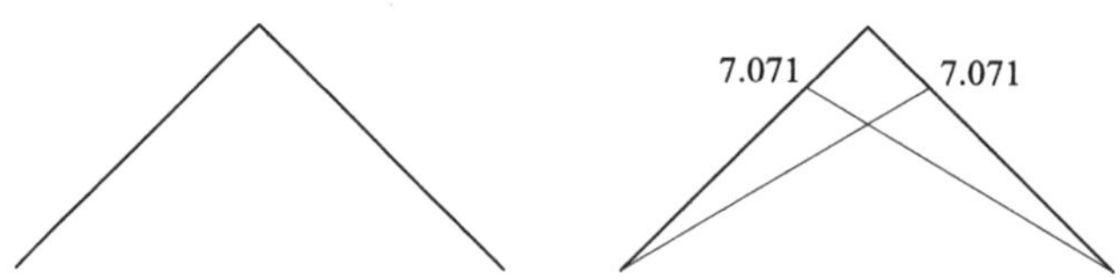

(c)

02. 따라하기

02.1 모델 개요

다음 그림과 같이 연직방향의 등분포하중과 수평방향의 사다리꼴 분포하중을 받는 라멘 구조의 지점경사도에 따른 변위, 부재력, 반력 등의 변화를 비교해 본다.

▶그림 7.3
해석모델
(a) 경사지점
(b) 수직지점

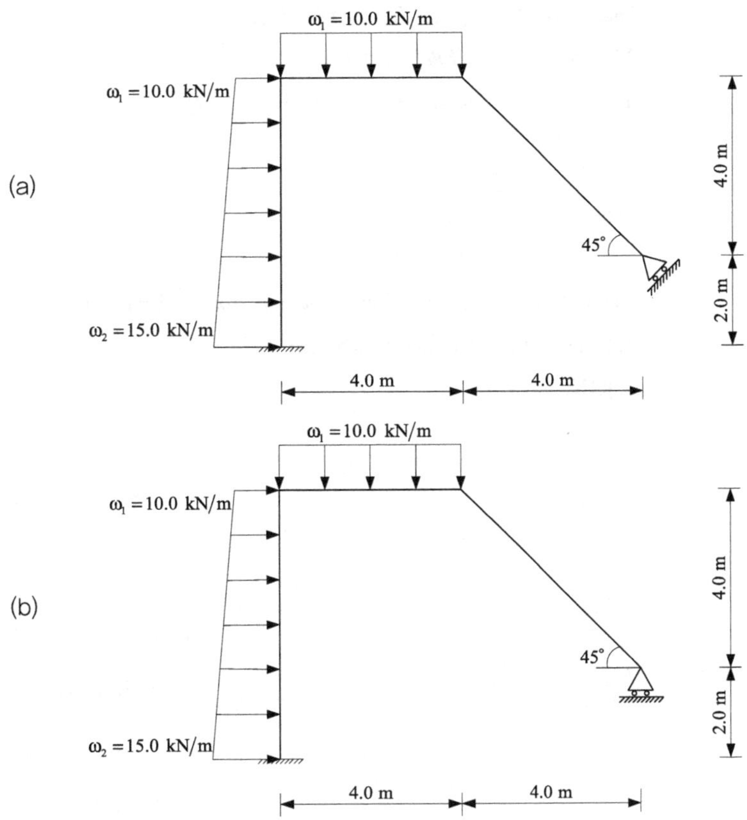

- **Material :** SM490
- **Section :** 상자형 1,000×1,000×10 mm
- **Load :** 1. 수평부재에 등분포 연직하중 : 10.0 kN/m 재하
  2. 수직부재에 사다리꼴 수평하중 : 10.0 ~ 15.0 kN/m 재하

02.2 작업환경 설정

구조해석 모델링을 시작하기 위해 새 문서를 열고 파일을 저장한다.

Main Menu 에서 ***[File]*** *Tab >* ***[New Project]***

Main Menu 에서 ***[File]*** *Tab >* ***[Save]***

1. 파일 이름 : **'Support'** 입력 후 [저장] 클릭

예제에서 사용할 단위계를 설정한다.

Main Menu 에서 ***[Tools]*** *Tab >* ***[Setting]*** *Group >* ***[Unit System]***

1. Length > **m**, Force(Mass) > **kN(ton)** 선택
2. **[OK]** 클릭

▶그림 7.4
파일 저장
단위계 설정

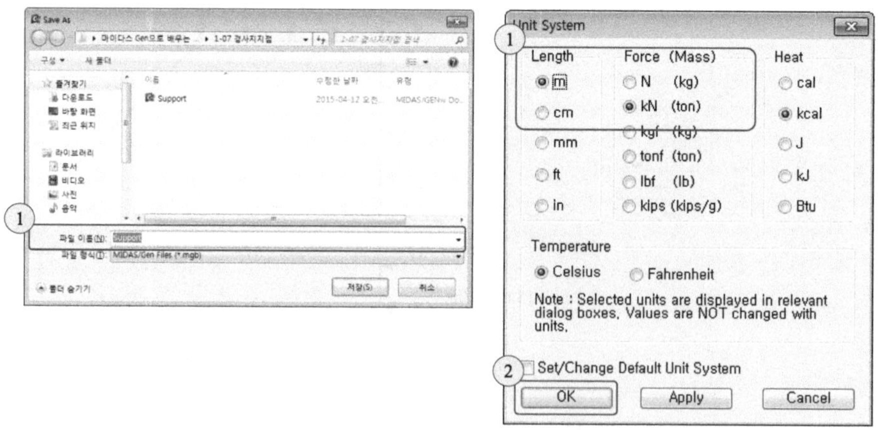

예제 모델은 평면(X-Z 평면)구조이므로 Structure Type 에서 구조물이 X-Z 평면 내에서만 거동하도록 지정한다.

Main Menu 에서 ***[Structure]*** *Tab* > ***[Type]*** *Group* > ***[Structure Type]***

1. Structure Type > **X-Z Plane** 선택
2. **[OK]** 클릭

▶그림 7.5
작업평면 설정

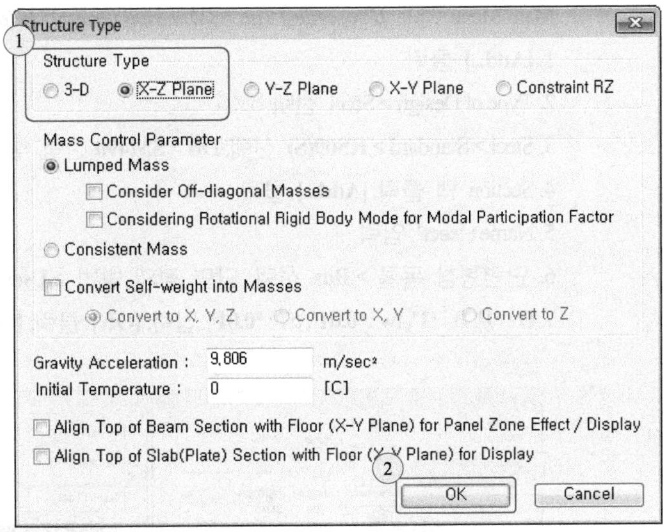

02.3 재질 및 단면 정의

보요소의 재질로 강재 SM490(한국표준규격)을 선택하고, 상자형 단면의 치수를 입력한다.

Main Menu 에서 ***[Properties]*** *Tab* > ***[Material]*** *Group* > ***[Material Properties]***

1. **[Add...]** 클릭
2. Type of Design > **Steel** 선택
3. Steel > Standard > **KS09(S)** 선택, DB > **SM490** 선택 후 **[OK]** 클릭
4. Section 탭 클릭, **[Add...]** 클릭
5. Name : **'sect'** 입력
6. 단면형상 목록 > **Box** 선택, 단면 정의 방법 > **User** 선택
7. H : **'1'**, B : **'1'**, tw : **'0.01'**, tf1 : **'0.01'** 입력, **[OK]** 클릭, **[Close]** 클릭

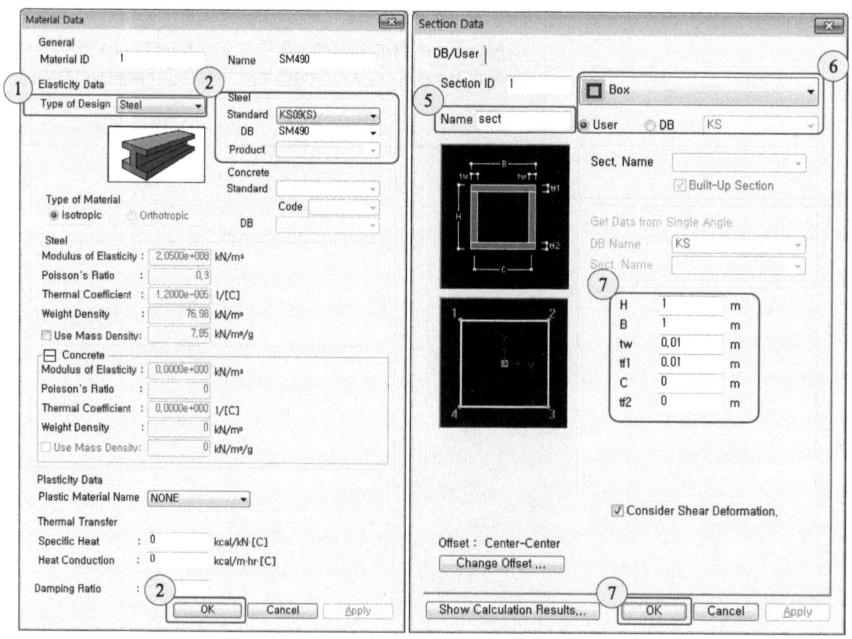

▶그림 7.6
재질 및 단면 정의

02.4 절점과 요소 생성

02.4.1 절점 생성

요소를 생성하기 위해 절점을 먼저 입력한다.

Main Menu 에서 ***[Node/Element]*** *Tab* > ***[Nodes]*** *Group* > ***[Create Nodes]***

1. Coordinates (x, y, z) : **'0, 0, 0'** 입력
2. **[Apply]** 클릭
3. **Auto Fitting, Front View** (Toggle on)

▶그림 7.7
절점 생성

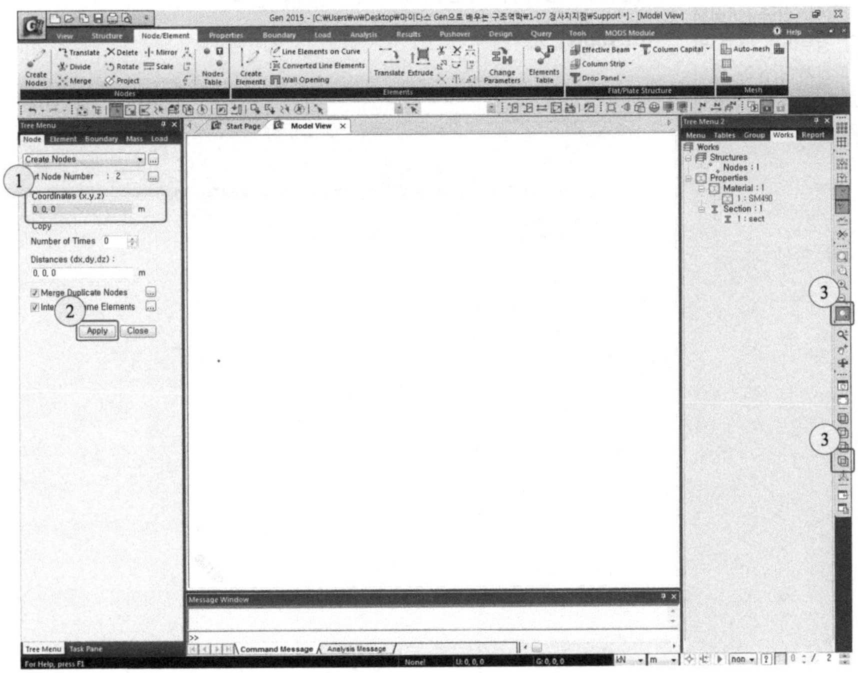

02.4.2 기둥생성

절점을 선요소로 확장 변환하는 Extrude Elements 기능으로 Model 1 의 기둥 부재를 생성한다.

Main Menu 에서 ***[Node/Element]*** *Tab* **>** ***[Elements]*** *Group* **>** ***[Extrude]***

1. Extrude Type > **Node → Line Element** 선택
2. Element Attribute > Element Type > **Beam** 선택
3. Material > **1:SM490**, Section > **1:sect** 선택, Beta Angle : **'180'** 입력
4. Generation Type > **Translate** 선택
5. Translation > **Equal Distance** 선택
6. dx, dy, dz : **'0, 0, 1'** 입력, Number of Times : **'6'** 입력
7. **Select All** (on) 모드에서 모든 절점 선택
8. **[Apply]** 클릭

Tip

Beta Angle 이란, Truss 나 Beam, Column 등 같은 선요소의 요소좌표계에서 z 축의 배치방향을 말한다.
정사각형이 아닌 비정형 단면일 경우에는 배치 방향에 따라서 강성이 많이 달라지기 때문에 특별한 주의가 필요하다.

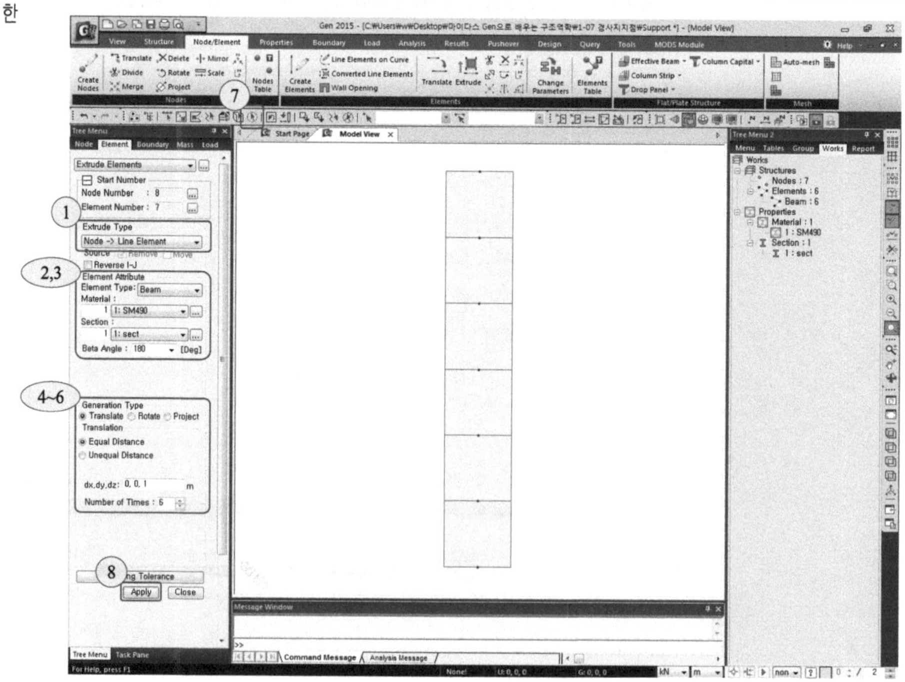

▶그림 7.8
기둥부재 생성

02.4.3 수평부재 생성

기둥 상단부의 절점을 확장 변환하여 Model 1 의 수평 부재를 생성한다.

Main Menu 에서 ***[Node/Element]** Tab* **>** ***[Elements]** Group* **>** ***[Extrude]***

1. **Display Node Numbers** (Toggle on)
2. **Select Single** (on) 모드에서 **7** 번 절점 선택
3. Extrude Type > **Node → Line Element** 선택
4. Element Attribute > Element Type > **Beam** 선택
5. Material > **1:SM490**, Section > **1:sect** 선택, Beta Angle : **'0'** 입력
6. Generation Type > **Translate** 선택
7. Translation > **Equal Distance** 선택
8. dx, dy, dz : **'1, 0, 0'** 입력, Number of Times : **'4'** 입력
9. [Apply] 클릭

▶그림 7.9
수평부재 생성

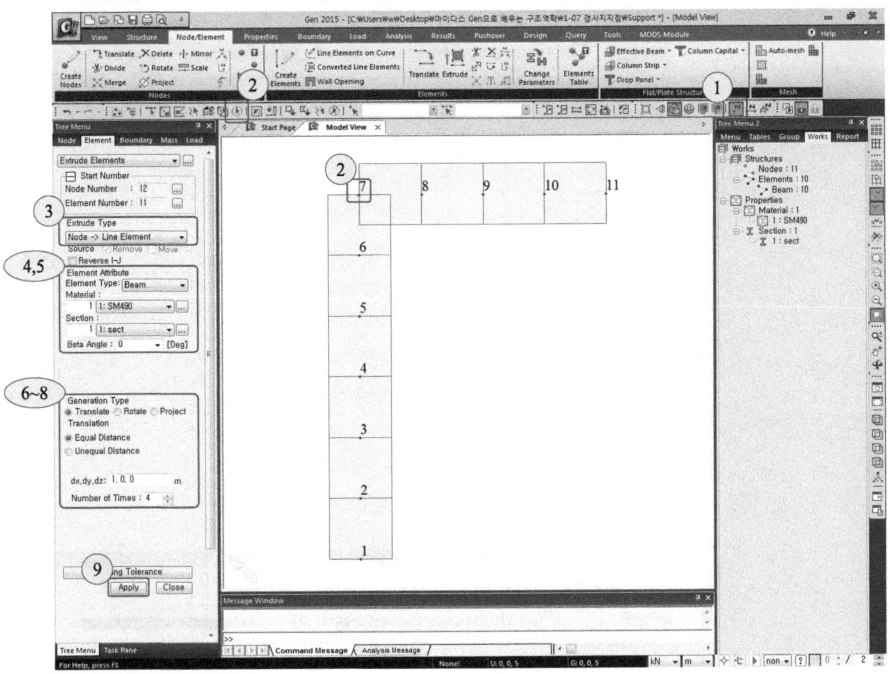

02.4.4 경사부재 생성

수평부재의 우측 단부 절점을 확장 변환하여 경사 부재를 생성한다.

Main Menu 에서 ***[Node/Element]** Tab* **>** ***[Elements]** Group* **>** ***[Extrude]***

1. **Select Single** (on) 모드에서 11 번 절점 선택
2. Extrude Type > **Node → Line Element** 선택
3. Element Attribute > Element Type > **Beam** 선택
4. Material > **1:SM490**, Section > **1:sect** 선택, Beta Angle : **'0'** 입력
5. Generation Type > **Translate** 선택
6. Translation > **Equal Distance** 선택
7. dx, dy, dz : **'4/6, 0, -4/6'** 입력, Number of Times : **'6'** 입력
8. **[Apply]** 클릭

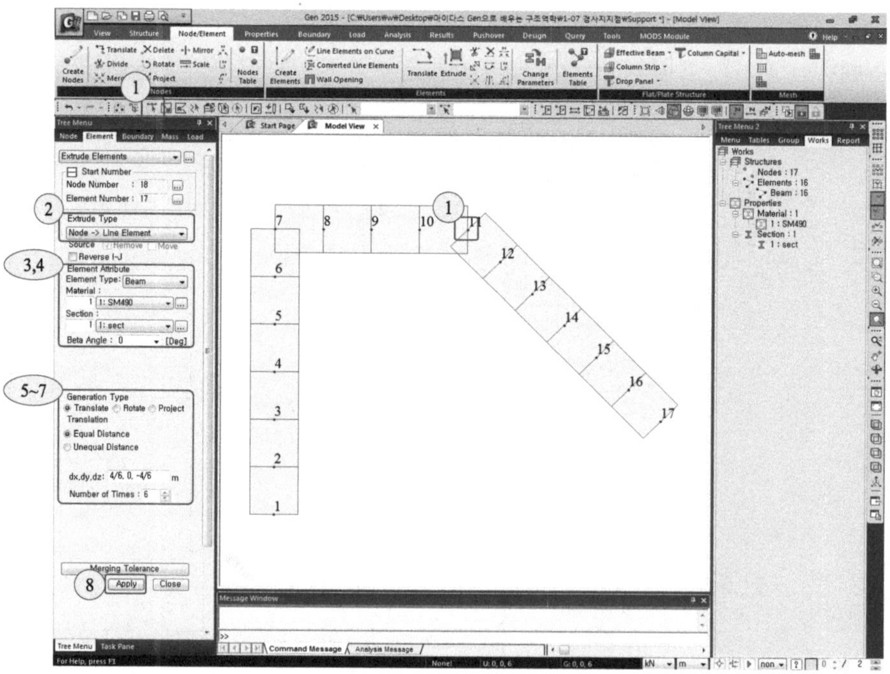

▶그림 7.10
경사부재 생성

02.5 경계조건 입력

3 차원에서 모든 절점은 6 개의 자유도(Dx, Dy, Dz, Rx, Ry, Rz)를 갖고 있다. 하지만 이 예제의 경우 X-Z 평면 내의 거동만 허용하였으므로 3 개의 자유도(Dx, Dz, Ry)만이 존재한다. 그중에서 고정단 조건은 Dx, Dz, Ry 자유도를 구속시키고 롤러 지지 조건의 경우 Dz 의 자유도를 구속시킨다.

Main Menu 에서 ***[Boundary]*** *Tab >* ***[Supports]*** *Group >* ***[Define Supports]***

1. Options > **Add**, Support Type > **Dx, Dz, Ry** (Check on)
2. **Select Single** (on) 모드에서 **1** 번 절점 선택, **[Apply]** 클릭
3. Support Type > **Dx, Ry** (Check off)
4. **17** 번 절점 선택 후 **[Apply]** 클릭

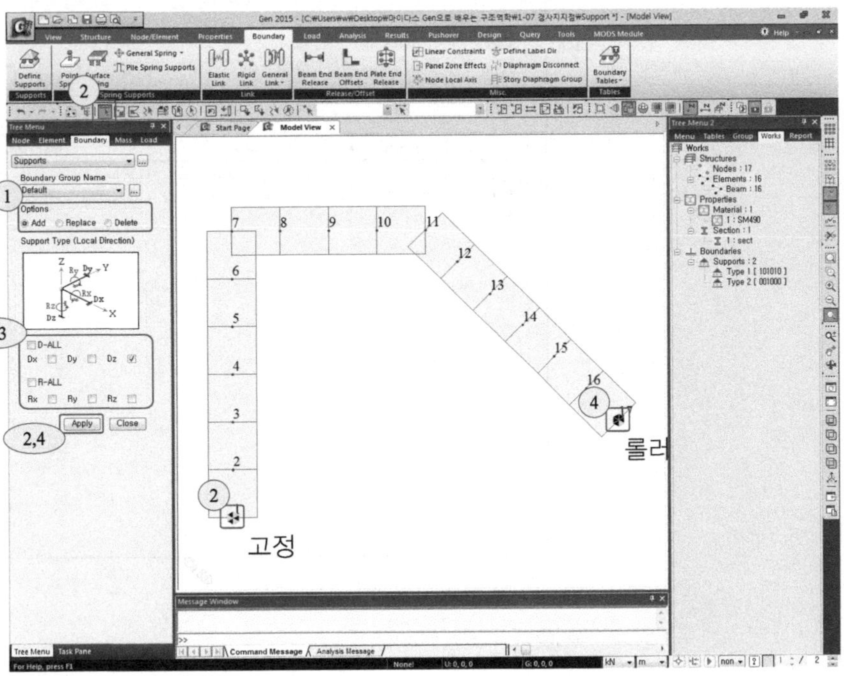

▶그림 7.11
지점조건 입력

02.6 하중 입력

02.6.1 하중조건 정의 하중을 입력하기 위해 하중조건을 정의한다.

Main Menu 에서 ***[Load]*** *Tab* **> *[Create Load Cases]*** *Group* **> *[Static Load Cases]***

1. Name : **'Vertical'** 입력
2. Type > **User Defined Load (USER)** 선택
3. **[Add]** 클릭
4. Name : **'Horizontal'** 입력
5. Type > **User Defined Load (USER)** 선택
6. **[Add]** 클릭, **[Close]** 클릭

▶그림 7.12
하중조건 정의

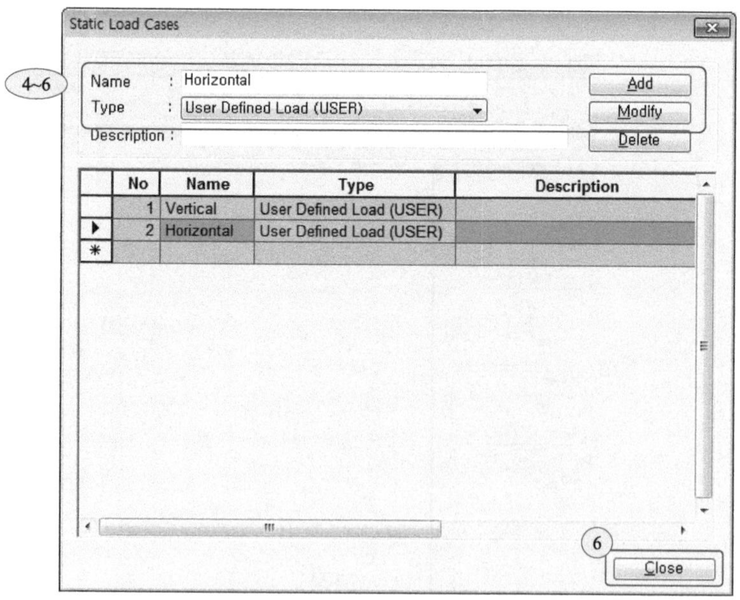

02.6.2 등분포하중 입력

수평부재에 10 kN/m 의 등분포하중을 입력한다.

Main Menu 에서 ***[Load]* Tab > *[Beam Load]* Group > *[Element]***

Main Menu 에서 ***[View]* Tab > *[Display]* Group > *[Display]***

1. Load 탭에서 Load Value (Check on)
2. **[OK]** 클릭
3. Load Case Name > **Vertical** 선택
4. Load Type > **Uniform Loads** 선택
5. Direction > **Global Z** 선택
6. Value > **Relative** 선택
7. x1 : **'0'**, x2 : **'1'**, w : **'-10'** 입력
8. **Display Node Numbers** (Toggle off), **Display Element Numbers** (Toggle on)
9. **Select Single** (on) 모드에서 **7, 8, 9, 10** 번 부재 선택
10. **[Apply]** 클릭

▶그림 7.13
등분포하중 입력

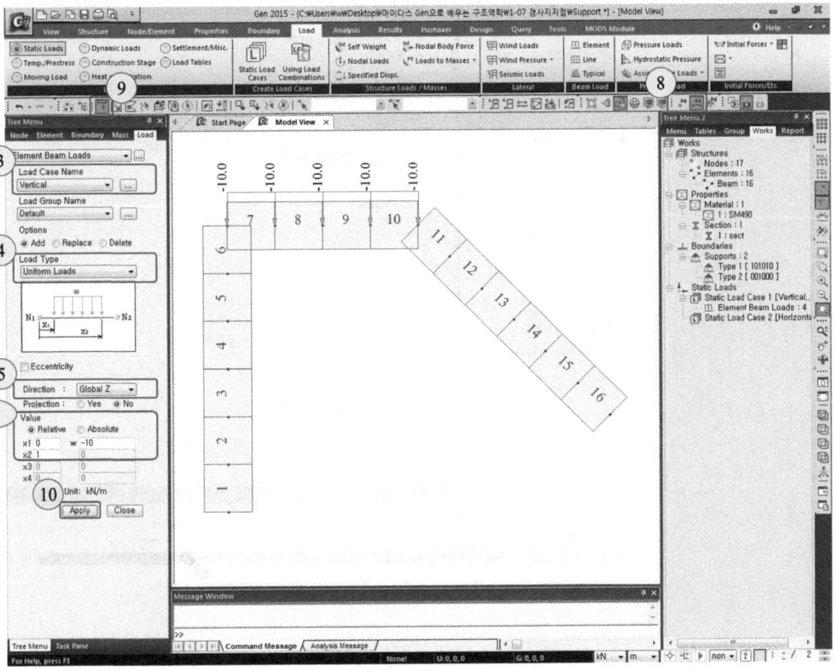

02.6.3 사다리꼴하중 입력

기둥부재에 10.0 ~ 15.0 kN/m 의 사다리꼴 하중을 입력한다.

Main Menu 에서 ***[Load]*** *Tab* > ***[Beam Load]*** *Group* > ***[Line]***

1. Load Case Name > **Horizontal** 선택
2. Options > **Add** 선택
3. Load Type > **Trapezoidal Loads** 선택
4. Direction > **Global X** 선택, Projection > **No** 선택
5. Value > **Relative** 선택
6. x1 : **'0'**, x2 : **'1'**, w1 : **'10'**, w2 : **'15'** 입력
7. **Display Node Numbers** (Toggle on), **Display Element Numbers** (Toggle off)
8. Nodes for Loading Line 입력란을 클릭하여 초록색의 입력대기상태 확인 후, Model View 에서 **7 번, 1 번 절점**을 순서대로 클릭

▶그림 7.14
등변분포하중 입력

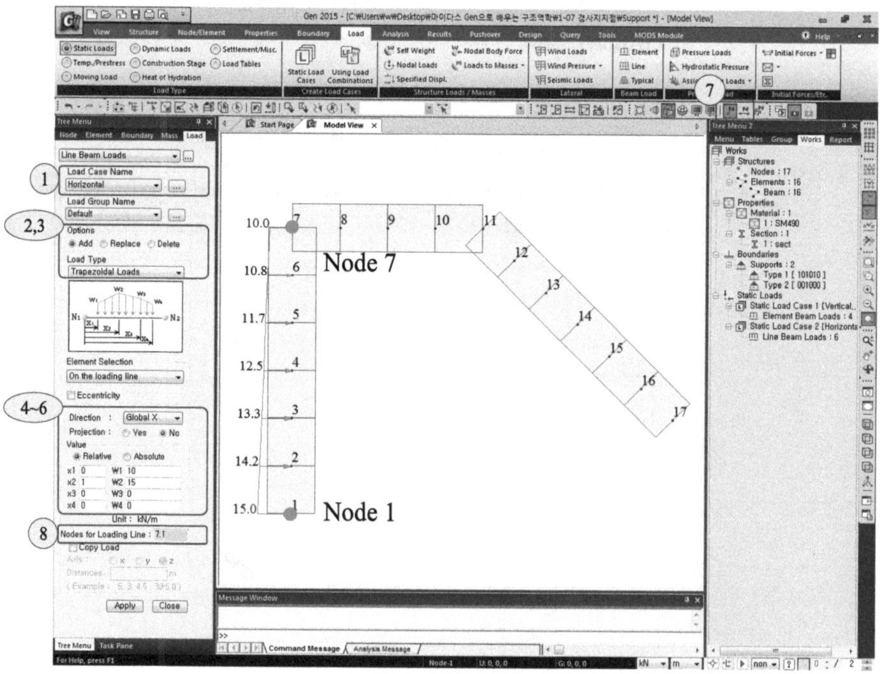

02.6.4 요소 복제

Model 1 을 복제하여 Model 2 를 생성한다. 이때 Model 1 에 입력된 분포하중과 경계조건이 동시에 복제되도록 한다.

Main Menu 에서 ***[Node/Element]*** *Tab* **>** ***[Elements]*** *Group* **>** ***[Translate]***

1. **Hidden, Display Node Numbers** (Toggle off)
2. Mode > **Copy** 선택
3. Translation > Equal Distance > dx, dy, dz : **'0, 0, -8'** 입력
4. **Copy Node Attributes, Copy Element Attributes** (Check on)
5. **Select All** (Toggle on)
6. **[Apply]** 클릭

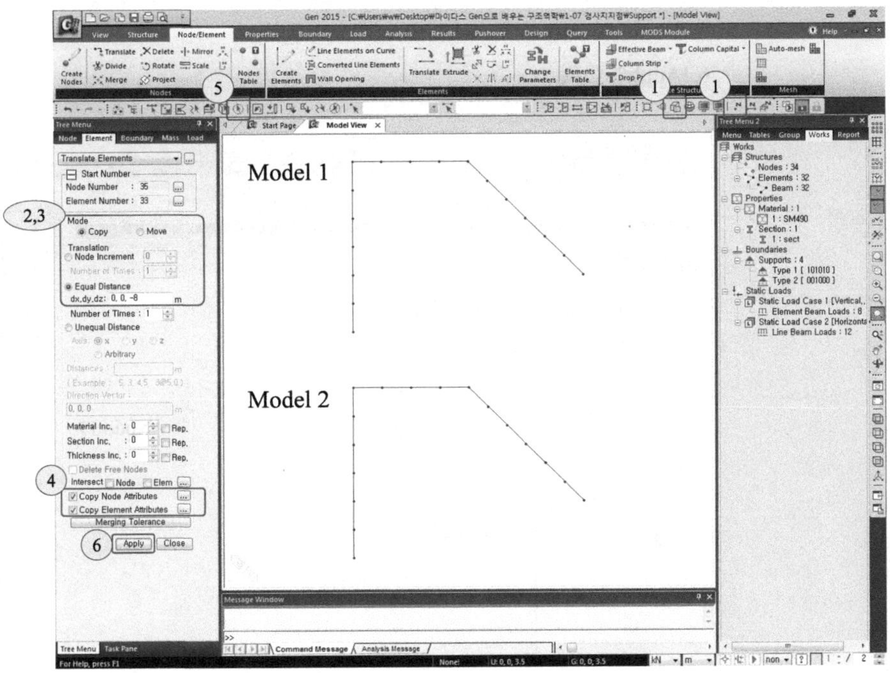

▶그림 7.15
요소 복제

02.6.5 **경계조건 수정**

Model 1 의 롤러지점에 경사 지지조건을 반영하기 위해 절점좌표계를 정의한다. 절점좌표계(node local coordinate system)는 해당절점에만 적용되는 좌표계로서 전체좌표계(GCS)보다 우선 적용된다. 절점좌표계는 전체좌표계의 축방향과 일치하지 않는 특정 방향으로 발생한 처짐이나 지지조건을 반영하기 위해 사용되며, 변위나 반력 등의 해석결과는 절점좌표축(node local axis)을 기준으로 확인할 수 있다.

Main Menu 에서 ***[Boundary]** Tab* > ***[Misc.]** Group* > ***[Node Local Axis]***

1. **Display Node Numbers** (Toggle on)
2. **Select Single** (on) 모드에서 **17** 번 절점 클릭
3. Options > **Add/Replace** 선택
4. Define Local Axis > Input Method > **Angle** 선택
5. about x : **'0'**, about : y' : **'-45'**, about z" : **'0'** 입력
6. **[Apply]** 클릭

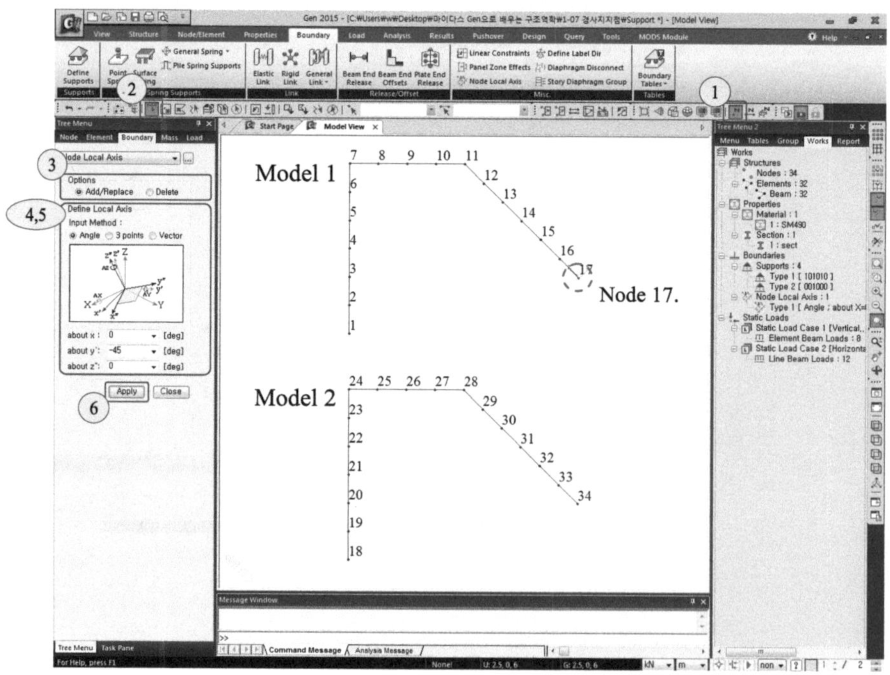

▶그림 7.16
경계조건 수정

02.7 구조해석 수행

Model 1, Model 2 에 대하여 구조해석을 수행한다.

Main Menu 에서 ***[Analysis]*** *Tab* > ***[Perform]*** *Group* > ***[Perform Analysis]*** 수행

1. **Display Node Numbers** (Toggle off)
2. Message Window 에서 해석 정상 종료 메시지 확인

▶그림 7.17
해석 정상 종료 메시지

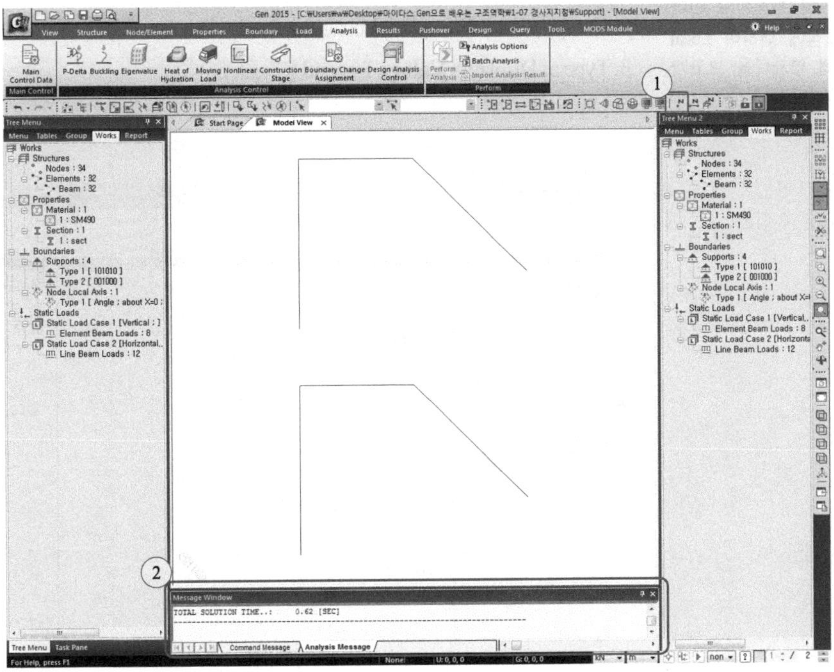

02.8 해석결과 확인

02.8.1 반력

연직하중에 의한 반력을 확인한다.

경사지지점이 있는 Model 1 에서는 좌측의 고정단에서 수평반력이 발생하는 것을 확인할 수 있다.

Tip

Local(if defined)은 절점에 Local 좌표계가 입력된 절점에 대하여 Local 방향의 부재력을 보고자 하는 경우에 활용된다.

Main Menu 에서 ***[Results]*** *Tab* > ***[Results]*** *Group*> ***[Reactions]*** > ***[Reaction Forces/Moments]***

1. Load Cases / Combinations > **ST: Vertical** 선택
2. Components > **FX** 선택, Local(if defined) (Check on)
3. Type of Display > **Values, Legend** (Check on)
4. **[Apply]** 클릭

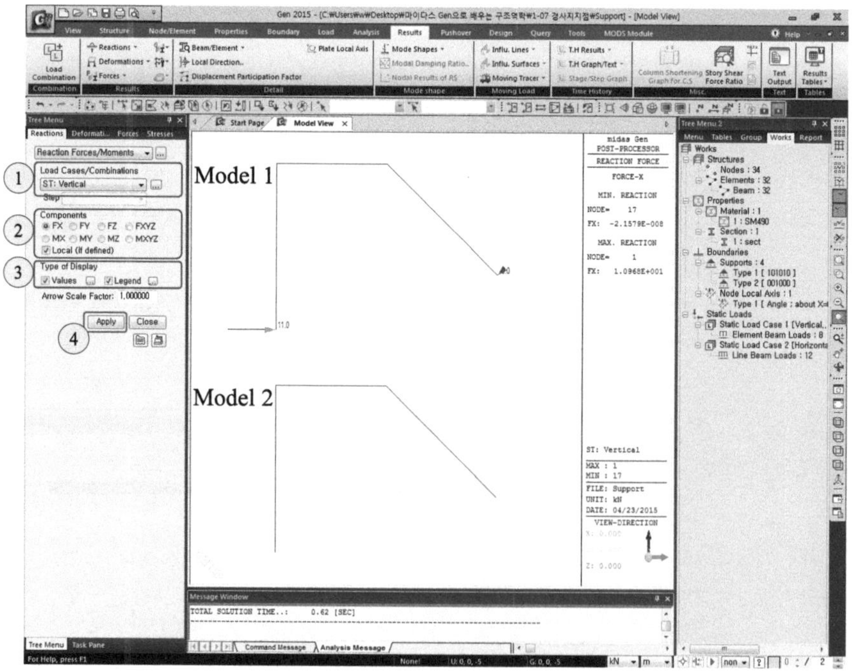

▶그림 7.18
연직하중에 의한
수평반력

수평하중에 의한 반력을 확인한다.

Model 1 에서는 경사지점이 수평력에 저항하므로 좌측 고정단의 반력이 경사지점이 없는 Model 2 의 고정단에 비해 적게 발생하는 것을 알 수 있다.

Main Menu 에서 ***[Results]*** *Tab* **>** ***[Results]*** *Group* **>** ***[Reactions]*** **>** ***[Reaction Forces/Moments]***

1. Load Cases / Combinations > **ST: Horizontal** 선택
2. Components > **FX** 선택
3. Type of Display > **Values, Legend** (Check on)
4. **[Apply]** 클릭

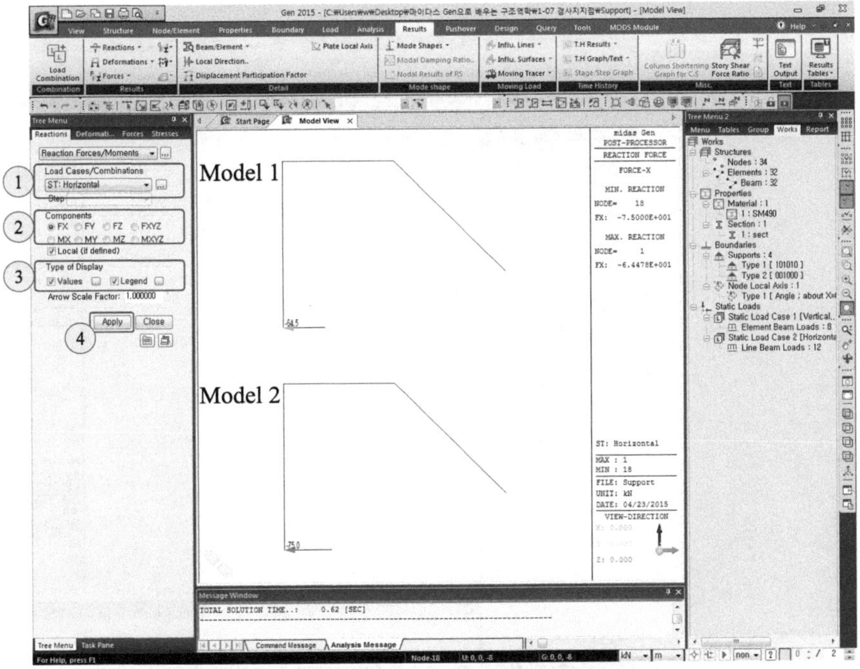

▶그림 7.19
수평하중에 의한
수평반력

02.8.2 변위 및 변형 다음은 변형도를 확인한다. 여기서 DXZ는 $\sqrt{DX^2+DZ^2}$ 을 의미한다.

연직하중 작용 시 Model 1은 경사지지점에 의해 좌측으로 변형하고, Model 2는 우측으로 변형하는 것을 알 수 있다.

Main Menu 에서 ***[Results]*** *Tab* **>** ***[Results]*** *Group* **>** ***[Deformations]*** **>** ***[Deformed Shape]***

1. Load Cases / Combinations > **ST: Vertical** 선택
2. Components > **DXYZ** 선택
3. Type of Display > **Undeformed, Legend** (Check on), **Values** (Check off)
4. **[Apply]** 클릭

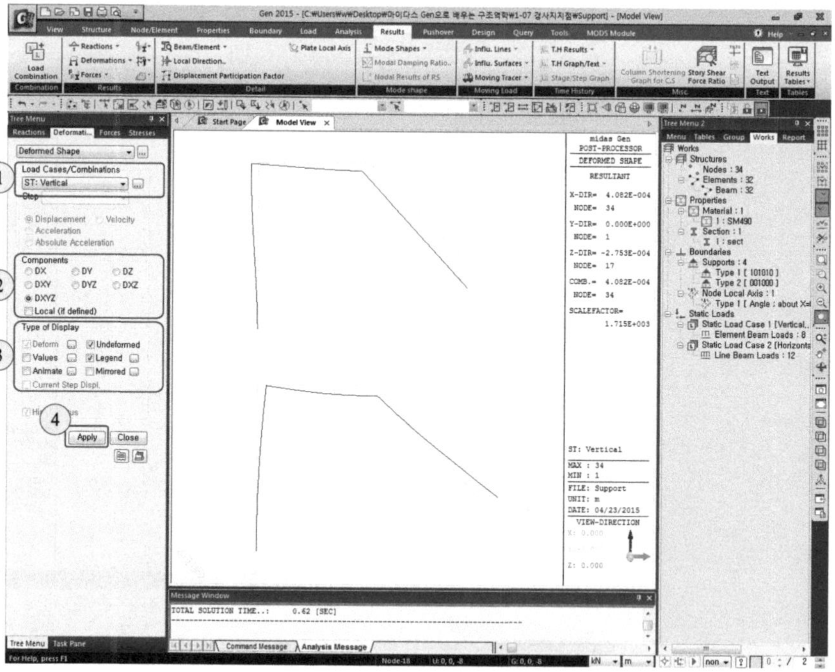

▶그림 7.20
연직하중에 의한 변형도

수평하중에 의한 변위를 확인한다.

Main Menu 에서 ***[Results]*** *Tab* > ***[Results]*** *Group* > ***[Deformations]*** > ***[Deformed Shape]***

1. Load Cases / Combinations > **ST: Horizontal** 선택
2. Components 에서 **DXYZ** 선택
3. Type of Display > **Undeformed, Legend** (Check on), **Values** (Check off)
4. **[Apply]** 클릭

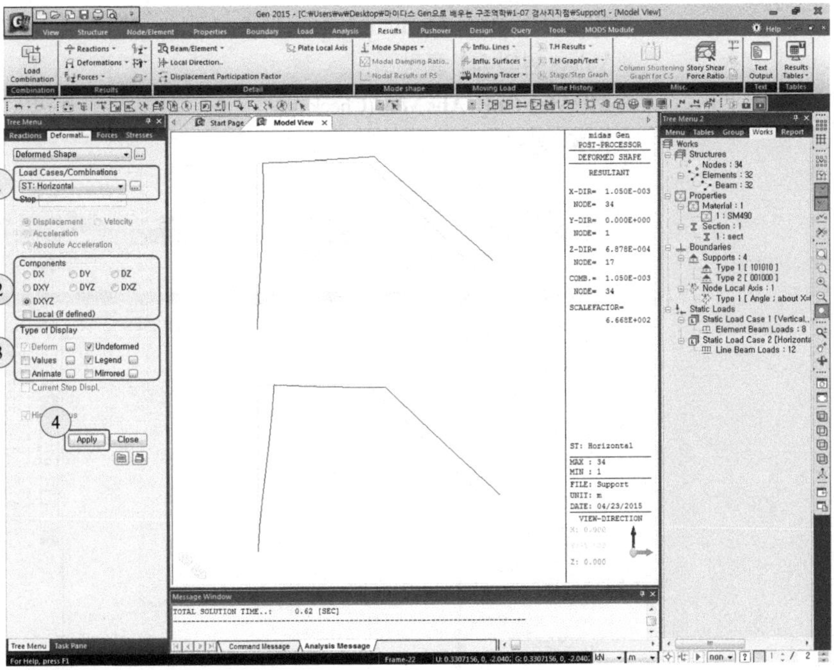

▶그림 7.21
수평하중에 의한 변형도

02.8.3 부재력

연직하중에 의한 휨모멘트를 확인한다.

경사 지지점이 있는 **Model 1** 의 경우 연직하중에 의해 발생하는 수평반력에 의해서 기둥부재에 휨모멘트가 크게 발생하는 것을 확인할 수 있다. 반면에 경사지점이 없는 **Model 2** 의 경우 경사부재에 큰 휨모멘트가 발생한다.

Main Menu 에서 ***[Results]** Tab* > ***[Results]** Group* > ***[Forces]*** > ***[Beam Diagrams]***

1. Load Cases/Combinations > **ST: Vertical** 선택
2. Components > **My** 선택
3. Type of Display > **Contour, Values, Legend** (Check on), **Deform** (Check off)
4. Values 옆의 **[...]** 클릭
5. **MinMax Only, Abs Max** (Check on)
6. **[OK]** 클릭

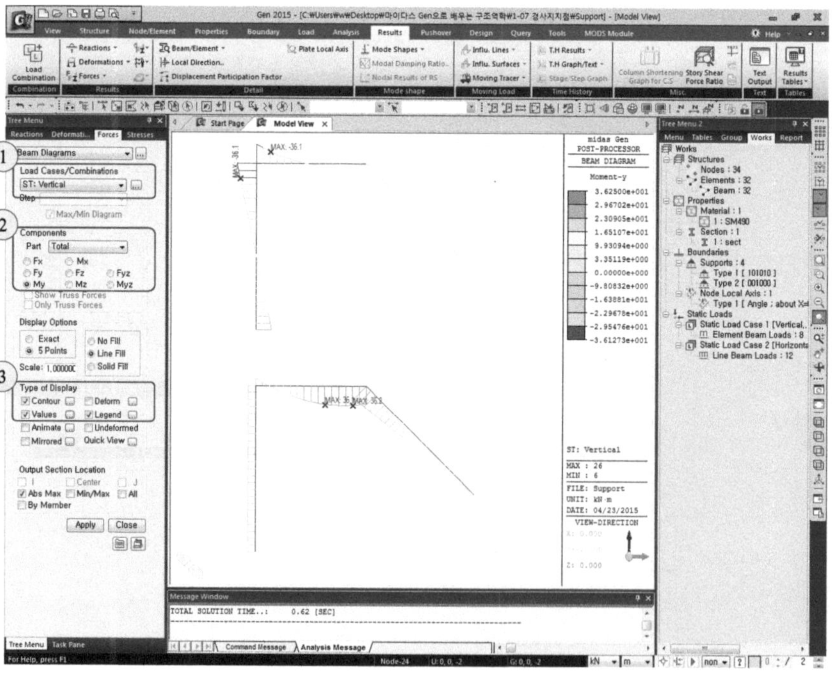

▶그림 7.22
연직하중에 의한
휨모멘트도

수평하중에 의한 휨모멘트를 확인한다.
수평하중에 의한 휨모멘트는 두 모델에서 비슷한 양상을 보이고 있으나 경사지점이 없는 Model 2 의 고정단 휨모멘트가 Model 1 의 고정단보다 큰 것을 확인할 수 있다.

Main Menu 에서 ***[Results]*** *Tab>* ***[Results]*** *Group>* ***[Forces]*** ***>*** ***[Beam Diagrams]***

1. Load Cases/Combinations > **ST: Horizontal** 선택
2. Components > **My** 선택
3. Type of Display > **Contour, Values, Legend** (Check on), **Deform** (Check off)
4. Values 옆의 **[...]** 클릭
5. **MinMax Only, Abs Max** (Check on)
6. **[OK]** 클릭

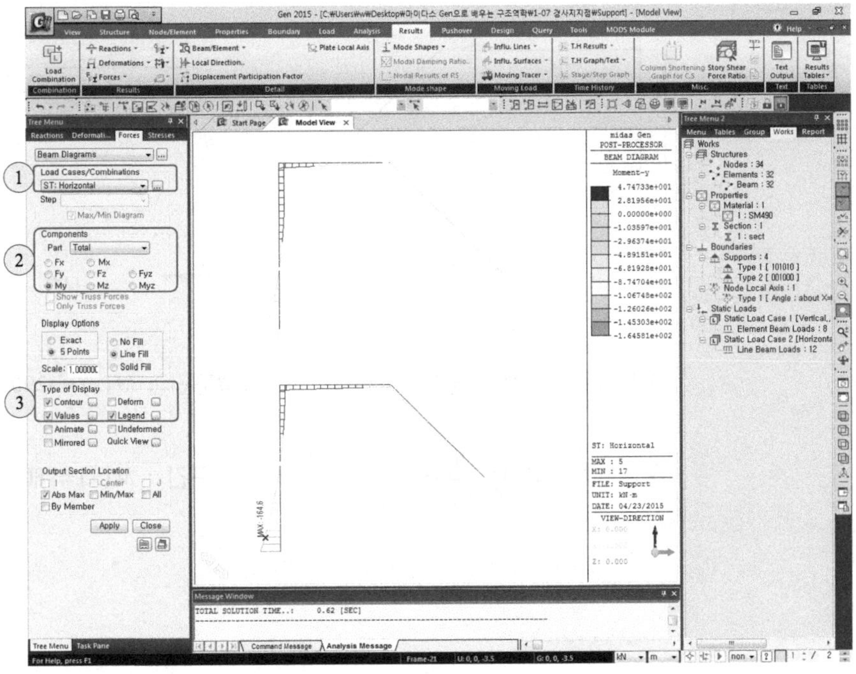

▶그림 7.23
수평하중에 의한 휨모멘트도

03. 풀어보기

03.1 역학적 개념의 이해 및 수 계산

03.1.1 Model 1

Model 1 은 D 점의 반력(경사방향)을 미지수로 하여 변형일치법을 적용할 수 있다.

▶그림 7.24
Model 1

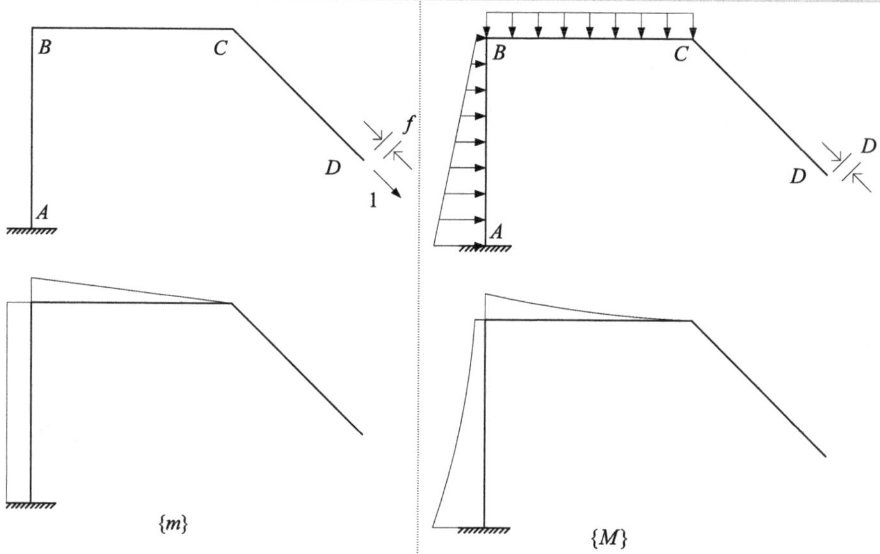

AB구간 : $m(x) = \dfrac{1}{\sqrt{2}}(x - 10)$

BC구간 : $m(x) = \dfrac{4}{\sqrt{2}}(\dfrac{x}{4} - 1)$

AB구간 : $M(x) = -290 + 75x - \dfrac{15}{2}x^2 + \dfrac{5}{36}x^3$

BC구간 : $M(x) = -80 + 40x - 5x^2$

미지수로 선정한 두 점의 지지조건을 해제한 상태에서 부재 CD 방향의 단위하중에 의한 D 점의 변위는 f, AB 부재와 BC 부재에 작용하는 하중에 의한 CD 방향의 변위를 D로 나타낸다면, 다음과 같은 적합조건식을 만들 수 있다.

$$f \cdot X + D = 0$$

여기서,

$$\begin{aligned} f &= \frac{1}{EI}\int_0^{\ell}\{m(x)\}^2 dx \\ &= \frac{1}{EI}\int_0^6\left\{\frac{1}{\sqrt{2}}(x-10)\right\}^2 dx + \frac{1}{EI}\int_0^4\left\{\frac{4}{\sqrt{2}}\left(\frac{x}{4}-1\right)\right\}^2 dx \\ &= 166.667/EI \end{aligned}$$

$$\begin{aligned} D &= \frac{1}{EI}\int_0^{\ell}\{m(x)\}\{M(x)\}dx \\ &= \frac{1}{EI}\int_0^6\left\{\frac{1}{\sqrt{2}}(x-10)\right\}\left\{-290+75x-\frac{15}{2}x^2+\frac{5}{36}x^3\right\}dx \\ &\quad + \frac{1}{EI}\int_0^4\left\{\frac{4}{\sqrt{2}}\left(\frac{x}{4}-1\right)\right\}\left\{-80+40x-5x^2\right\}dx \\ &= 5045.914/EI \end{aligned}$$

$$X = -\frac{D}{f} = -30.225$$

따라서 D 점의 경사방향 반력은 30.225 kN 이 되며, 방향은 단위하중의 방향과 반대인 상향 방향이다.

▶그림 7.25
Model 1 계산결과

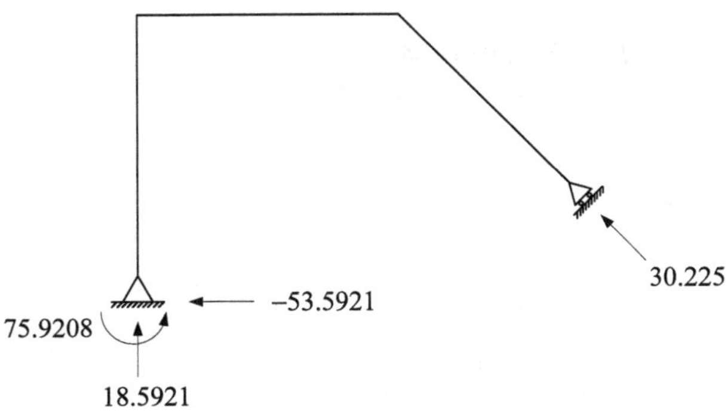

03.1.2 Model2

Model 2 는 D 점의 반력(연직방향)을 미지수로 하여 변형일치법을 적용할 수 있다. 따라서 D 점의 지지조건(연직방향)을 해제한 상태에서 반력 방향으로 단위하중을 가했을 때의 모멘트 $m(x)$ 와 그 상태에서 단위하중 대신 AB 부재와 BC 부재에 하중을 가했을 때의 모멘트 $M(x)$ 는 그림 7.26 과 같다.

▶그림 7.26
Model 2

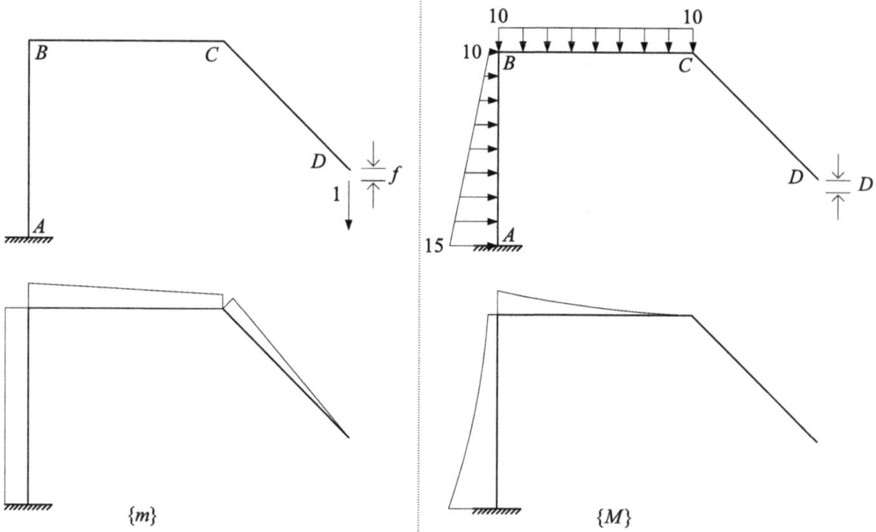

AB구간 : $m(x) = -8$

BC구간 : $m(x) = -8 + x$

CD구간 : $m(x) = -4 + \dfrac{x}{\sqrt{2}}$

AB구간 : $M(x) = -290 + 75x - \dfrac{15}{2}x^2 + \dfrac{5}{36}x^3$

BC구간 : $M(x) = -80 + 40x - 5x^2$

단위하중에 의한 D 점의 연직방향 변위는 f , AB 부재와 BC 부재에 작용하는 하중에 의한 연직방향의 변위를 D 로 나타낸다면, 다음과 같은 적합조건식을 만들 수 있다.

$$f \cdot X + D = 0$$

여기서,

$$f = \frac{1}{EI}\int_0^{\ell}\{m(x)\}^2 dx$$
$$= \frac{1}{EI}\int_0^{6}\{-8\}^2 dx + \frac{1}{EI}\int_0^{4}\{-8+x\}^2 dx + \frac{1}{EI}\int_0^{4\sqrt{2}}\left\{\frac{x}{\sqrt{2}}-4\right\}^2 dx$$
$$= 563.5032/EI$$

$$D = \frac{1}{EI}\int_0^{\ell}\{m(x)\}\{M(x)\}dx$$
$$= \frac{1}{EI}\int_0^{6}\{-8\}\left\{-290+75x-\frac{15}{2}x^2+\frac{5}{36}x^3\right\}dx + \frac{1}{EI}\int_0^{4}\{-8+x\}\{-80+40x-5x^2\}dx$$
$$= 7826.6667/EI$$
$$X = -\frac{D}{f} = -13.8893$$

따라서 D 점의 반력은 13.8893 kN(상향)이 된다.

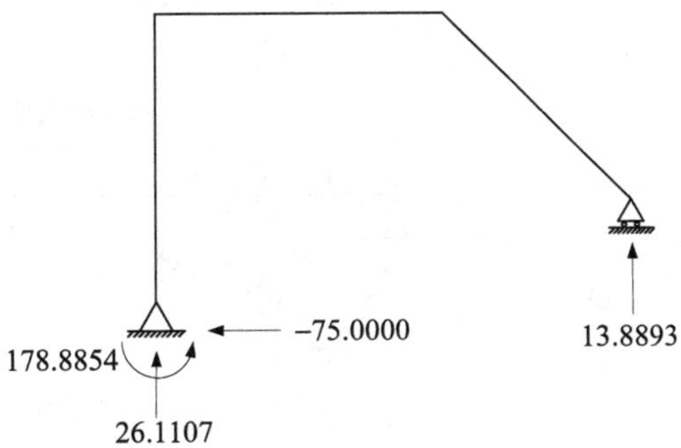

▶그림 7.27
Model 2 계산결과

04. 연습문제

1. 다음 그림과 같은 π 형 라멘 구조에서 기둥 경사각의 변화에 따른 부재력, 변위, 반력을 비교하시오(재질 및 단면은 예제와 동일).

(a)

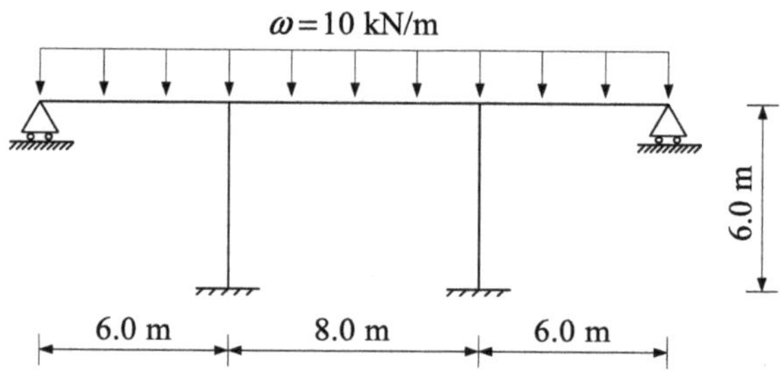

(b)

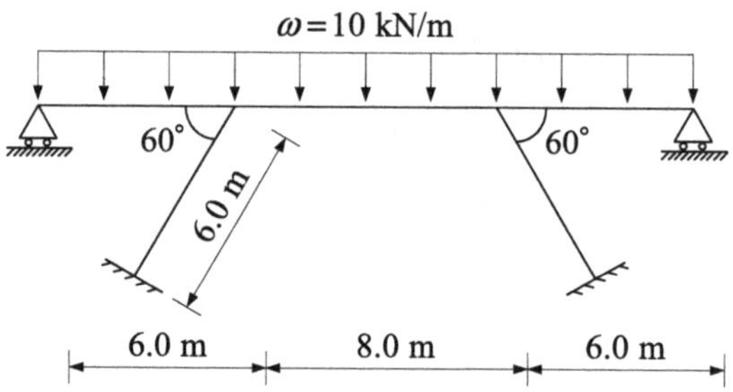

(c)

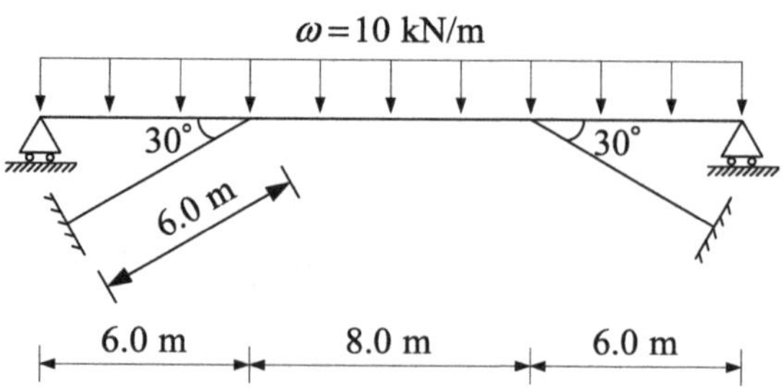

8. 스프링 해석

TABLE OF CONTENTS

01. 이해하기 01.1 스프링 해석의 개념

01.1.1 일반사항

탄성경계요소 혹은 스프링은 모델의 경계부분에 위치한 인접구조 또는 지반 등의 강성을 고려할 때나 자유도가 부족한 요소(트러스, 평면응력, 판요소 등)가 상호 접합될 경우에 주로 사용된다.

임의 절점당 전체좌표계 기준의 6 개 자유도(선 방향 3 개 성분, 회전방향 3 개 성분)에 대해 입력이 가능하며, 선 방향 탄성 성분은 단위길이당 힘의 단위로 입력되고 회전방향 탄성 성분은 단위각도(radian)당 모멘트단위로 입력된다.

▶그림 8.1
탄성경계요소의 입력 예
(a) Point Spring Support 기능을 사용한 경계조건의 입력

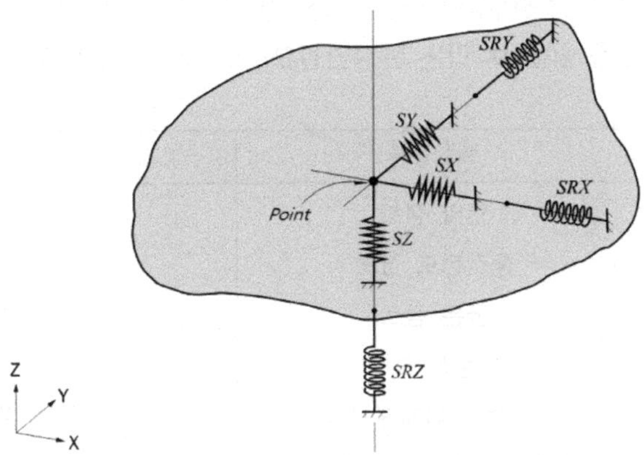

(b) Surface Spring Supports 기능을 사용한 경계조건의 입력

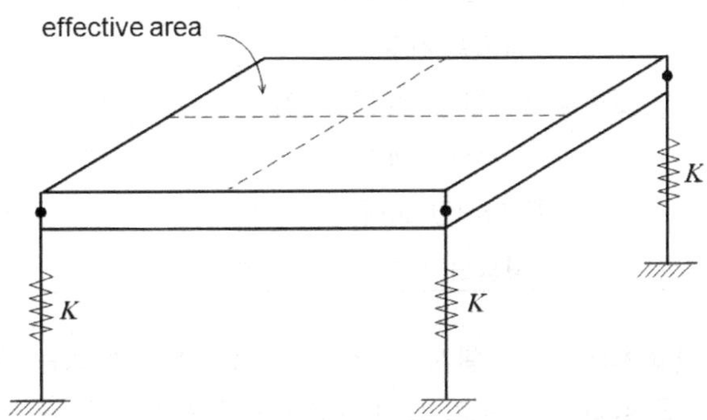

K = modulus of subgrade reaction x effective area

선 방향 탄성경계요소는 해석대상 구조물 하부의 기둥이나 파일(Pile) 또는 지반강성을 반영하는 데 유용하게 사용된다. 지반을 모델링할 때는 지반반력계수(modulus of subgrade reaction)에 해당절점의 유효면적(tributary area)을 곱한 값이 사용된다. 이때 토질의 특성이 압축에는 유효한 반면 인장력에 대해서는 저항할 수 없기 때문에 주의해야 한다.

Gen 에서는 토질과 접하는 면의 경계조건을 쉽게 모델링할 수 있도록 **Surface Spring Supports** 기능을 내장하고 있다. **Model > Boundaries > Surface Spring Supports** 기능에서 절점스프링을 선택하고 단위면적당 지반반력계수를 입력하면, 절점이 차지하고 있는 유효면적과 지반반력계수의 곱으로 강성을 계산하여 절점스프링 형태로 경계조건을 고려한다. 또한 압축력만을 부담할 수 있는 지반의 특성을 고려한 해석을 수행하고자 할 경우, 탄성연결요소(압축전담)를 선택하고 지반반력계수를 입력하여 압축력만을 받을 수 있는 탄성연결요소로 경계조건을 구성하게 된다.

▶표 8.1 토질종류별 대표적 지반반력계수

토질종류	지반반력계수(kN/m³)
연약 점토	12,000~24,000
중간정도 점토	24,000~48,000
굳은 점토	48,000~112,000
느슨한 모래	4,800~16,000
중간정도 다져진 모래	9,600~80,000
실트질 중간정도 다져진 모래	24,000~48,000
점토질 자갈	48,000~96,000
점토질 중간정도 다져진 모래	32,000~80,000
다져진 모래	64,000~130,000
잘 다져진 모래	80,000~190,000
실트질 자갈	80,000~190,000

[표 8.1]은 실무설계 시 일반적으로 접할 수 있는 토질의 종류에 대한 지반반력계수를 정리한 것으로, 표의 상한치와 하한치의 값을 사용하여 각각 해석을 수행한 다음 불리한 값을 사용하여 설계에 적용한다.

대상구조물과 접하는 기둥이나 파일(Pile)의 축방향 강성 성분을 고려할 경우에 탄성 경계요소의 강성은 EA/H 로 계산될 수 있다. 여기서 E 는 지지부재의 탄성계수, A 는 유효단면적, H 는 유효길이이다.

회전방향 탄성 성분은 해석대상 구조물의 인접경계 부위의 회전강성을 반영할 때 주로 사용되며, 인접경계 부위가 기둥일 경우에는 α EI/H 의 값으로 결정된다. 여기서 α 는 기둥의 연결상태에 따라 결정되는 회전강성 성분계수이고, I 는 유효단면 2 차 모멘트, 그리고 H 는 기둥의 유효길이이다.

절점에 사용되는 경계스프링은 일반적으로 각 자유도 방향별로 입력되는데, 정밀한 해석을 하고자 할 경우 다른 자유도와 연관(coupled)되는 강성까지 고려해야 한다. 즉, 이동변위가 발생할 때 동시에 발생되는 회전변위 등을 고려하기 위해서는 연관된 강성을 고려한 스프링의 입력이 필요하다. 예를 들어, 구조물의 기초에 사용되는 파일(Pile)을 경계스프링으로 모델링하고자 할 경우에 각 방향별 강성 이외에 연관된 강성을 추가로 입력하여 보다 정밀한 해석을 수행할 수 있다.

절점에 입력되는 경계스프링은 일반적으로 전체좌표계를 따르지만 절점에 절점좌표계가 도입된 경우 절점좌표계를 따른다.

해석단계에서 강성행렬의 조합 후에 특정 자유도에 대한 강성 성분이 없을 경우에는 발생할 수 있는 특이성 오류(singular error)를 피하기 위해 회전탄성 성분으로 아주 작은 값을 사용해 준다. 사용단위계에 따라 차이가 있지만 0.0001 ~ 0.001 의 값이 주로 사용된다.

Gen 에서는 이와 같은 특이성 오류를 방지하기 위해 해석결과에 거의 영향이 없을 정도의 강성을 자동으로 부여하는 기능을 내장하고 있다.

01.1.2 **해석 개념**

스프링은 지지점과 같은 개념이지만, 변형이 가능한 지지점으로 이해할 수 있다. 그림 8.2 는 2 경간 연속보 중앙부가 스프링으로 지지된 구조물이다. 연속보의 중앙부 B 점이 스프링으로 지지되어 있다. 따라서 스프링이 받는 힘 Q 와 동일한 크기의 힘이 보에 상향 방향의 힘으로 작용하는 것과 같은 구조가 된다.

▶그림 8.2
스프링이 있는 연속보

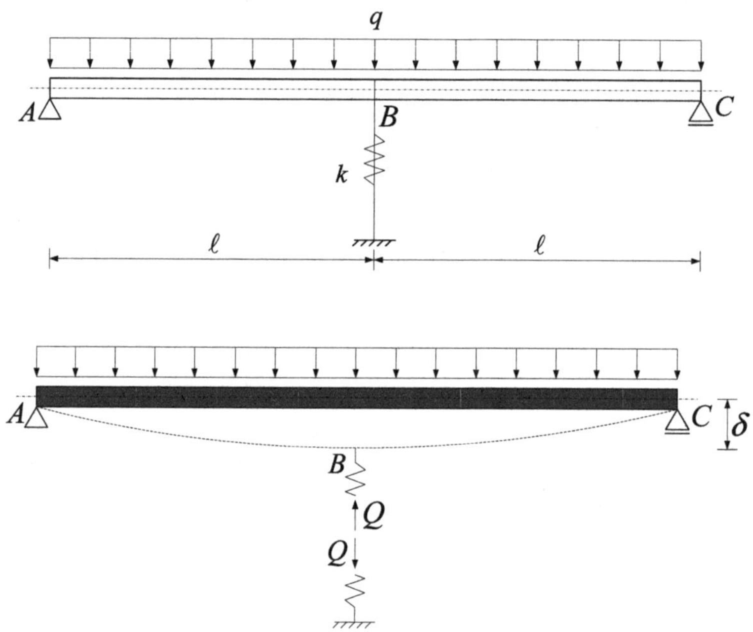

$$E = 3\times10^{7}\ \text{kN/m}^2,\quad I = 1\times10^{-3}\ \text{m}^4$$
$$q = 10\ \text{kN/m},\quad \ell = 4.5\ \text{m}$$

길이 2ℓ 인 단순지지보에 등분포하중 q 와 집중하중 Q 가 작용할 때 발생하는 처짐이 스프링의 길이변화와 같으므로, 다음과 같은 지배방정식을 만들 수 있다.

$$\frac{5q(2\ell)^4}{384EI} - \frac{Q(2\ell)^3}{48EI} = \frac{Q}{k}$$

그림 8.3 은 스프링의 강성 k 에 대한 보의 휨 강성 EI/ℓ 비율의 변화(가로축)에 따른 반력비(세로축)를 나타낸 그림이다. 여기에서 반력비는 B 점이 지지점으로 구속된 경우의 B 점 반력에 대한 스프링의 반력 비율을 의미한다. 경간이 두 개인 연속보에서 중앙부 지지점의 반력은 $5q(2\ell)/8$ 이므로, 이 값에 대한 스프링에 작용하는 힘의 비가 세로축이 된다.

▶그림 8.3

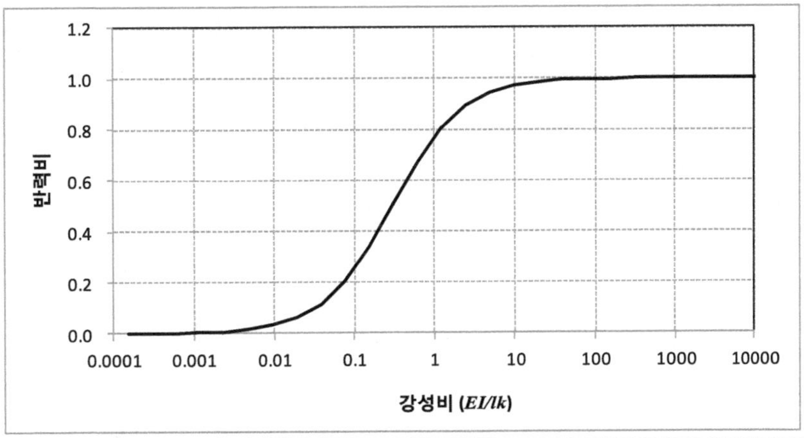

그림 8.4 는 스프링의 강성비(가로축)에 대한 스프링 변형비(세로축)의 분포를 나타낸 것이다. 스프링 변형비는 스프링 변형을 경간의 길이로 나눈 값이다.

▶그림 8.4

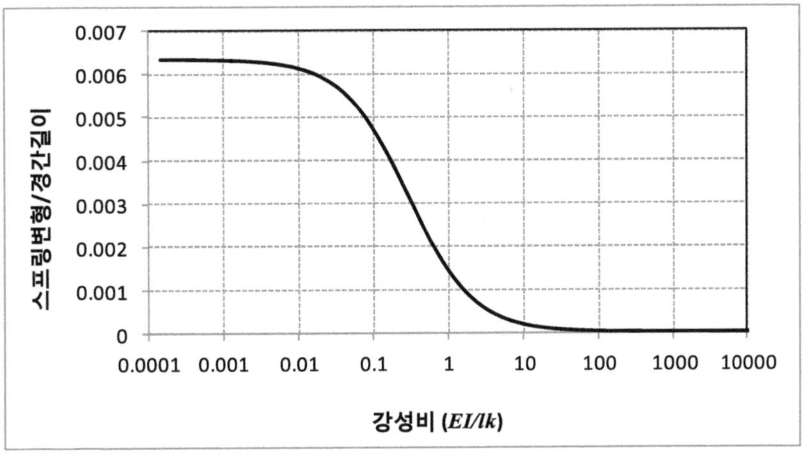

그림 8.3 과 그림 8.4 에서 알 수 있듯이, 스프링의 강성이 커질수록 반력은 커지는 반면에 스프링의 변형은 줄어드는 것을 알 수 있다. 스프링의 강성비가 10 을 넘는 경우 스프링의 변형은 매우 작아져서 변형이 발생하지 않는 지지점과 같은 거동을 하고 있다. 반면에 강성비가 0.1~1.0 사이에 있을 때 변화가 매우 크게 발생함도 알 수 있다.

02. 따라하기

02.1 모델 개요

이 예제에서는 부재의 지지조건과 스프링요소의 강성변화에 따른 구조물의 반력, 변위, 부재력을 비교 검토한다.

▶그림 8.5
해석모델

Model 1,2,3 : 스프링 연결

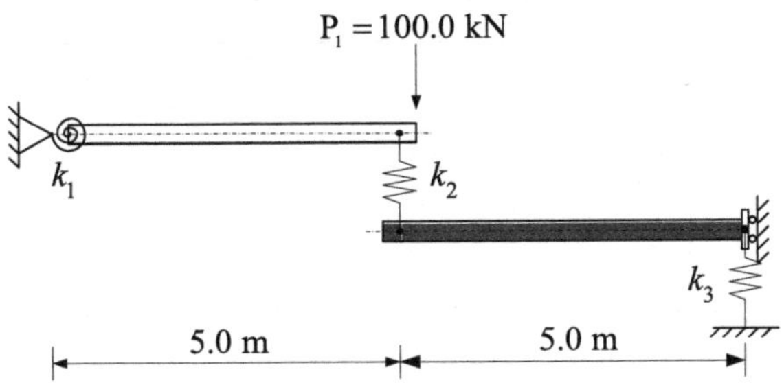

Model 4 : 내부힌지 연결

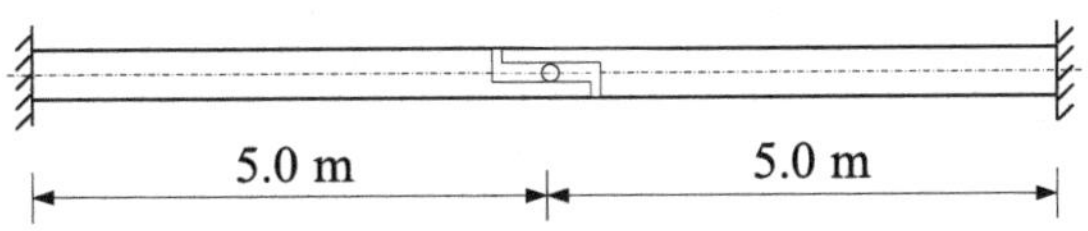

➢ ***Material***

강재 종류 : SM490

탄성계수(E) : 2.05×10^5 N/mm^2

➢ ***Section***

단면적(Area) : 1.0×10^4 mm^2

단면 2 차 모멘트(Iyy) : 8.333×10^8 mm^2

➢ ***Load***

절점집중하중 : 100.0 kN

➢ 스프링 계수

구 분	k_1 (kN·m/radian)	k_2 (kN/m)	k_3 (kN/m)
Model 1	1,000,000	10	100,000
Model 2	100	100,000	100,000
Model 3	1,000,000	100,000	100,000

02.2 작업환경 설정

구조해석 모델링을 시작하기 위해 새 문서를 열고 파일을 저장한다.

Main Menu 에서 ***[File]*** *Tab* **>** ***[New Project]***
Main Menu 에서 ***[File]*** *Tab* **>** ***[Save]***
1. 파일 이름 : **'Support'** 입력 후 [저장] 클릭

예제에서 사용할 단위계를 설정한다.

Main Menu 에서 ***[Tools]*** *Tab* **>** ***[Setting]*** *Group* **>** ***[Unit System]***
1. Length > **mm**, Force(Mass) > **N(kg)** 선택
2. **[OK]** 클릭

▶그림 8.6
파일 저장
단위계 설정

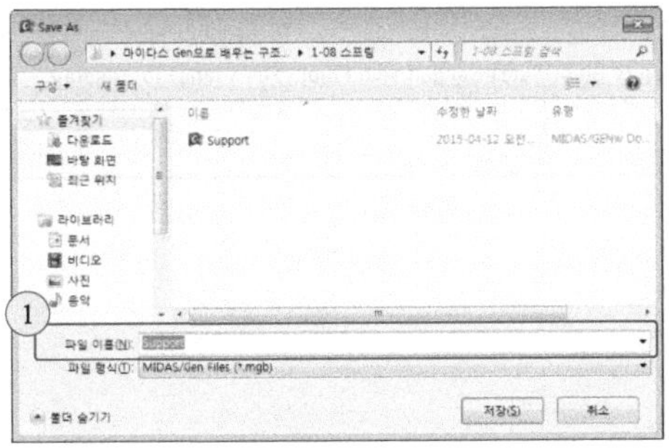

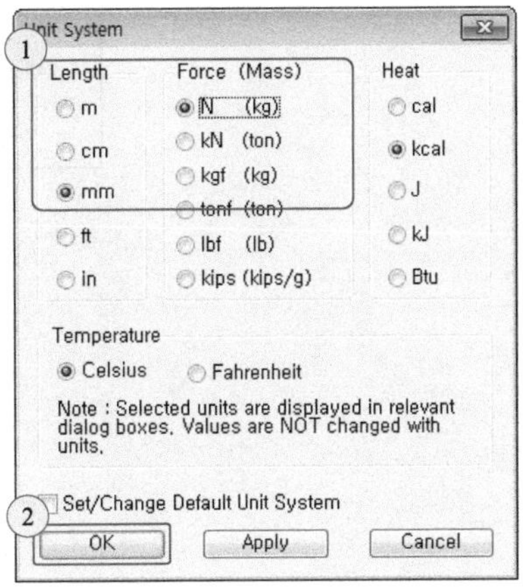

예제 모델은 평면(X-Z 평면)구조이므로 Structure Type 에서 구조물이 X-Z 평면 내에서만 거동하도록 지정한다.

Main Menu 에서 ***[Structure]*** *Tab* **>** ***[Type]*** *Group* **>** ***[Structure Type]***

1. Structure Type > **X-Z Plane** 선택
2. **[OK]** 클릭

▶그림 8.7
작업평면 설정

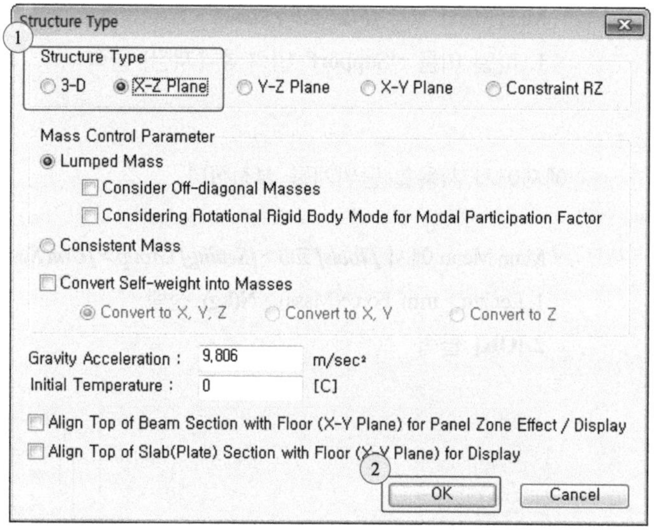

02.3 재질 및 단면 정의

구조물의 재질로 강재 SM490(한국표준규격)을 선택하고 단면을 정의한다.

Main Menu 에서 ***[Properties]** Tab* > ***[Material]** Group* > ***[Material Properties]***

1. **[Add...]** 클릭, Type of Design > **Steel** 선택
2. Steel > Standard > **KS09(S)**, DB > **SM490** 선택
3. **[OK]** 클릭
4. Section 탭 클릭, **[Add...]** 클릭
5. Value 탭 클릭, Name : **'sec'** 입력
6. 단면형상 목록 > **H-Section** 선택
7. Section Properties > Area : **'1e+4'**, Iyy : **'8.333e+8'** 입력
8. **[OK]** 클릭, **[Close]** 클릭

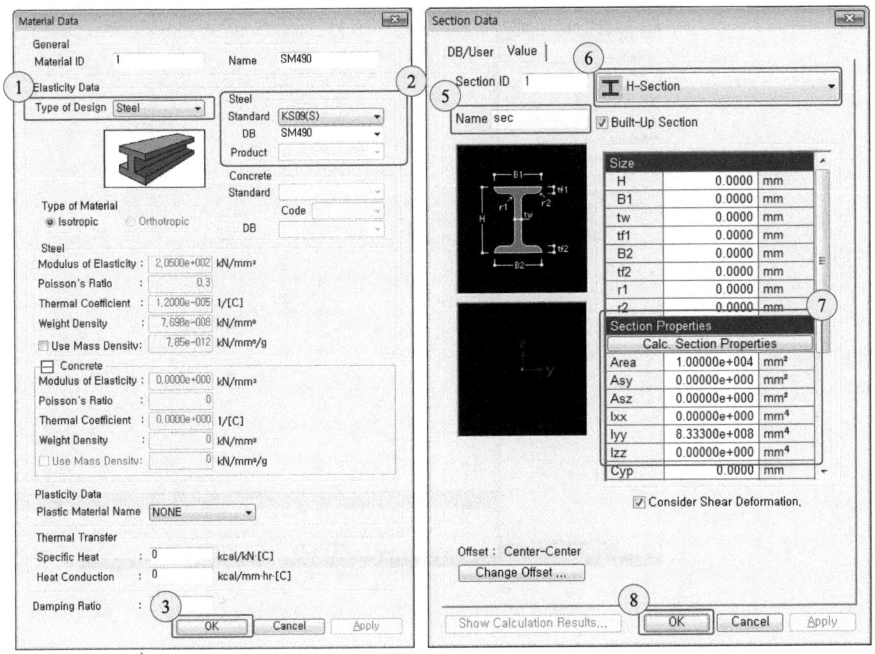

▶그림 8.8
재질 정의
단면 정의

02.4 절점과 요소 생성

입력 편의를 위하여 길이단위와 힘단위를 m, kN 으로 변경한 후, Model1 의 보요소를 생성할 위치에 절점을 생성한다.

Main Menu 에서 ***[Tools]*** *Tab* > ***[Setting]*** *Group* > ***[Unit System]***에서 길이단위와 힘단위를 m, kN 으로 변경

Main Menu 에서 ***[Node/Element]*** *Tab* > ***[Nodes]*** *Group* > ***[Create Nodes]***

1. Coordinates (x, y, z) : **'0, 0, 0'** 입력
2. **[Apply]** 클릭
3. **Auto Fitting, Front View** (Toggle on)

▶그림 8.9
절점 생성

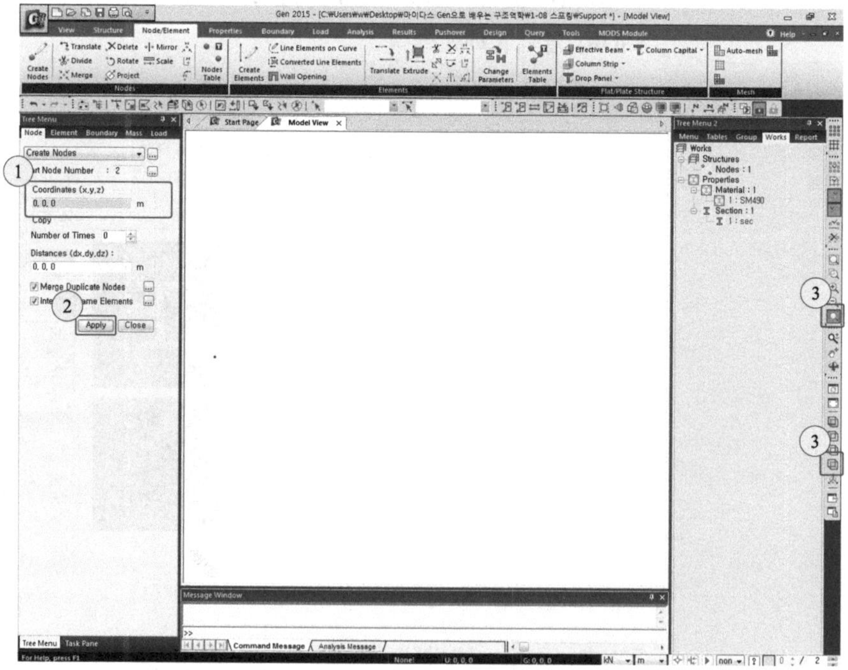

절점을 선요소로 확장 변환하는 Extrude Elements 기능으로 Model 1 의 좌측 보요소를 생성한다.

Main Menu 에서 ***[Node/Element]** Tab >* ***[Elements]*** *Group >* ***[Extrude]***

1. Extrude Type > **Node → Line Element** 선택
2. Element Attribute > Element Type > **Beam** 선택
3. Material > **1:SM490**, Section > **1:sec** 선택, Beta Angle : **'0'** 입력
4. Generation Type > **Translate** 선택
5. Translation > **Equal Distance** 선택
6. dx, dy, dz : **'1, 0, 0'** 입력, Number of Times : **'5'** 입력
7. **Select All** (on) 모드에서 모든 절점 선택
8. **[Apply]** 클릭

▶그림 8.10
보요소 생성

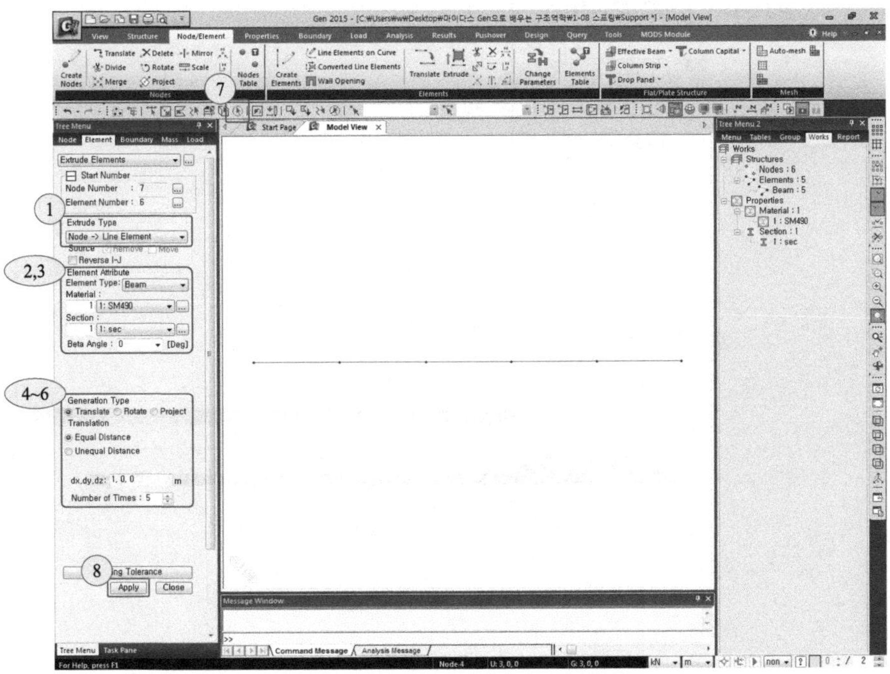

Model 1 의 좌측 보요소를 복제하여 우측 보요소를 생성한다.

Main Menu 에서 ***[Node/Element]** Tab > **[Elements]** Group > **[Translate]***

1. Mode > **Copy** 선택
2. Translation > Equal Distance > dx, dy, dz : **'5, 0, -0.1'** 입력
3. Number of Times : **'1'** 입력
4. **Select All** (Toggle on)
5. **[Apply]** 클릭

▶그림 8.11
보요소 복제

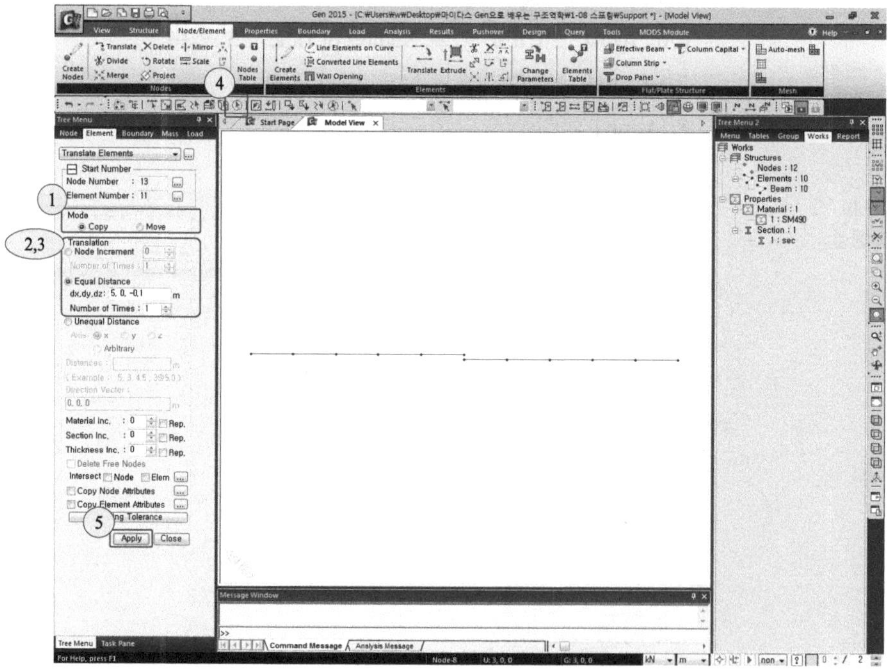

02.5 경계조건 입력

보의 양단에 경계조건을 입력한다.

Main Menu 에서 ***[Boundary]** Tab* > ***[Supports]** Group* > ***[Define Supports]***

1. **Display Node Numbers** (Toggle on)
2. Support Type > **Dx, Dz** (Check on)
3. **Select Single** (on) 모드에서 **1** 번 절점 선택
4. **[Apply]** 클릭
5. **Dz** (Check off), **Dx, Ry** (Check on)
6. **Select Single** (on) 모드에서 **12** 번 절점 선택
7. **[Apply]** 클릭

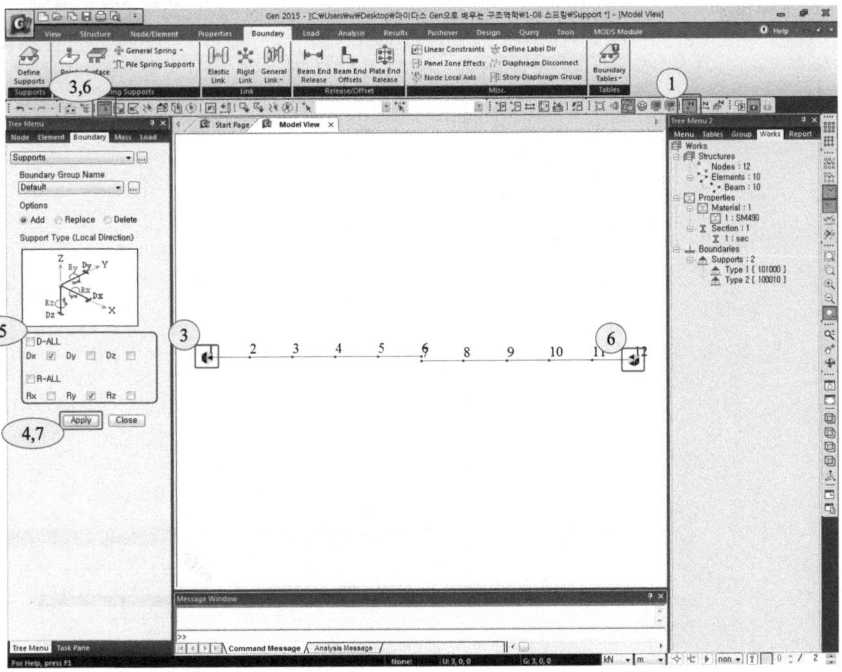

▶그림 8.12
지점조건 입력

Point Spring Supports 를 이용하여 보의 탄성 지지조건을 입력한다.
탄성 지지조건은 절점의 자유도를 구속하는 **Supports** 와는 달리 자유도별 탄성 지지 강성을 가진 경계요소(스프링)를 입력하여, 강성에 따른 변형을 허용하면서 탄성경계요소의 부재력을 반력으로 출력한다.

Main Menu 에서 ***[Boundary]*** *Tab* **>** ***[Spring Supports]*** *Group* **>** ***[Point Spring Support]***

1. Point Spring(Local Direction) > SRy : **'1,000,000'** 입력
2. **Select Single** (on) 모드에서 **1** 번 절점 선택
3. **[Apply]** 클릭
4. SDz : **'100,000'**입력, 기타 항목 : **'0'** 입력
5. **Select Single** (on) 모드에서 **12** 번 절점 선택
6. **[Apply]** 클릭

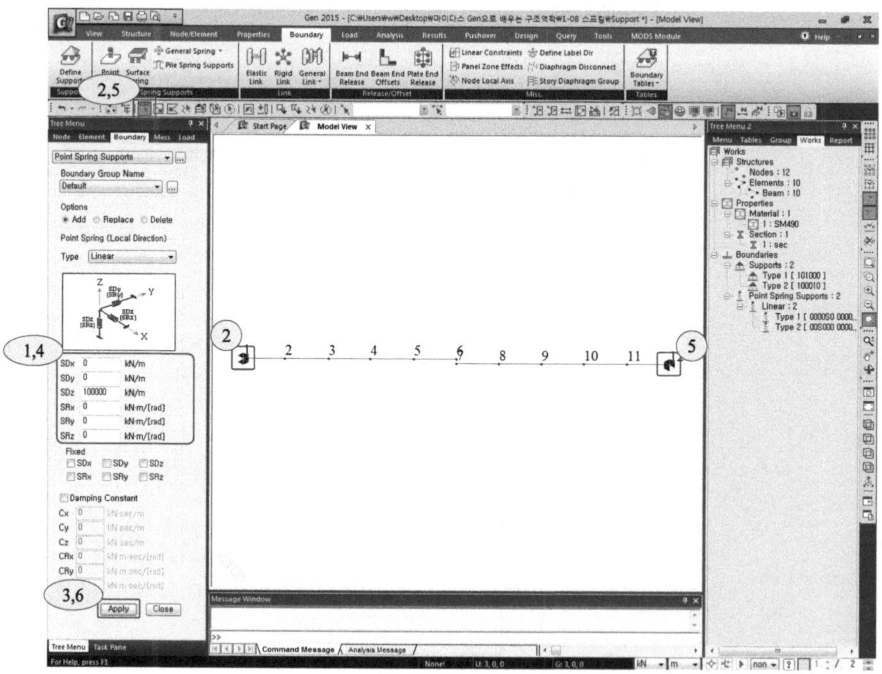

▶그림 8.13
탄성 지지조건 입력

02.6 하중 입력

02.6.1 하중조건 정의 하중을 입력하기 위해 하중조건을 정의한다.

Main Menu 에서 ***[Load]*** *Tab* > ***[Create Load Cases]*** *Group* > ***[Static Load Cases]***

1. Name : **'절점하중'** 입력
2. Type > **User Defined Load (USER)** 선택
3. **[Add]** 클릭
4. **[Close]** 클릭

▶그림 8.14
하중조건 정의

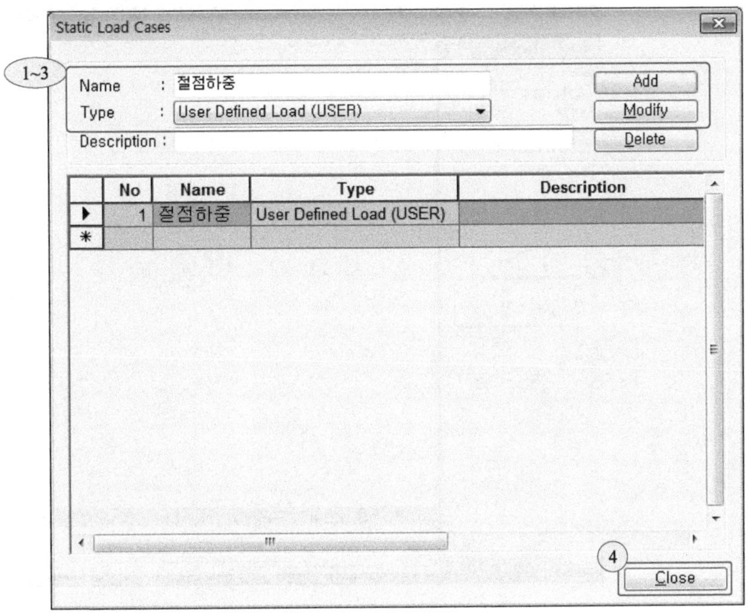

02.6.2 **절점하중 입력**

절점 6 에 집중하중 100 kN 을 입력한다.

Main Menu 에서 ***[Load]** Tab* > ***[Structure Loads/Masses]** Group* > ***[Nodal Loads]***

1. **Display** (Toggle on), Load 탭에서 **Load Value** (Check on)
2. Load Case Name > **'절점하중'** 선택
3. Options > **Add** 선택
4. Nodal Loads 에서 FZ : **'-100'** 입력
5. **Select Single** (on) 모드에서 **6 번 절점** 선택
6. **[Apply]** 클릭

▶그림 8.15
절점하중 입력

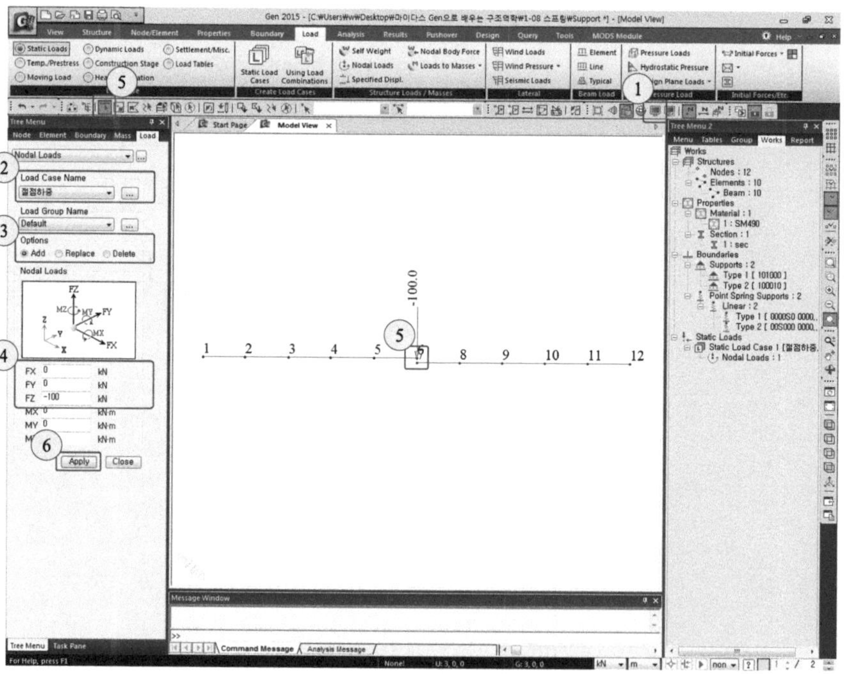

02.6.3 **요소 복제**

Model 2~4 는 Model 1 을 복제하여 생성한다. 이때 Model 1 에 입력된 절점하중과 경계조건이 동시에 복제되도록 한다.

Main Menu 에서 ***[Node/Element]*** *Tab* > ***[Elements]*** *Group* > ***[Translate]***

1. Mode > **Copy** 선택
2. Translation > Equal Distance > dx, dy, dz : **'0, 0, -2'** 입력, Number of Times : **'3'** 입력
3. **Copy Node Attributes, Copy Element Attributes** (Check on)
4. Select All (Toggle on)
5. **[Apply]** 클릭

▶그림 8.16
요소 복제

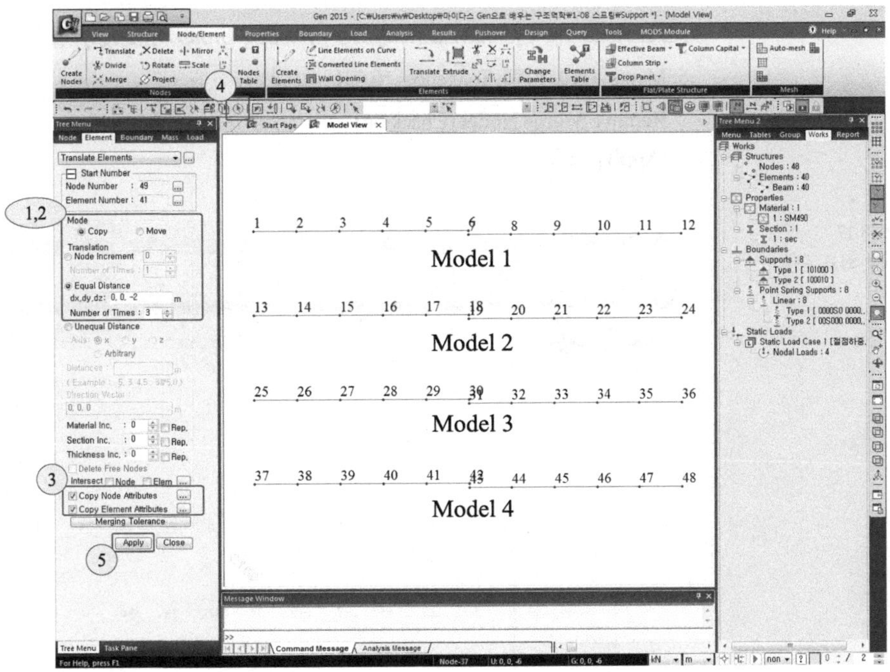

Model 4는 우측부분 절점을 Z축 방향으로 0.1 m만큼 이동하여 좌측부분과 연속이 되도록 한다. 그리고 절점의 이동에 의해 동일 위치에 중복된 절점은 Merge Nodes 기능을 이용하여 삭제한다.

Main Menu 에서 ***[Node/Elements]*** *Tab* > ***[Nodes]*** *Group* > ***[Translate]***

1. Mode > **Move** 선택
2. Translation > Equal Distance > dx, dy, dz : **'0, 0, 0.1'** 입력
3. **Select by Window** (Toggle on), **43~48** 번 절점 선택
4. **[Apply]** 클릭

Main Menu 에서 ***[Node/Element]*** *Tab* > ***[Nodes]*** *Group* > ***[Merge]*** 실행

5. Merge > **All** 선택, Tolerance : **'0.001'** 입력,
   Remove Merge Nodes (Check on)
   [Apply] 클릭

▶그림 8.17
Model 4 좌표 수정

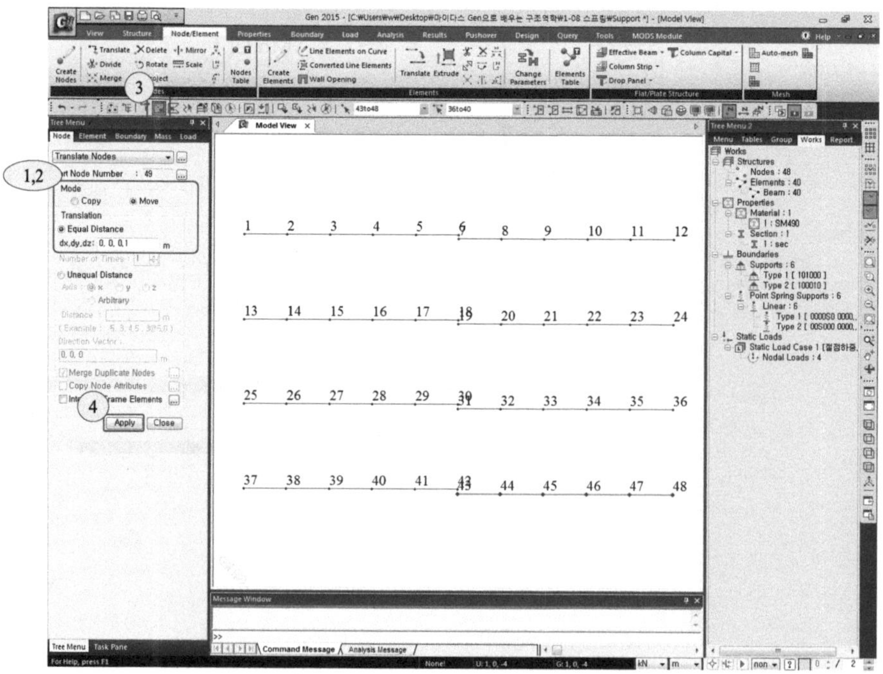

02.6.4 **경계조건 수정** Model 4 의 양쪽 단부의 경계조건을 고정단 조건으로 수정한다.

Main Menu 에서 ***[Boundary]*** *Tab* **>** ***[Supports]*** *Group* **>** ***[Define Supports]***

1. Options > **Replace** 선택
2. Support Type > **Dx, Dz, Ry** (Check on)
3. **Select Single** (on) 모드에서 **37, 48** 번 절점 선택
4. **[Apply]** 클릭

▶그림 8.18
경계조건 수정

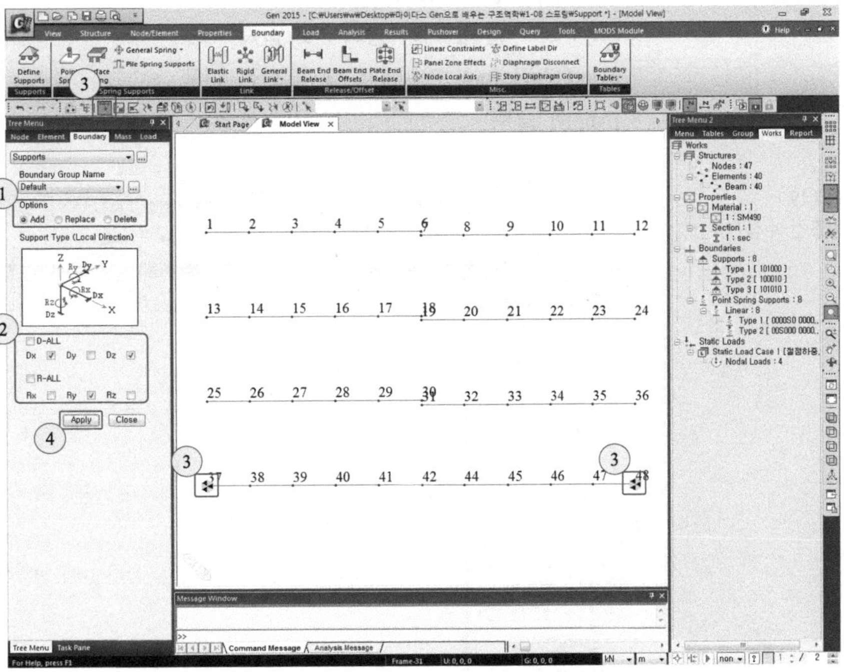

Model 4 의 탄성 지지조건을 삭제하고 Model 2 의 탄성 지지점에 입력된 탄성 지지 강성을 수정한다.

Main Menu 에서 ***[Boundary]*** *Tab* > ***[Spring Supports]*** *Group* > ***[Point Spring Supports]***

1. Options > **Delete** 선택
2. **Select Single** (on) 모드에서 **37, 48** 번 절점 선택
3. **[Apply]** 클릭
5. Options > **Replace** 선택
6. SRy : **'100'** 입력, 기타 항목 : **'0'** 입력
7. **Select Single** (on) 모드에서 **13** 번 절점 선택
8. **[Apply]** 클릭

▶그림 8.19
스프링조건 수정

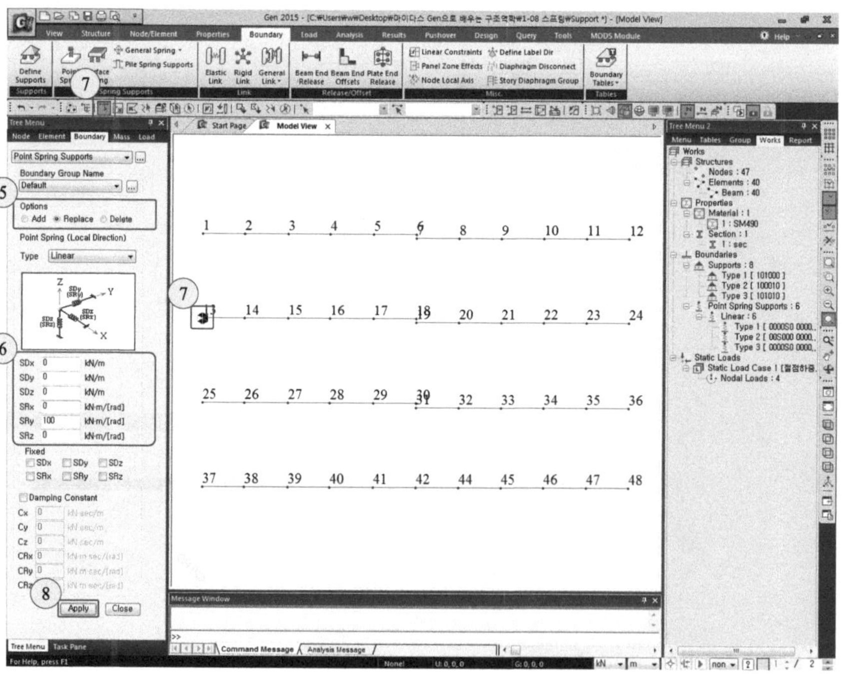

Model 1, 2, 3 좌 · 우측 보의 이격부분에 탄성연결요소(elastic link)를 입력한다. 탄성연결요소의 강성은 요소좌표계를 기준으로 입력한다.

Main Menu 에서 ***[Boundary]** Tab* > ***[Link]*** *Group* > ***[Elastic Link]***

1. Options > **Add** 선택
2. Elastic Link Data > Type > **General** 선택, SDx : **'10'** 입력, 기타 항목 : **'0'** 입력
3. 2Nodes 입력란을 클릭하여 초록색의 입력대기상태 확인 후, Model View 에서 **6, 7 번 절점**을 차례로 클릭
4. Elastic Link Data > Type > **General** 선택, SDx : **'100,000'** 입력, 기타 항목 : **'0'** 입력
5. 2Nodes 입력란을 클릭하여 초록색의 입력대기상태 확인 후, Model View 에서 **18, 19 번 절점**을 차례로 클릭, 계속해서 **30, 31 번 절점**을 차례로 클릭
6. **Display Node Numbers** (Toggle off)

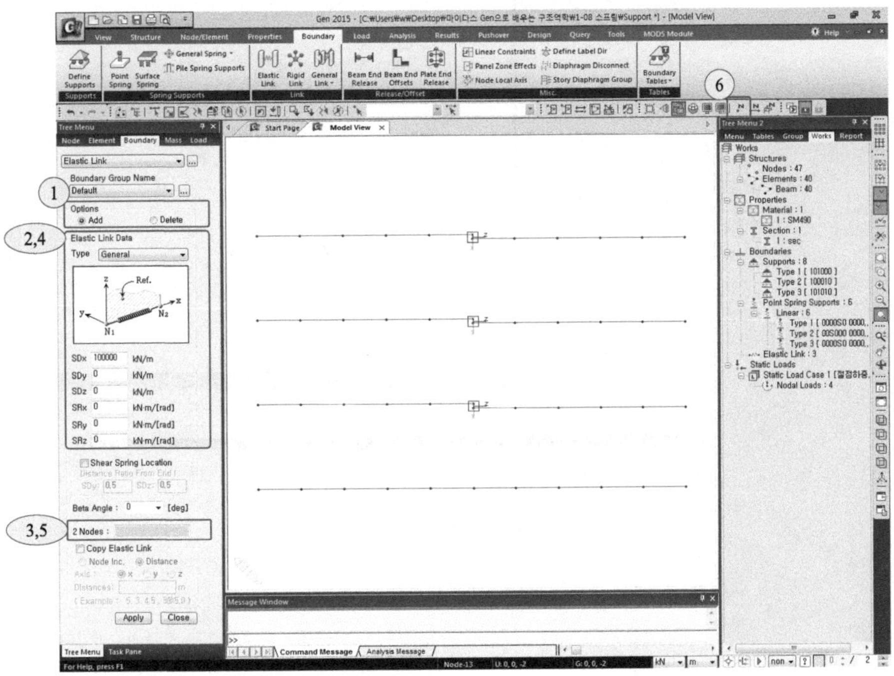

▶그림 8.20
탄성연결요소 입력

Tip

Tens.-only 는 인장력, Comp.-only 는 압축력에만 저항하는 스프링요소로서 해석 과정에서 반복 해석을 통해 수렴값을 찾게 된다.

Model 4 의 중앙에 내부 힌지를 입력한다.

Main Menu 에서 ***[Boundary]*** *Tab* **>** ***[Release/Offset]*** *Group* **>** ***[Beam End Release]***

1. **Display Element Numbers** (Toggle on)
2. **Select Single** (on) 모드에서 **35** 번 부재 선택
3. General Types and Partial Fixity > j-Node > **My** (Check on), 기타 항목 모두 (Check off)
4. **[Apply]** 클릭

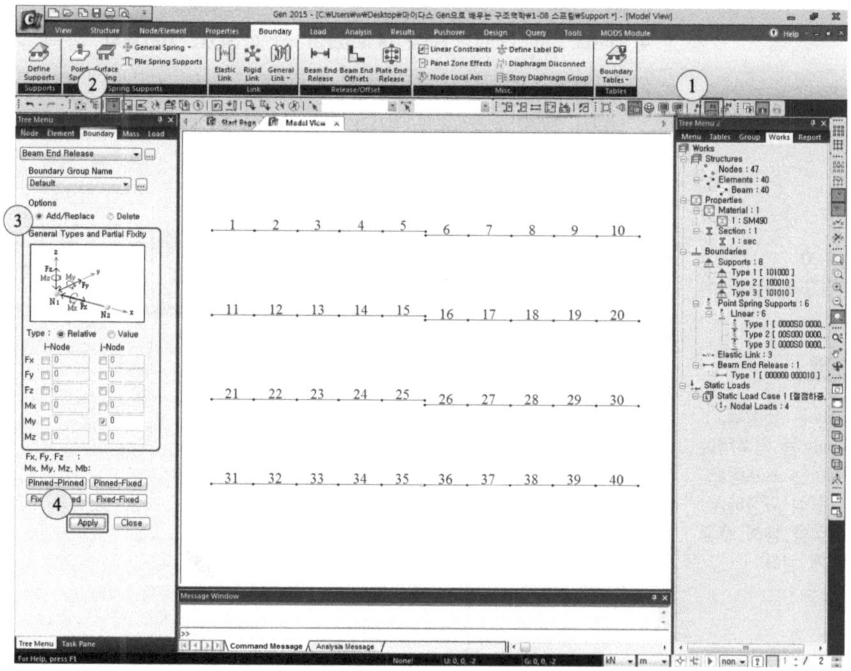

▶그림 8.21
내부 힌지 입력

02.7 구조해석 수행

해석모델의 하중 및 경계조건 입력을 완료하고 구조해석을 수행한다.

Main Menu 에서 *[Analysis] Tab > [Perform] Group > [Perform Analysis]* 수행

1. **Display Element Numbers** (Toggle off)
2. Message Window 에서 해석 정상 종료 메시지 확인

▶그림 8.22
해석 정상 종료 메시지

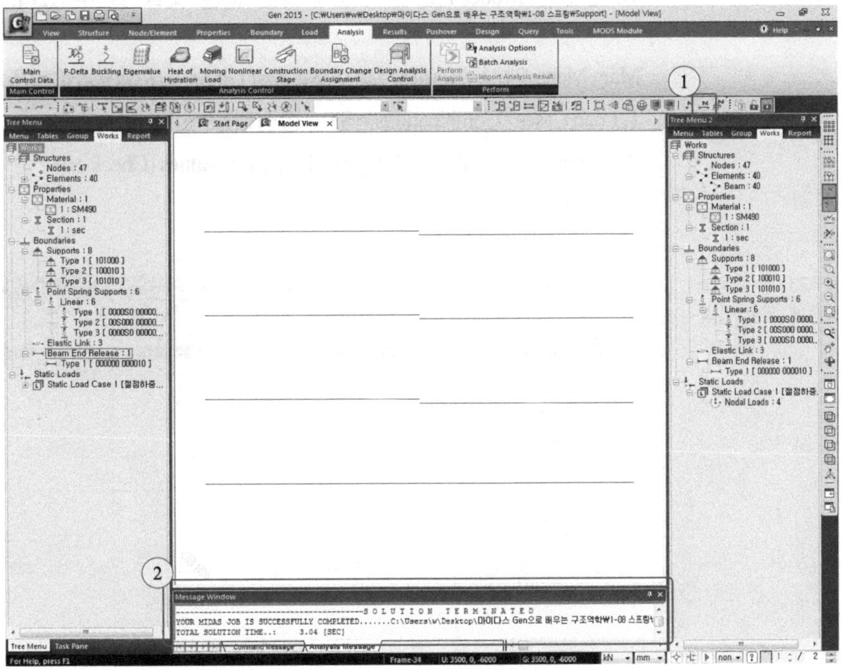

위의 Message Window 에서와 같이 정상적으로 해석 종료 메시지가 출력되지 않을 경우에는 앞서 입력된 내용을 다시 확인해야 한다.

02.8 해석결과 확인

02.8.1 반력

Model 1 : 탄성연결요소의 강성이 미약하므로 좌우측 연결부 (절점 6)에 재하된 하중을 좌측 부재가 부담하게 되는 것을 알 수 있다.

Model 2 : 좌측 부재 지지부의 회전강성이 작고 연결부의 강성이 크므로 집중하중이 우측 부재로 전달되는 것을 알 수 있다.

Model 3 : 지지부의 강성과 탄성연결요소의 강성이 모두 커질 경우, 양단고정에 내부 힌지가 있는 Model 4 와 근사한 결과를 얻는 것을 알 수 있다.

Main Menu 에서 ***[Results]** Tab* > ***[Results]** Group* > ***[Reactions]*** > ***[Reaction Force/Moments]***

1. Load Cases / Combinations > **ST : 절점하중** 선택
2. Components > **FZ** 선택, Type of Display > **Values** (Check on)
3. **[Apply]** 클릭

▶그림 8.23
절점하중에 의한 반력

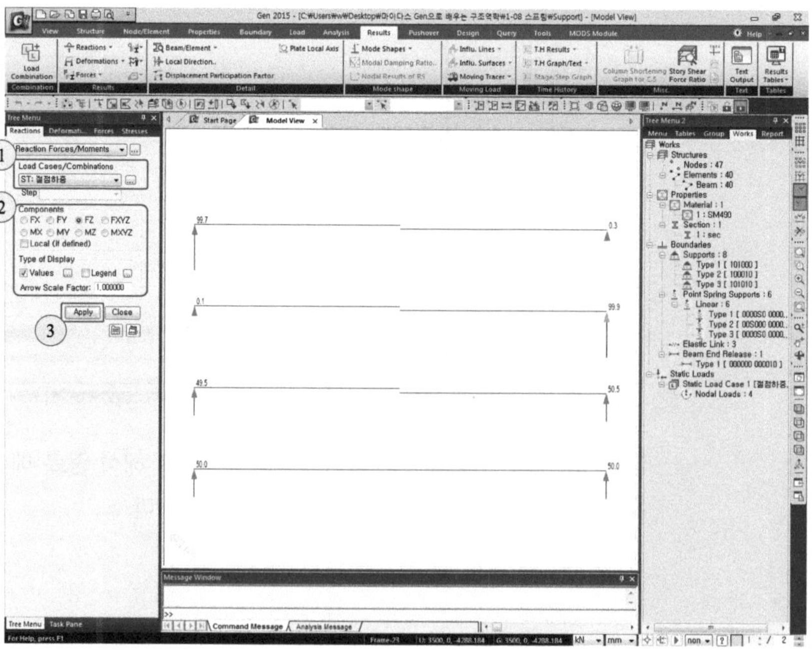

02.8.2 **변위 및 변형** Model 1 에서는 좌측 부재의 처짐이 우측 부재에 영향을 주지 못하지만, Model 2, 3 에서는 거의 동일한 처짐이 발생하는 것을 알 수 있다.

Main Menu 에서 ***[Results]*** *Tab* > ***[Results]*** *Group* > ***[Deformations]*** > ***[Deformed Shape]***

1. Load Cases / Combinations > **ST :** 절점하중 선택
2. Components > **DXZ** 선택
3. Type of Display > **Undeformed, Legend, Values** (Check on)
4. Deform 옆의 **[...]** 클릭 후 Deformation Scale Factor : **'2'** 입력
5. **Apply upon OK** (Check on), **[OK]** 클릭
6. 화면 하단의 Status Bar 에서 길이단위를 **mm** 로 변경

▶그림 8.24
절점하중에 의한 변형

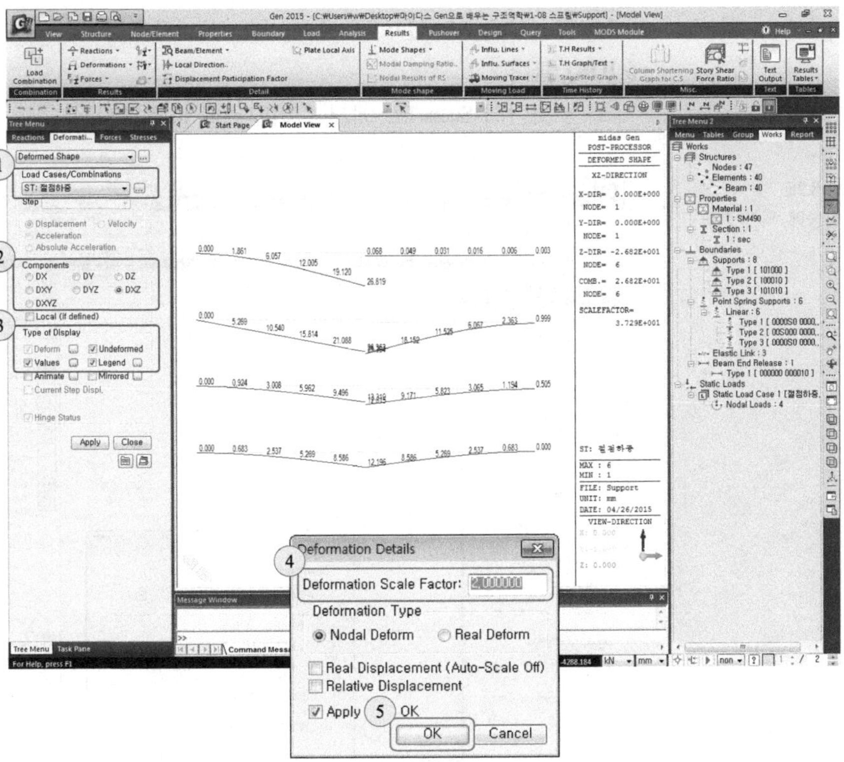

02.8.3 **부재력** 탄성 지지점의 강성이 증가함에 따라 보의 역학적 거동이 단부고정의 경우와 비슷해짐을 확인할 수 있다. 전산구조해석에서 탄성 지지조건(point spring support)이나 탄성연결요소(Elastic Link)는 지지부 또는 요소의 강성을 직접 조절해야 하는 경우에 적용되며, 절점과 요소를 이용하여 모델에 적용하기 어려운 구조부재나 지지부의 강성 및 편심을 반영하기 위해 사용된다.

Main Menu 에서 ***[Results]** Tab* > ***[Results]** Group* > ***[Forces]*** > ***[Beam Diagrams]***

1. Load Cases/Combinations > **ST :** 절점하중 선택
2. Components > **My** 선택
3. Type of Display > **Contour, Values, Legend** (Check on), **Deform** (Check off)
4. Values 옆의 **[...]** 클릭
5. **MinMax Only, Abs Max** (Check on), Limit Scale(%) : **'20'** 입력
6. **[OK]** 클릭
7. 화면 하단의 Status Bar 에서 길이단위를 **m** 로 변경

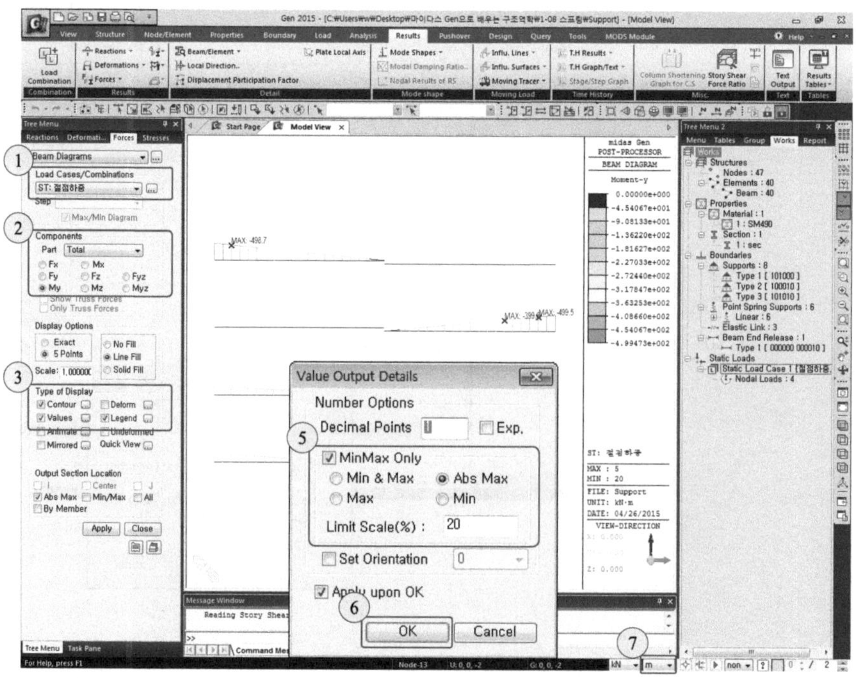

▶그림 8.25
절점하중에 의한 휨모멘트

03. 풀어보기

03.1 역학적 개념의 이해 및 수 계산

그림 8.26 의 예제 구조물은 좌/우측 두 개의 구조가 스프링으로 연결되어 있다. 그리고 중앙의 스프링을 제거하면 두 개의 정정 구조물이 되므로 1 차 부정정 구조가 된다. 좌측 구조의 변형 δ_1 과 우측 구조의 변형 δ_2 의 차이가 스프링의 변형이 되므로, 스프링의 변형을 적합조건으로 추가적인 방정식을 세울 수 있다.
좌측 구조는 지지점에서 완전 고정이 아닌 스프링 상수 k_1 만큼의 회전구속을 받고 있다. 우측 구조는 지지점의 회전은 구속된 반면에 연직방향 변위는 스프링 상수 k_3 만큼의 연직방향 변위 구속을 받고 있다.

▶그림 8.26

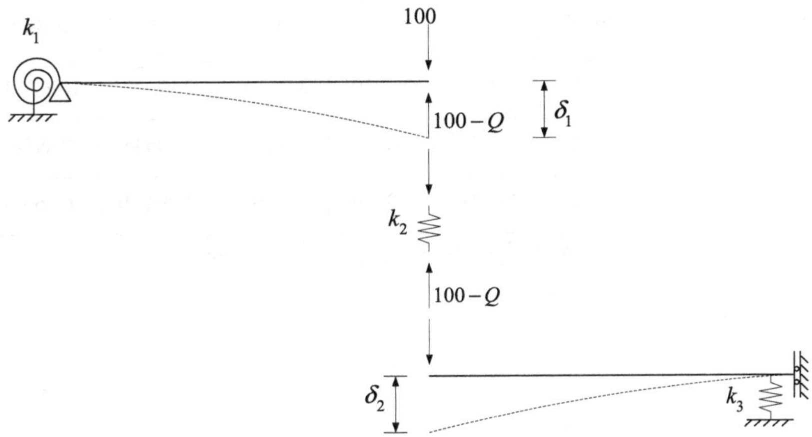

하중 100 kN 이 작용할 때 좌측 부재가 받는 힘이 Q 라면, 스프링과 우측 부재가 받는 힘은 100-Q 가 된다. 따라서 다음과 같은 적합조건을 적용하여 좌측 부재가 받는 힘 Q 를 산정할 수 있다.

$$\delta_1 = \frac{Q\ell^3}{3EI} + \frac{Q\ell}{k_1}\ell, \qquad \delta_2 = \frac{(100-Q)\ell^3}{3EI} + \frac{100-Q}{k_3}$$

$$\delta_1 - \delta_2 = \frac{100-Q}{k_2}$$

$$\left[\frac{Q\ell^3}{3EI} + \frac{Q\ell^2}{k_1}\right] - \left[\frac{(100-Q)\ell^3}{3EI} + \frac{100-Q}{k_3}\right] = \frac{100-Q}{k_2}$$

$$Q = \frac{100\left(\frac{\ell^3}{3EI} + \frac{1}{k_2} + \frac{1}{k_3}\right)}{\frac{2\ell^3}{3EI} + \frac{\ell^2}{k_1} + \frac{1}{k_2} + \frac{1}{k_3}}$$

계산결과 (Gen 과 동일, 단위: kN, mm)

▶표 8.3

model	k_1	k_2	k_3	Q	100-Q	δ_1	δ_2
1	1.0×10^9	1.0×10^4	1.0×10^8	99.7325	0.26750	26.82	0.07
2	1.0×10^5	1.0×10^8	1.0×10^8	0.10535	99.89465	26.36	0.03
3	1.0×10^9	1.0×10^8	1.0×10^8	49.53079	50.46921	13.32	-12.58

여기서 $E=2.05\times10^2$ kN/mm², $I=8.333\times10^8$ mm⁴

04. 연습문제

1. 그림과 같이 서로 다른 경계조건을 가지는 두 가지의 보 반력, 처짐, 그리고 부재력을 비교하시오(재질과 단면은 예제와 동일).

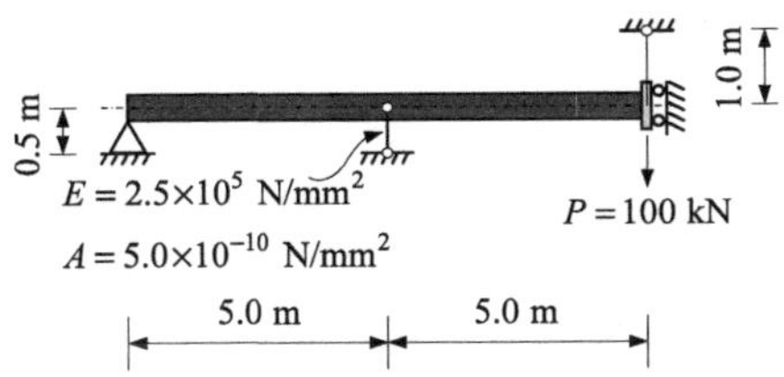

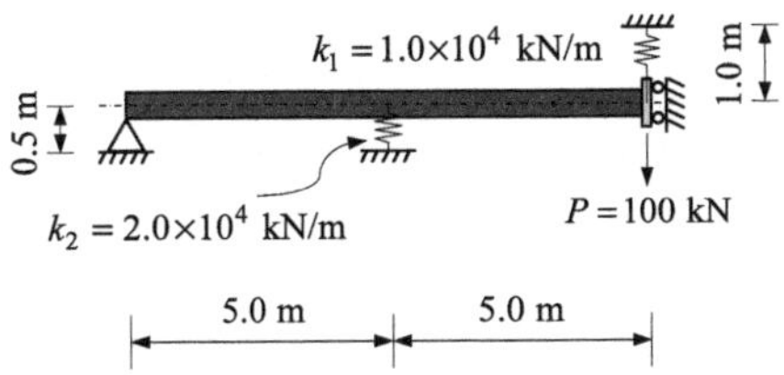

2. 스프링요소 중 인장력에만 저항하는 스프링요소(tens.-only)와 압축력에만 저항하는 스프링요소(comp.-only)를 이용하여 온도차 하중이 작용하는 다음과 같은 세 가지 경우에 대해 거동의 차이를 비교하시오(재질과 단면은 예제와 동일).

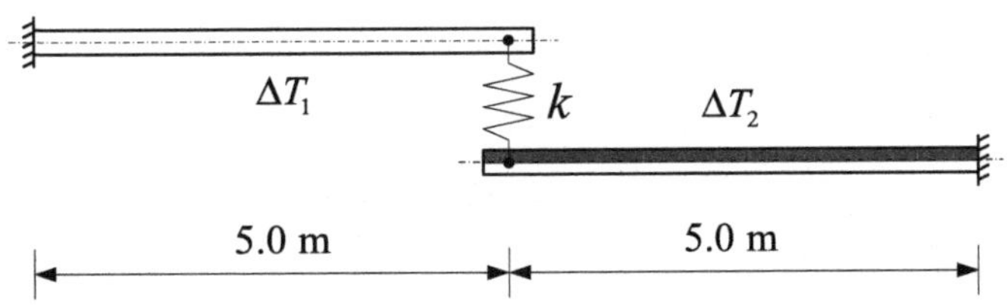

Model	스프링강성(kN · m)		하중조건1		하중조건2	
	인장	압축	T1	T2	T1	T2
1	10,000	-	-5°	+5°	+5°	-5°
2	-	10,000	-5°	+5°	+5°	-5°
3	10,000	10,000	-5°	+5°	+5°	-5°

9. 강제변위 해석

TABLE OF CONTENTS

01. 이해하기

01.1 강제변위 해석의 개념

01.1 **일반사항**

강제변위(Specified Displacements)는 특정한 점에서 어떤 자유도 방향의 변위량을 알고 있을 때, 그 변위조건하에서의 구조적 거동을 분석하는 데 사용된다.

일반적으로 다음과 같은 경우에 강재변위 해석이 사용된다.

- 기존의 구조물에 변형이 발생하여 정밀안전진단이 요구될 경우
- 특정 부위의 거동에 대해 상세모델을 이용하여 정밀 분석하고자 할 경우, 구조물의 전체모델에 대한 해석을 수행하여 해당부위의 변위값을 상세모델의 경계조건으로 이용할 경우
- 기존의 구조물에 지점침하가 발생하여 이를 고려한 해석을 수행하고자 할 경우
- 교량구조물의 지점침하를 고려한 해석을 수행할 경우

▶그림 9.1
강제변위

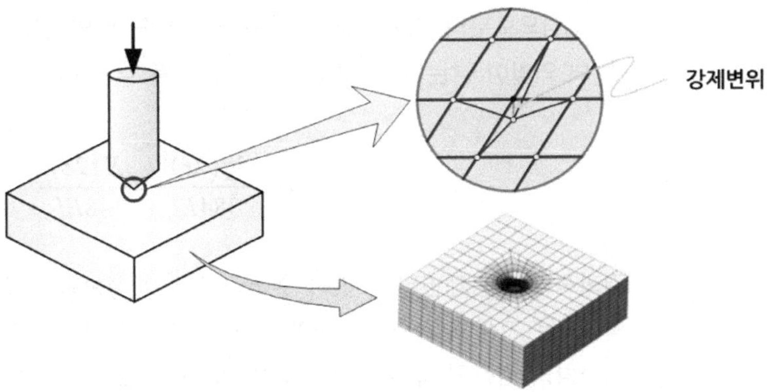

01.2 **해석 개념**

강제변위란 어떤 절점을 강제로 이동하게 하는 것이므로, 변위하중을 가하는 것과 같은 개념이다. 즉, 하중을 가하는 대신에 특정 값의 변위가 발생하게 되고 이에 상응하는 하중값을 산정하는 것이다. 그림 9.2 는 2 경간 연속보의 중앙부 지점에 침하(강제변위)가 발생하는 경우에 대한 그림이다. 그림 9.2 에서 하중과 침하는 하향 방향, 반력은 상향 방향을 양(+)의 방향으로 가정했다.

▶그림 9.2
강제변위가 있는 연속보

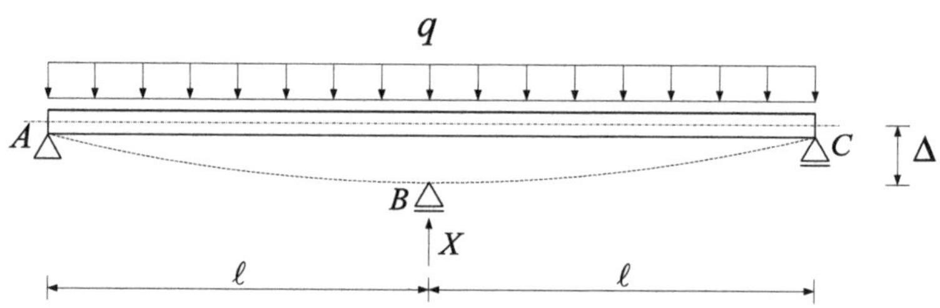

$$E = 3\times10^{7}\ \text{kN/m}^2,\quad I = 1\times10^{-3}\ \text{m}^4$$
$$q = 10,\ 0,\ -10\ \text{kN/m},\quad \ell = 4.5\ \text{m}$$

위 그림으로부터 강제변위 Δ 에서 연직하중 q 의 영향을 제외하면 반력(집중하중) X 의 역할이 남는다는 개념으로 식을 만들 수 있다.

$$\Delta - \frac{5q(2\ell)^4}{384EI} = \frac{X(2\ell)^3}{48EI}$$

결과적으로 강제변위 Δ 값이 주어진다면, 지점반력 X 를 계산할 수 있게 된다. 그림 9.3 은 지점 B 의 침하량비에 대한 반력비를 그래프로 나타낸 것이다. 침하량비는 침하량을 경간의 길이로 나눈 값이며, 반력비는 X 값을 지점침하가 없을 때의 반력값으로 나눈 값이다.

▶그림 9.3
침하비-반력비 관계

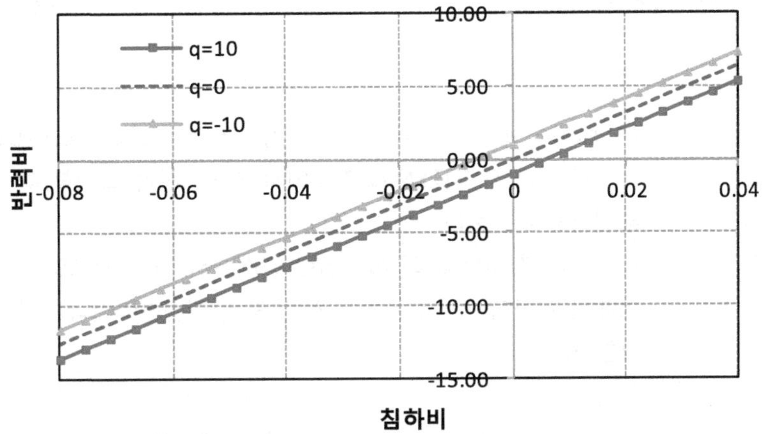

그림 9.3 은 침하비-반력비 관계를 세 가지 종류의 연직하중 q (10 kN/m , 0 kN/m , −10 kN/m)일 때의 그림으로 나타낸 것이다. 연직하중 q 가 하향 방향(10 kN/m) 일 때 X 값이 작게 나타난 것은 하중이 하향 방향일 때 B 점의 반력이 작아진다는 의미이다. 그러나 하중의 방향이 상향(−10 kN/m)일 때 X 값이 크게 나타나는 이유는 하중을 상쇄시키면서 침하가 발생하도록 해야 하기 때문이다.

02. 따라하기

02.1 모델 개요

이 예제는 보요소로 이루어진 2 경간 연속보로서, 보요소(Element 1, 2)에 등분포하중이 재하되고 두 지점(Node 2, 3)에서 지점침하가 발생할 때 지점반력, 변형도, 그리고 부재력을 확인한다.
특히, 지점침하를 고려하기 위한 강제변위 입력 시 고려사항과 구조해석 후 결과분석에서 지점침하가 발생하기 전과 후의 지점반력이나 각종 부재력의 변화양상을 비교한다.

▶그림 9.4
해석모델

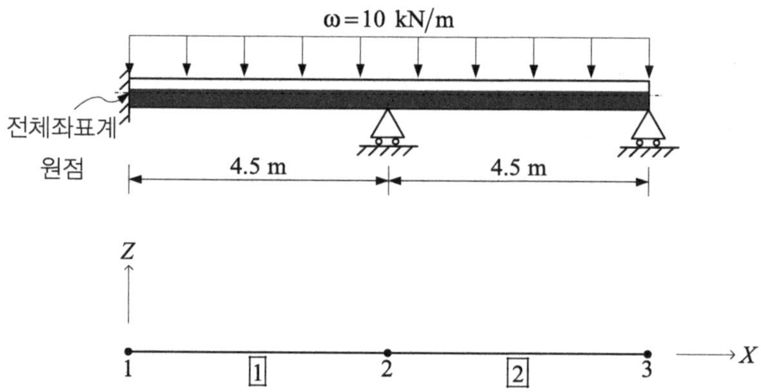

- ***Material***

  탄성계수 : 30,000 N/mm^2
- ***Section***

  단면 2 차 모멘트(Iyy) : 1.0×10^9 mm^4
- ***Load***

  1. 등분포하중 : 10 kN/m
  2. 지점 2 에 지점침하 40 mm, 지점 3 에 지점침하 25 mm 발생

02.2 작업환경 설정

구조해석 모델링을 시작하기 위해 새 문서를 열고 파일을 저장한다.

Main Menu 에서 ***[File]*** *Tab* > ***[New Project]***

Main Menu 에서 ***[File]*** *Tab* > ***[Save]***

1. 파일 이름 : **'SDP'** 입력 후 [저장] 클릭

예제에서 사용할 단위계를 설정한다.

Main Menu 에서 ***[Tools]*** *Tab* > ***[Setting]*** *Group* > ***[Unit System]***

1. Length > **mm**, Force(Mass) > **N(kg)** 선택
2. **[OK]** 클릭

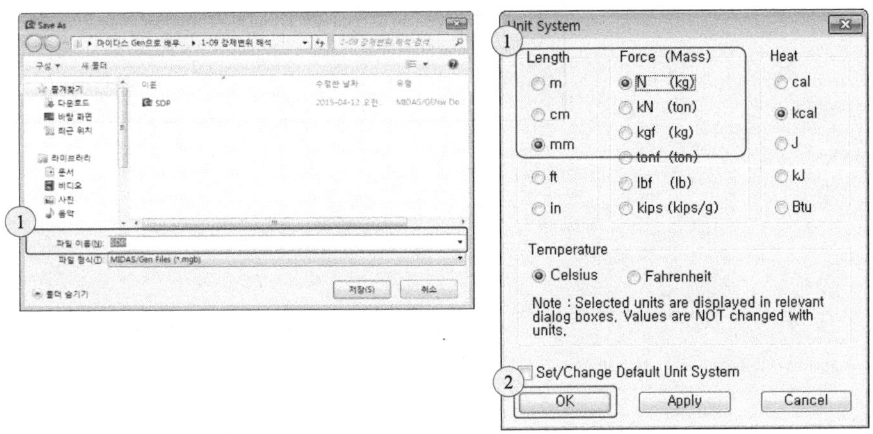

▶그림 9.5
파일 저장
단위계 설정

예제 모델은 평면(X-Z 평면)구조이므로 **Structure Type** 에서 구조물이 X-Z 평면 내에서만 거동하도록 지정한다.

Main Menu 에서 ***[Structure]*** *Tab* > ***[Type]*** *Group* > ***[Structure Type]***

1. Structure Type > **X-Z Plane** 선택
2. **[OK]** 클릭

▶그림 9.6
작업평면 설정

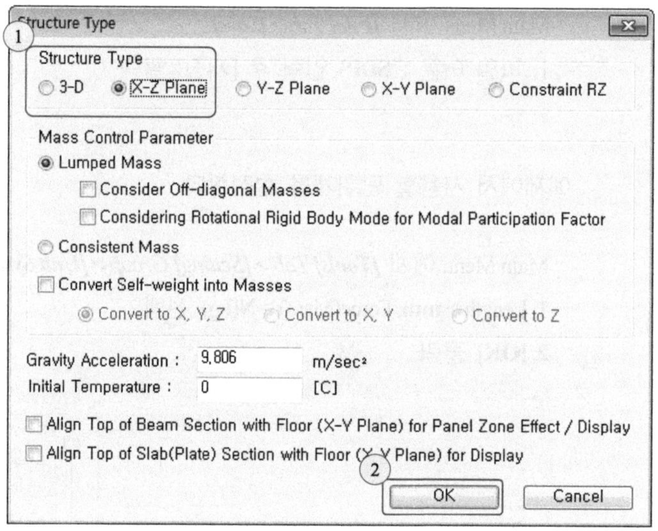

02.3 재질 및 단면 정의

예제 모델에 사용된 구조부재의 재질과 단면을 정의한다. 재질 및 단면은 해석의 편의를 위하여 사용자가 값을 부여하는 user defined type 과 value type 을 이용한다.

Main Menu 에서 ***[Properties]*** *Tab* **>** ***[Material]*** *Group* **>** ***[Material Properties]***

1. **[Add...]** 클릭, Name : **'MAT'** 입력
2. Elasticity > Type of Design > **User Defined** 선택
3. User Defined > Modulus of Elasticity : **'3e+4'** 입력
4. **[OK]** 클릭
5. Section 탭 클릭, **[Add...]** 클릭, Value 탭 클릭, Name : **'SECT'** 입력
6. Section Properties > Area : **'1'**, Iyy : **'1e+9'** 입력
7. **[OK]** 클릭, **[Close]** 클릭

▶그림 9.7
재질 정의
단면 정의

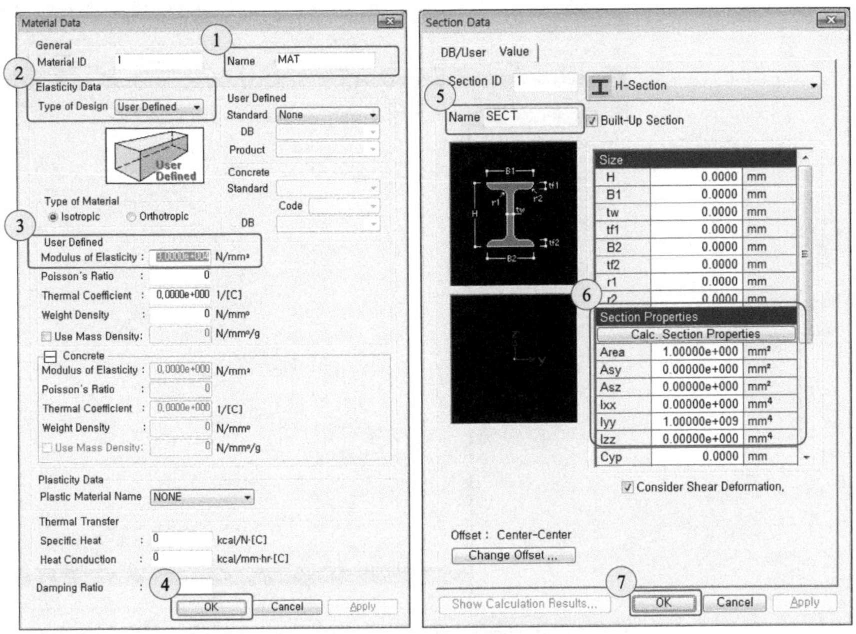

02.4 절점과 요소 생성

02.4.1 **절점 생성**

입력 편의를 위해 길이단위와 힘단위를 m, kN 으로 변경한 후 Create Nodes 를 이용하여 절점을 생성한다.

Main Menu 에서 ***[Tools]** Tab* > ***[Setting]** Group* > ***[Unit System]*** 에서 길이단위와 힘단위를 **m, kN** 으로 변경

Main Menu 에서 ***[Node/Element]** Tab* > ***[Nodes]** Group* > ***[Create Nodes]***

1. Coordinates (x, y, z) : **'0, 0, 0'** 입력
2. Number of Times : **'2'** 입력
3. Distance(dx, dy, dz) : **'4.5, 0, 0'** 입력
4. **[Apply]** 클릭
5. **Display Node Numbers, Auto Fitting, Front View** (Toggle on)

▶그림 9.8
절점 생성

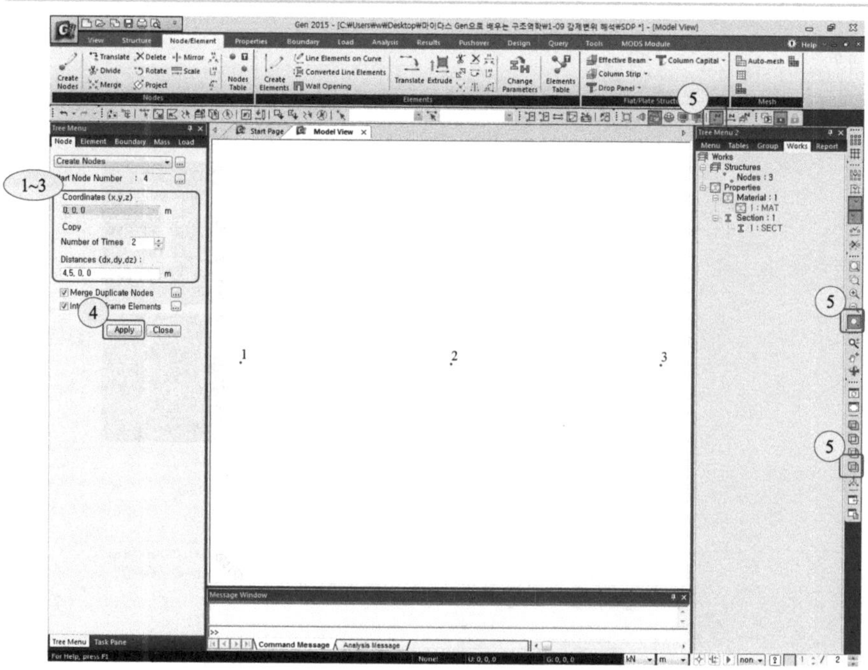

02.4.2 요소 생성 절점을 연결하여 보요소를 생성한다.

Main Menu 에서 ***[Node/Elements]*** *Tab* > ***[Elements]*** *Group* > ***[Create Elements]***

1. Element Type > **General beam/Tapered beam** 선택
2. Material > **1:MAT** 선택, Section > **1:SECT** 선택
3. Nodal Connectivity 입력란을 클릭하여 초록색의 입력대기상태 확인 후, Model View 에서 **1, 3 번 절점**을 차례로 클릭

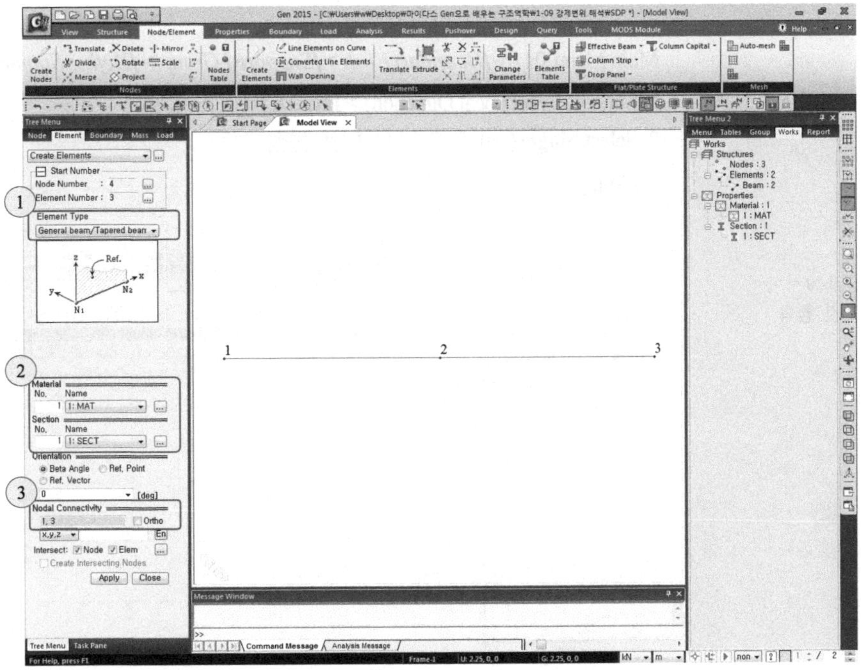

▶그림 9.9
보요소 생성

02.5 경계조건 입력

구조물의 각 지점에 경계조건을 입력한다.

절점 1 은 고정단(Dx, Dz, Ry), 절점 2, 3 은 롤러(Dz)조건으로 입력한다. 단, 절점 2, 3 에는 지점 침하를 고려하기 위한 강제변위를 입력할 때 Dz 자유도가 자동으로 구속되므로 여기서는 절점 1 에만 경계조건을 입력한다.

Main Menu 에서 ***[Boundary]*** *Tab >* ***[Supports]*** *Group >* ***[Define Supports]***

1. Support Type(Local Direction) > **Dx, Dz, Ry** (Check on)
2. **Select Single** (on) 모드에서 **1 번 절점** 선택
3. [Apply] 클릭

▶그림 9.10
지점조건 입력

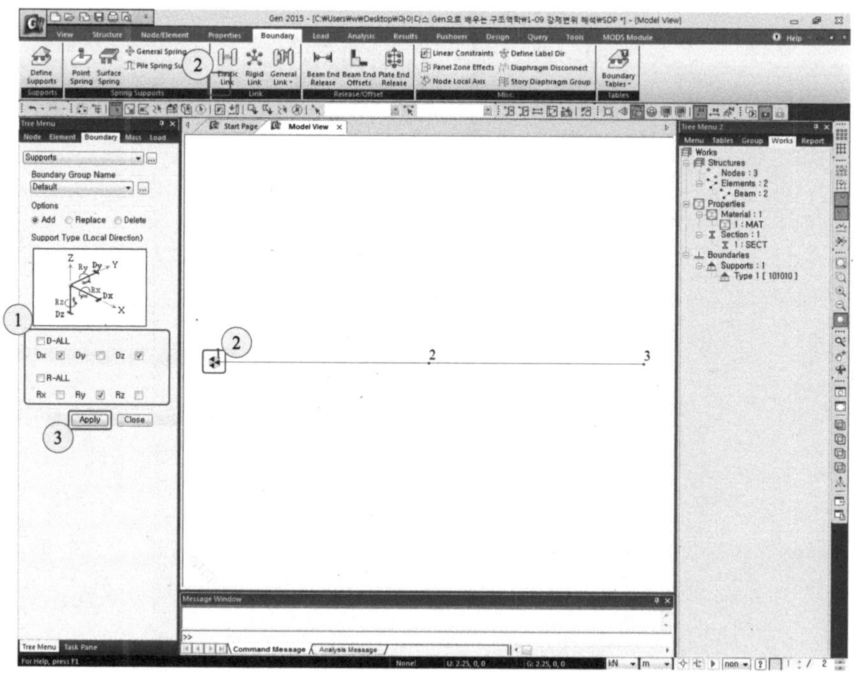

02.6 하중 입력

02.6.1 **하중조건 정의** 등분포하중과 지점침하에 의한 강제변위를 입력하기 위해 하중조건을 정의한다.

Main Menu 에서 ***[Load]*** *Tab* **>** ***[Create Load Cases]*** *Group* **>** ***[Static Load Cases]***

1. Name : **'등분포하중'** 입력
2. Type > **User Defined Load (USER)** 선택
3. **[Add]** 클릭
4. Name : **'지점침하'** 입력
5. Type > **User Defined Load (USER)** 선택
6. **[Add]** 클릭
7. **[Close]** 클릭

▶그림 9.11
하중조건 정의

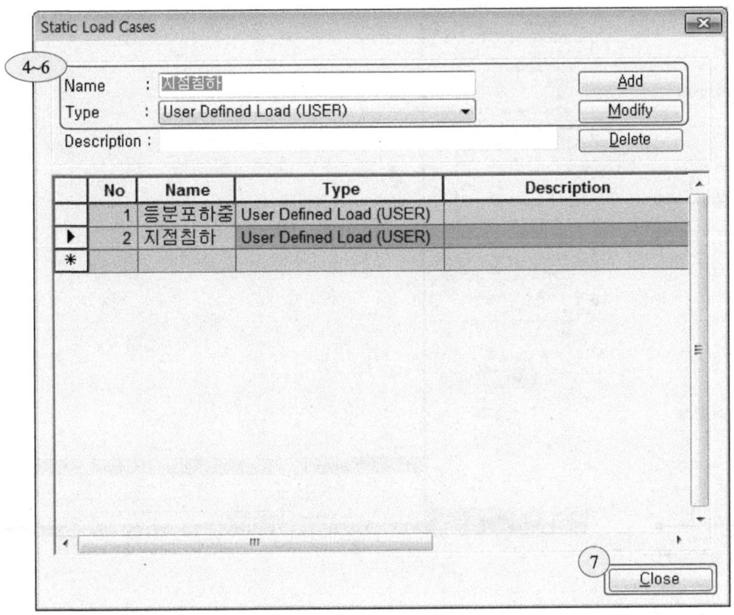

02.6.2 분포하중 입력

보요소에 중력방향으로 등분포하중 10 kN/m 를 재하한다.

Main Menu 에서 ***[Load]** Tab* > ***[Beam Load]** Group* > ***[Element]***

1. **Display** (Toggle on), Load 탭에서 **Load Value** (Check on), **[OK]** 클릭
2. **Display Element Numbers** (Toggle on)
3. Load Case Name > **등분포하중** 선택
4. Load Type > **Uniform Loads** 선택
5. Direction > **Global Z** 선택
6. Value > **Relative** 선택, x1 : **'0'**, w : **'-10'**, x2 : **'1'** 입력
7. **Select Single** (on) 모드에서 **1, 2** 번 부재 선택
8. **[Apply]** 클릭

▶그림 9.12
등분포하중 입력

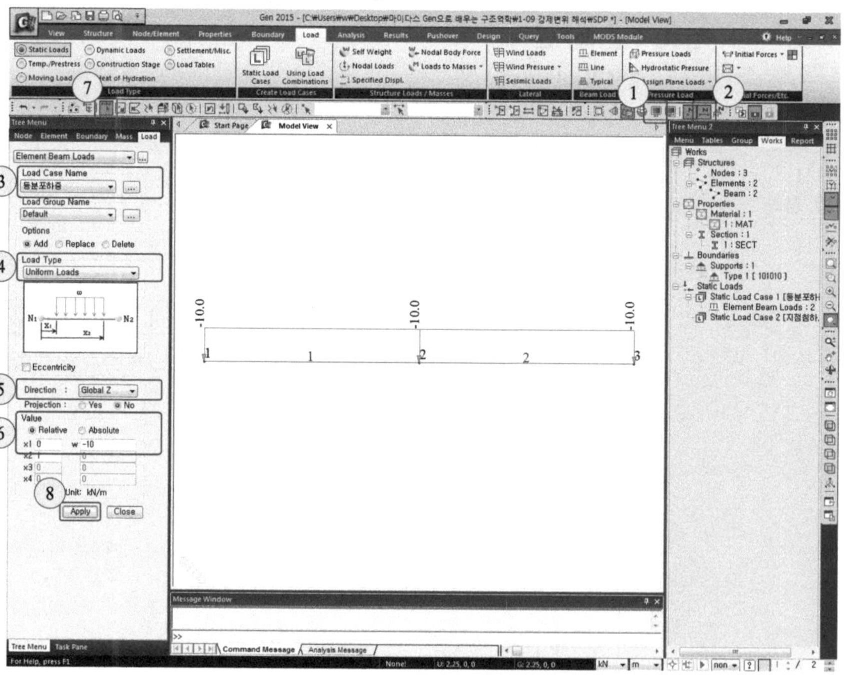

Tip

Relative 와 Absolute

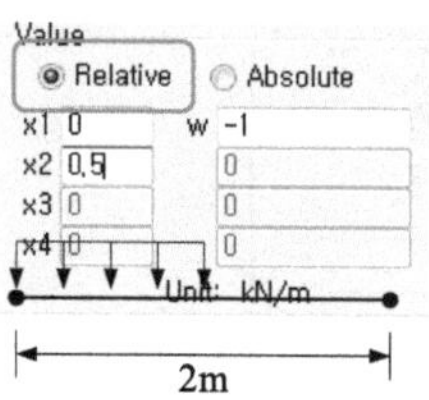

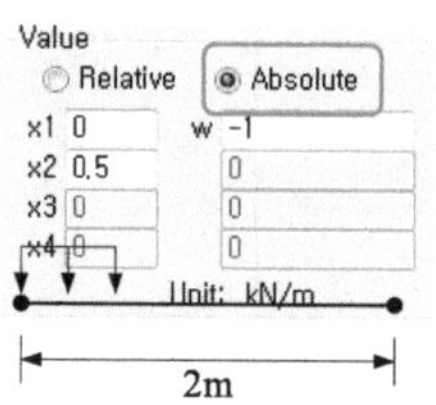

02.6.3 지점침하 입력 Specified Displacements of Supports 기능을 이용하여 지점 침하량을 입력한다. 지점의 침하는 절점에 특정변위를 강제로 부여하는 강제변위(specified displacements of supports) 기능으로 모델에 반영할 수 있다.

화면 하단의 Status Bar 에서 현재 길이단위를 **'mm'**로 변경
Main Menu 에서 ***[Load]*** *Tab* **>** ***[Structure Loads/Masses]*** *Group* **>** ***[Specified Displ.]***
1. Load Case Name > **지점침하** 선택
2. Displacements(Local Direction) > Dz : **'-40'** 입력
3. **Select Single** (on) 모드에서 **2 번 절점** 선택
4. **[Apply]** 클릭
5. Displacements(Local Direction) > Dz : **'-25'** 입력
6. **3** 번 절점 선택
7. **[Apply]** 클릭

▶그림 9.13
강제변위 입력

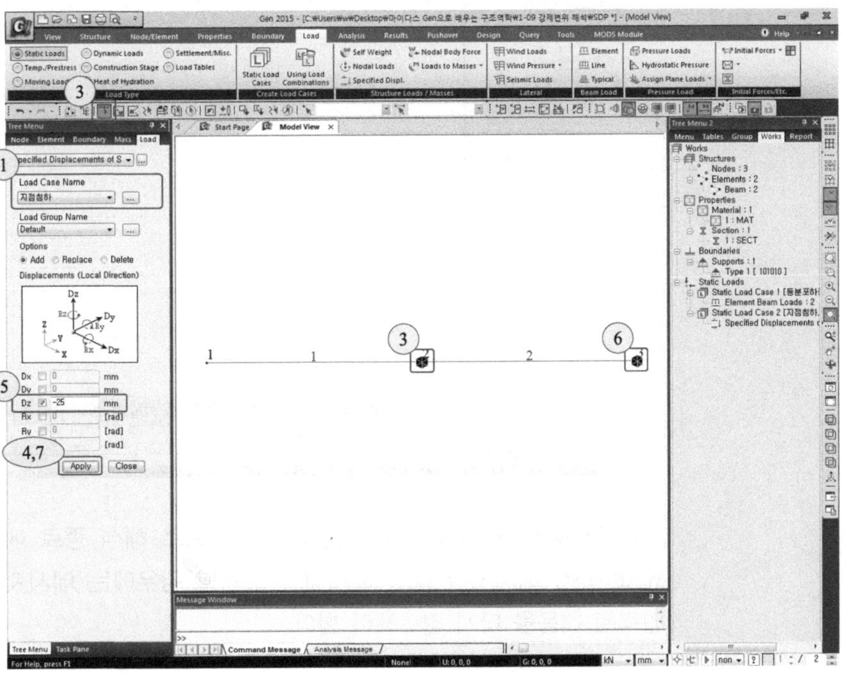

02.7 구조해석 수행

해석모델의 하중 및 경계조건 입력을 완료하고 구조해석을 수행한다.

Main Menu 에서 ***[Analysis]*** *Tab* > ***[Perform]*** *Group* > ***[Perform Analysis]*** 수행

1. **Display Node Numbers, Display Element Numbers** (Toggle off)
2. Message Window 에서 해석 정상 종료 메시지 확인

▶그림 9.14
해석 정상 종료 메시지

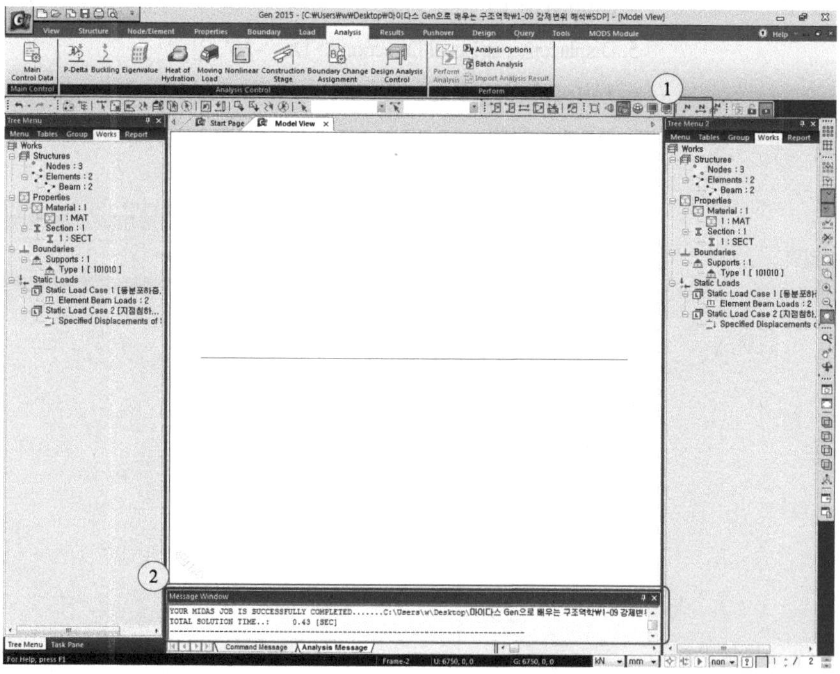

위의 Message Window 에서와 같이 정상적으로 해석 종료 메시지가 출력되지 않고 WARNING 메시지나 Error 메시지가 출력될 경우에는 메시지 내용을 확인 후 앞서 입력된 내용을 다시 검토해야 한다.

02.8 해석결과 확인

02.8.1 하중조합

입력된 단위하중조건을 이용하여 하중조합을 생성한다.
하중조합 : 1.0 Uniform Load + 1.0 Settlement

Main Menu 에서 ***[Results]*** *Tab* **>** ***[Combination]*** *Group* **>** ***[Load Combination]***

1. Load Combination List > Name : **'LCB'** 입력'
2. Description : '**등분포하중 + 지점침하**' 입력
3. Load Cases and Factors > LoadCase > **등분포하중** 선택, Factor : **'1.0'** 입력
   이어서 다음 행에서 **지점침하** 선택, Factor : **'1.0'** 입력
4. **[Close]** 클릭

▶그림 9.15
하중조합조건

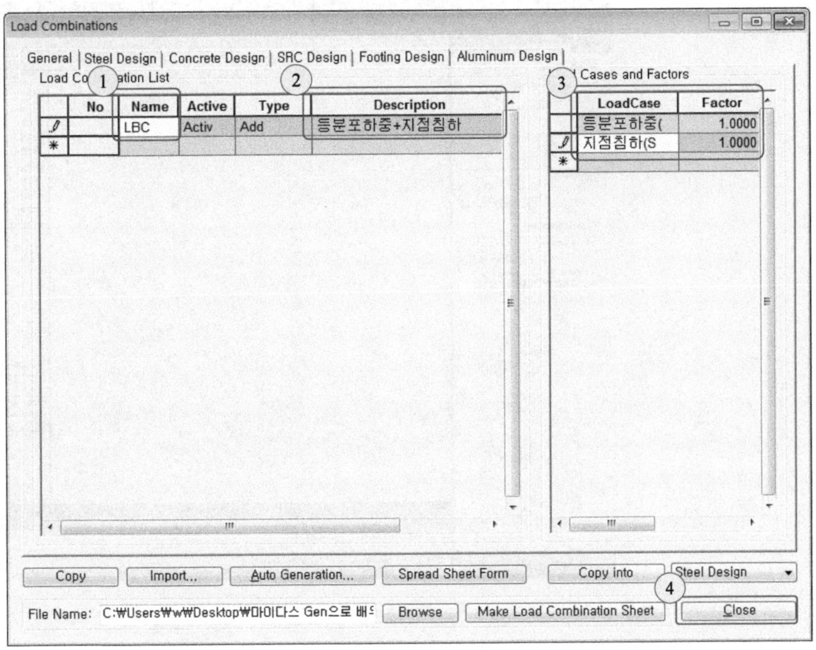

02.8.2 **변위 및 변형** 구조물의 변형도를 확인한다.

강제변위가 부여된 절점 2, 3 에서 변위 40 mm, 25 mm 를 확인할 수 있다.

Main Menu 에서 ***[Results]** Tab* > ***[Results]** Group* > ***[Deformations]*** > ***[Deformed Shape]***

1. Load Cases / Combinations > **CB : LCB** 선택
2. Components > **DXZ** 선택
3. Type of Display > **Undeformed, Legend, Values** (Check on)
4. Deform 옆의 **[...]** 클릭
5. Deformation Scale Factor : **'2'** 입력
6. Deformation Type > **Real Deform** 선택
7. **Apply upon OK** (Check on), **[OK]** 클릭

▶그림 9.16
강제변위에 의한 변형

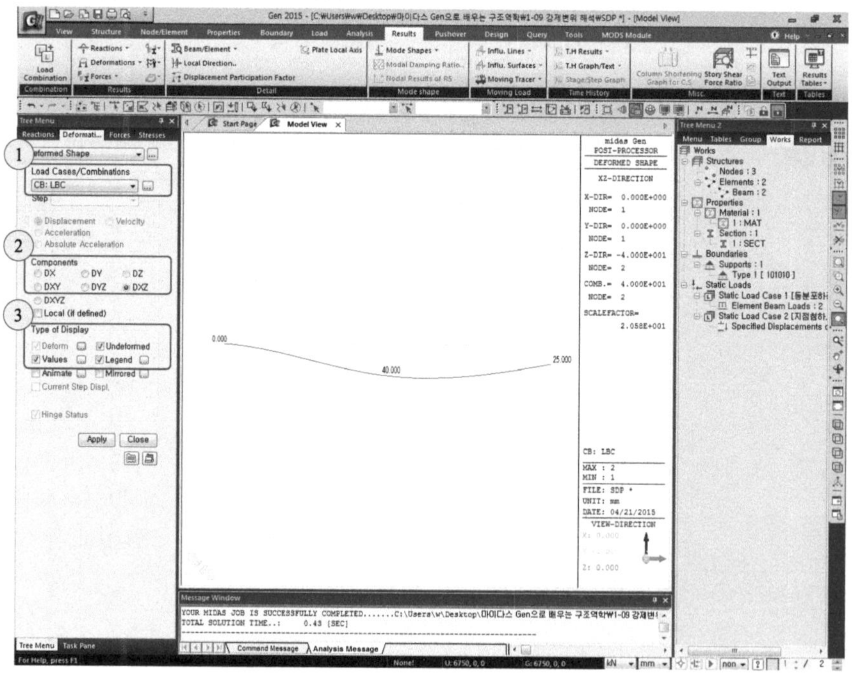

02.8.3 **반력**

지점침하가 발생하기 전(등분포하중, 지점침하)과 후(LCB)의 반력변화를 확인한다.

화면 하단의 Status Bar 에서 길이단위를 **m** 로 변경

1. Main Menu 에서 ***[View]*** *Tab* **>** ***[Window]*** *Group* **>** ***[New Window]*** 실행
2. **Front View** (Toggle on)
3. Main Menu 에서 ***[View]*** *Tab* **>** ***[Window]*** *Group* **>** ***[New Window]*** 실행
4. **Front View** (Toggle on)
5. Main Menu 에서 ***[View]*** *Tab* **>** ***[Window Tile]*** *Group* **>** ***[Tile Horizontally]*** 실행
6. 확인 편의를 위해 Model View, Model View : 1, Model View : 2 의 창 배치 및 크기를 다음 그림과 같이 조절

7. **Model View** 클릭
8. Main Menu 에서 ***[Results]*** *Tab* **>** ***[Results]*** *Group* **>** ***[Reactions]*** **>** ***[Reaction Forces/Moments]***
9. Load Cases / Combinations > **ST :** 등분포하중 선택
10. Components > **FZ** 선택
11. Type of Display > **Values** (Check on), **Legend** (Check off)
12. **[Apply]** 클릭

13. **Model View : 1** 클릭
14. Main Menu 에서 ***[Results]*** *Tab* **>** ***[Results]*** *Group* **>** ***[Reactions]*** **>** ***[Reaction Forces/Moments]***
15. Load Cases / Combinations > **ST :** 지점침하 선택
16. Components > **FZ** 선택
17. Type of Display > **Values** (Check on), **Legend** (Check off)
18. **[Apply]** 클릭

19. **Model View : 2** 클릭
20. Main Menu 에서 ***[Results]*** *Tab* **>** ***[Results]*** *Group* **>** ***[Reactions]*** **>** ***[Reaction Forces/Moments]***
21. Load Cases / Combinations > **CB : LCB** 선택
22. Components > **FZ** 선택
23. Type of Display > **Values** (Check on), **Legend** (Check off)

24. **[Apply]** 클릭

▶ 그림 9.17
각 하중조건별 반력 비교

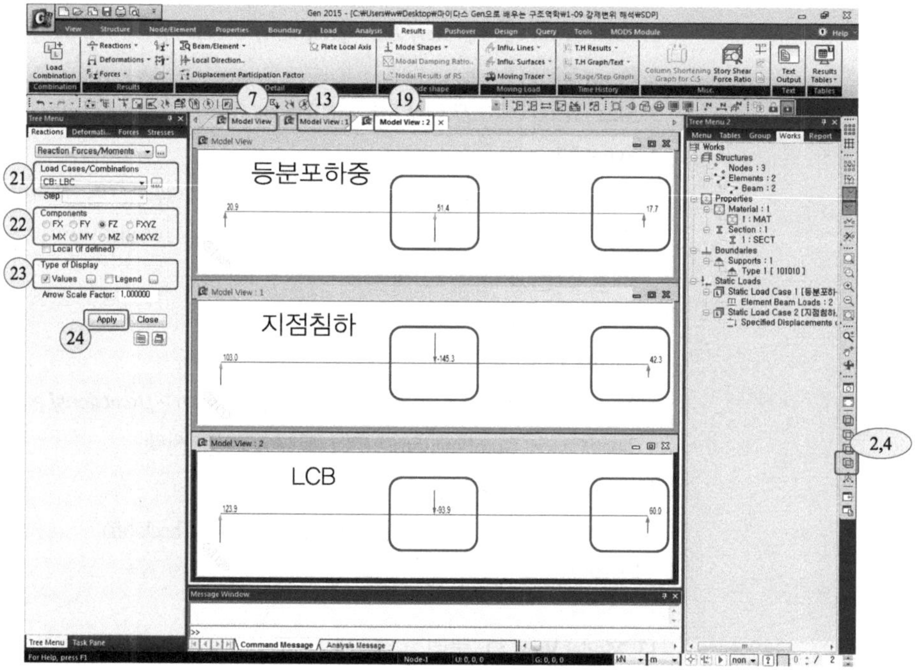

등분포하중조건에서는 연속단(절점 2)에서 분담하중보다 큰 반력이 발생하였다. 지점침하 하중조건에서는 침하량이 가장 큰 절점 2 에서 부반력이 발생하였고, 하중조합조건에서는 각각의 하중조건에서 발생한 반력을 더한 결과가 나오는 것을 알 수 있다.

02.8.4 **부재력**

각 하중조건별 발생 모멘트를 비교한다.

1. **Model View** 클릭
2. Main Menu 에서 ***[Results]** Tab* **>** ***[Results]** Group* **> *[Force]* > *[Beam Diagrams]***
3. Load Cases/Combinations > **ST :** 등분포하중 선택
4. Components > **My** 선택
5. Type of Display > **Contour, Values** (Check on), **Legend, Deform, Undeformed** (Check off)
6. Output Section Location > **All** (Check on)
7. **[Apply]** 클릭

8. **Model View : 1** 클릭
9. Main Menu 에서 ***[Results]** Tab* **>** ***[Results]** Group* **> *[Force]* > *[Beam Diagrams]***
10. Load Cases/Combinations > **ST :** 지점침하 선택
11. Components > **My** 선택
12. Type of Display > **Contour, Values** (Check on), **Legend, Deform, Undeformed** (Check off)
13. Output Section Location > **All** (Check on)
14. **[Apply]** 클릭

15. **Model View : 2** 클릭
16. Main Menu 에서 ***[Results]** Tab* **>** ***[Results]** Group* **> *[Force]* > *[Beam Diagrams]***
17. Load Cases/Combinations > **CB : LCB** 선택
18. Components > **My** 선택
19. Type of Display > **Contour, Values** (Check on), **Legend, Deform, Undeformed** (Check off)
20. Output Section Location > **All** (Check on)
21. **[Apply]** 클릭

▶ 그림 9.18
각 하중조건별 휨모멘트 비교

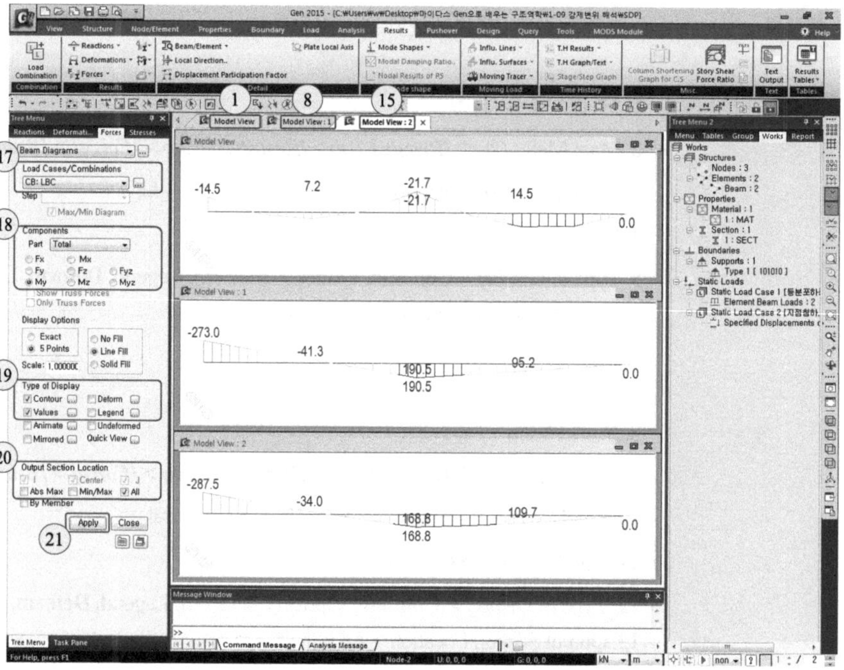

강제변위 해석 기능은 예제와 같이 구조물의 지지점에 발생한 침하의 영향을 분석하는 경우에 사용될 수 있다. 또한 구조물 특정부분의 거동이나 응력을 파악하기 위한 국부상세 해석을 수행하는 경우, 전체구조물 모델의 하중이나 변형을 상세모델에 쉽게 반영하기 위해 적용하기도 한다.

03. 풀어보기

03.1 역학적 개념의 이해 및 수 계산

지점침하가 발생한 문제이므로, 유연도법 혹은 변형일치법을 적용하여 다음과 같은 식으로 나타낼 수 있다.

$$\boldsymbol{FX} + \boldsymbol{D} = \boldsymbol{\Delta}$$

$$\begin{bmatrix} f_{11} & f_{12} \\ f_{21} & f_{22} \end{bmatrix} \begin{Bmatrix} X_1 \\ X_2 \end{Bmatrix} + \begin{Bmatrix} D_1 \\ D_2 \end{Bmatrix} = \begin{Bmatrix} \Delta_1 \\ \Delta_2 \end{Bmatrix} \quad \text{혹은} \quad \begin{Bmatrix} f_{11}X_1 + f_{12}X_2 + D_1 = \Delta_1 \\ f_{21}X_1 + f_{22}X_2 + D_2 = \Delta_2 \end{Bmatrix}$$

그림 9.19 에서 f_{11} 과 f_{12} 는 B 점에 단위하중이 작용할 때 B 점과 C 점의 변위이며, f_{21} 과 f_{22} 는 C 점에 단위하중이 작용할 때, B 점과 C 점의 변위이다. 그리고 D_1 과 D_2 는 B 와 C 점의 지지조건이 제거된 상태에서 하중이 작용할 때 B 점과 C 점의 변위이다. 그리고 X_1 과 X_2 는 각각 B 점과 C 점의 반력이다.

▶ 그림 9.19

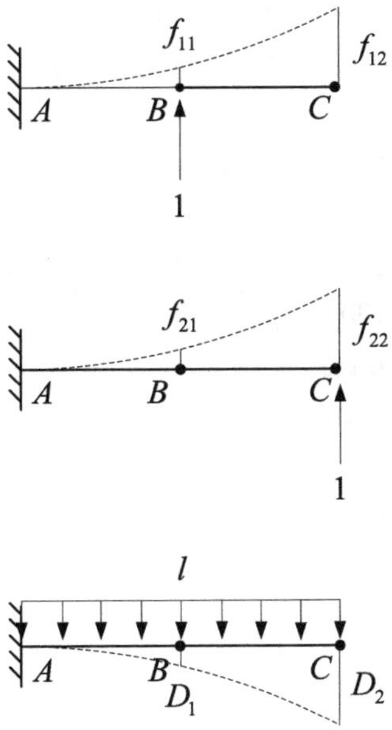

$$f_{11} = \frac{\ell^3}{3EI} = 1.013 \text{ mm}, \quad f_{12} = f_{21} = \frac{5\ell^3}{3EI} = 2.531 \text{ mm}, \quad f_{22} = \frac{8\ell^3}{3EI} = 8.100 \text{ mm}$$

$$D_1 = -\frac{17\ell^4}{24EI} = \text{-}96.820 \text{ mm}, \quad D_2 = -\frac{2\ell^4}{EI} = \text{-}273.375 \text{ mm}$$

이상과 같은 결과를 이용하여 하중과 지점침하가 동시에 발생하는 경우에는 다음과 같이 나타낼 수 있다.

$$\begin{bmatrix} 1.013 & 2.531 \\ 2.531 & 8.100 \end{bmatrix} \begin{Bmatrix} X_1 \\ X_2 \end{Bmatrix} + \begin{Bmatrix} -96.820 \\ -273.375 \end{Bmatrix} = \begin{Bmatrix} -40 \\ -25 \end{Bmatrix}$$

좌측 첫 번째 항은 미지수인 지점반력($\boldsymbol{X}$)이 작용할 때 지점 위치에서 상향 방향의 처짐을 의미하며, 두 번째 항은 실제 하중에 의해서 발생하는 지점 위치에서의 하향 방향 처짐($\boldsymbol{D}$)을 의미한다. 따라서 좌측의 식은 하중에 의한 처짐($\boldsymbol{D}$)과 반력에 의한 처짐($\boldsymbol{FX}$)의 합을 의미하므로, 지점침하가 없다면 우측 항은 영이 되어야 한다. 그러나 지점침하가 발생하였다면 우측 항은 지점에 실제로 발생한 처짐($\boldsymbol{\Delta}$)이 되어야 한다. 따라서 문제에서 주어진 조건에 대한 답은 다음과 같이 산정할 수 있으며, 얻어진 답은 해석결과와 동일해야 한다.

1) 하중만 작용하며 지점침하는 없는 경우

$$\begin{bmatrix} 1.013 & 2.531 \\ 2.531 & 8.100 \end{bmatrix} \begin{Bmatrix} X_1 \\ X_2 \end{Bmatrix} + \begin{Bmatrix} -96.820 \\ -273.375 \end{Bmatrix} = \begin{Bmatrix} 0 \\ 0 \end{Bmatrix}$$

$X_1 = 51.429 \text{ kN}$

$X_2 = 17.679 \text{ kN}$

2) 지점침하만 발생하고 하중은 없는 경우

$$\begin{bmatrix} 1.013 & 2.531 \\ 2.531 & 8.100 \end{bmatrix} \begin{Bmatrix} X_1 \\ X_2 \end{Bmatrix} + \begin{Bmatrix} 0 \\ 0 \end{Bmatrix} = \begin{Bmatrix} -40 \\ -25 \end{Bmatrix}$$

$X_1 = -145.326 \text{ kN}$

$X_2 = 42.428 \text{ kN}$

3) 하중과 지점침하가 동시에 발생하는 경우

$X_1 = 51.429 - 145.326 = -93.898 \text{ kN}$

$X_2 = 17.679 + 42.428 = 60.007 \text{ kN}$

이상의 계산은 엑셀을 활용하여 수행했으며, Gen 의 해석결과와 동일하다. 중간계산 시 소수점 이하의 값은 넷째 자리에서 반올림한 값을 사용했다.

04. 연습문제

1. 다음과 같은 모델에서 보의 휨모멘트를 비교하시오.

(a)

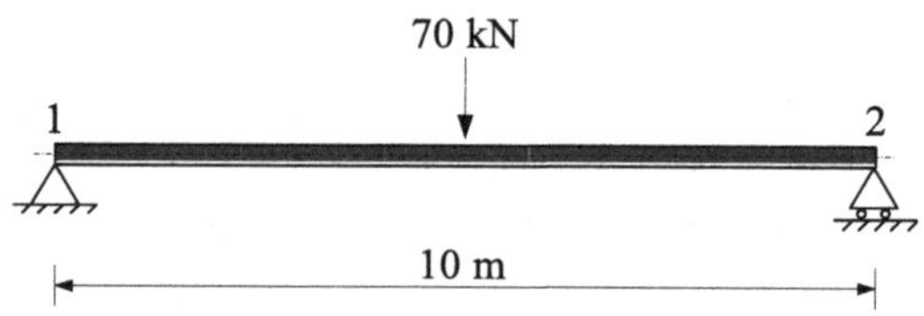

(b)

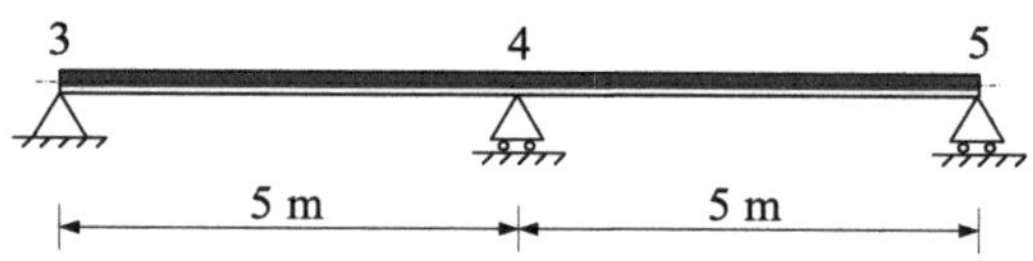

- ***Material***

  Steel : SM490 (탄성계수 E = 2.05×10^5 N/mm^2)
- ***Section***

  B × H : 400mm × 600mm(Area=2.4×10^5 mm^2, Iyy = 7.2×10^9 mm^4)
- ***Load***

  Model 1 : 보 중앙에 중력방향 하중 70 kN

  Model 2 : 절점 4 에 지점침하 10 mm 발생

2. 다음 그림과 같은 골조에서 우측 기둥 하부에 침하가 발생하였을 때, 전단력 및 휨모멘트를 구하시오.

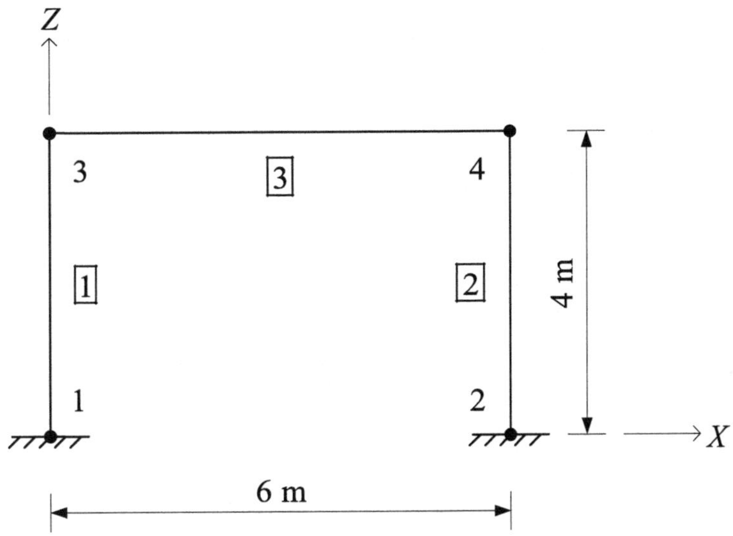

- ***Material***
  Steel : SM490 (탄성계수 E = 2.05×10^5 N/mm^2)
- ***Section***
  H 형강 : 400×400×13×21 (Area=2.187×10^4 mm^2, Iyy = 6.66×10^8 mm^4)
- ***Load***
  우측 기둥 하부(2 번 절점)에서 10 mm 의 지점침하 발생

10. 이동하중 해석

TABLE OF CONTENTS

01. 이해하기

01.1 이동하중 해석의 개념

01.1.1 **일반사항**

Gen 의 이동하중 해석은 활하중이나 차량의 이동하중(static vehicle moving load) 조건을 반영하는 데 사용되며, 주로 다음과 같이 활용된다.

- 이동하중에 따른 처짐, 부재내력, 반력 등에 대한 영향선(influence line)과 영향면 (influence surface)의 산출
- 산출된 영향선과 영향면을 이용하여 주어진 차량 이동하중조건에 대한 최대/최소 절점변위, 부재내력, 지점반력의 산출

이동하중 해석은 활하중이나 차량하중이 이동하면서 유발하는 하중에 대한 해석을 수행하는 것으로 하중의 이동경로 전체에 대해 해석을 수행하여 최대값이나 최소값을 계산한다. 이때 영향선이나 영향면을 이용하면 반복 해석하지 않고 가장 큰 부재력이 어느 위치에서 발생하는지 찾을 때 유용하다.

차량하중의 경우 재하해야 할 차량하중의 차선이나 차선면, 차량하중의 재하 방법 등을 정의하고, 차선이나 차선면에 단위하중을 재하하여 영향선이나 영향면을 계산한다.

영향선은 구조물을 따라가면서 단위하중을 재하하여 정적 해석을 수행하고 각 성분들의 해석결과를 구조물 선상에 나타낸 것이다. 영향면은 구조물의 면 내에 위치한 판요소의 절점에 단위하중을 재하하여 해석한 결과를 하중작용점에 나타낸 것이다.

영향선이나 영향면을 사용한 이동하중 해석의 해석과정을 간략하게 정리하면 다음과 같다.

---

1 단계 : 차량하중, 차량하중 재하 방법, 차선이나 차선면 등 정의
2 단계 : 단위하중조건을 만들고 각 단위하중에 대한 정적 해석을 수행하여 각 성분별 영향선이나 영향면 계산
3 단계 : 이동하중의 재하 방법에 따라 영향선 또는 영향면을 사용하여 하중의 이동에 따른 해석결과 산출

이러한 과정을 거쳐 산출되는 해석결과들은 한 개의 이동하중조건에 대해 최대와 최소의 두 가지 해석결과를 갖게 되고, 다른 하중조건들과의 조합이 가능하다. 이동하중조건이 최대와 최소의 두 가지 해석결과를 갖기 때문에 하중조합을 하게 되면 조합된 결과 역시 최대와 최소의 두 가지 해석결과를 갖게 된다. 해석결과로는 절점변위, 지점반력, 트러스, 보, 판요소의 부재내력 등이 출력된다.

이동하중 해석에서 사용하는 영향선 또는 영향면의 단위하중은 전체좌표계의 -Z 방향으로 작용하게 되며 이동하중 해석조건의 수는 무제한으로 사용이 가능하다.

Müller-Breslau 의 원리에 따르면 영향선은 구조물에서의 반력 혹은 단면력 등을 제거하고, 그 자리에 그에 상응하는 단위 변형을 주었을 때 구조물이 변형되는 형상과 같다. 그리고 구조물에서의 반력 혹은 단면력 등은 영향선의 형상으로부터 찾아낼 수 있다. 그림 10.1, 그림 10.2 는 단순보 및 2 경간 연속보에 대한 영향선을 나타낸 것이다.

▶그림 10.1
단순보 영향선
(a) 이동하중 해석모델
(b) 반력(R_A)의 영향선
(c) 반력(R_B)의 영향선
(d) 전단력(V_C)의 영향선
(e) 휨모멘트(M_C)의 영향선

▶그림 10.2
2 경간 연속보 영향선
(a) 이동하중 해석모델
(b) 반력(R_A)의 영향선
(c) 반력(R_B)의 영향선
(d) 전단력(V_C)의 영향선
(e) 휨모멘트(M_C)의 영향선
(f) 휨모멘트(M_B)의 영향선

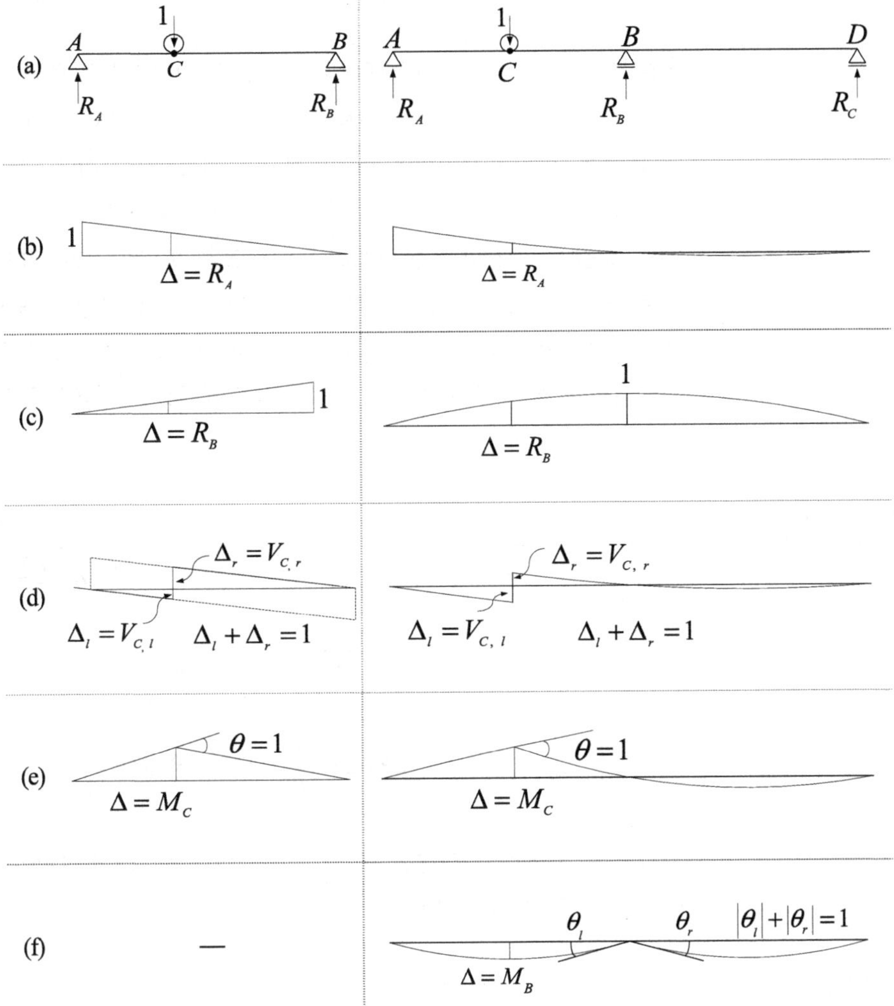

단순보의 경우는 A 점과 B 점의 반력, 임의의 위치에서의 전단력과 모멘트에 대한 영향선을 나타냈다. 연속보는 A 점, B 점, 그리고 D 점의 반력과 함께 B 점과 C 점의 전단력과 모멘트에 대한 영향선을 나타냈다. 정정 구조물인 단순보의 영향선은 직선으로 구성된 반면에 부정정 구조물인 연속보의 영향선은 곡선으로 구성되어 있음을 알 수 있다. 영향선에서 하중의 작용점 위치에 Δ 로 표시한 값을 산정하면, 그 값이 해당 위치에 하중이 작용할 때의 반력이나 단면력의 값이 된다.

영향선을 사용하여 이동하중에 의한 단면력 산정방법의 설명을 위하여 2 경간 연속보의 중앙부 부모멘트 M_B (그림 10.2(f))를 산정해 보자. 모멘트에 대한 영향선이므로 B 점에 힌지를 삽입하여 모멘트를 해제하고, 그 자리에 단위 회전각이 발생하도록 모멘트를 가하면 그때의 변형형상이 영향선이 된다. 이때 경간 AB 의 중앙부에서의 Δ 값이 그 점에 이동하중이 위치하였을 때 M_B 값이 된다. 그리고 B 점을 중심으로 대칭이므로 단순보의 한쪽 단에 모멘트 M 을 가했을 때의 구조물을 대상으로 Δ 을 구할 수 있다. B 점의 회전각은 그림 10.3 과 같기 때문에 B 점에 회전각 1 이 발생하도록 하기 위해서는 B 점의 좌우측에 다음과 같은 크기의 모멘트를 가해야 한다.

▶그림 10.3
B 점의 회전각 및 모멘트

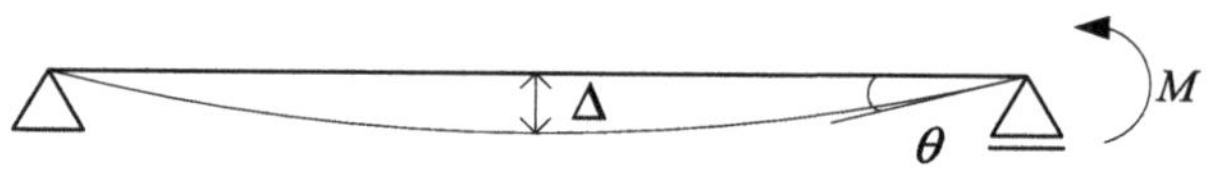

$$\theta = \frac{M\ell}{3EI} \qquad \Delta = \frac{M\ell^2}{16EI}$$

$$2\theta = 2\times\frac{M\ell}{3EI} = 1,\ \text{혹은}\ M = \frac{3EI}{2\ell}$$

위와 같은 모멘트가 작용할 때 발생하는 변형형상이 영향선이므로, 그림 10.3 에 나타낸 중앙부 처짐값은 다음과 같이 산정할 수 있다.

▶식 10.1

$$\Delta = M_B = \frac{M\ell^2}{16EI} = \frac{3EI}{2\ell}\times\frac{\ell^2}{16EI} = \frac{3\ell}{32}$$

2 경간 연속보에서 C 점에 단위하중이 작용할 때 모멘트도는 그림 10.4 와 같으므로, 경간 AB 의 중앙에 단위하중이 작용할 때 영향선의 값이 B 점의 부모멘트와 같음을 알 수 있다.

▶그림 10.4
2 경간 연속보의 모멘트도

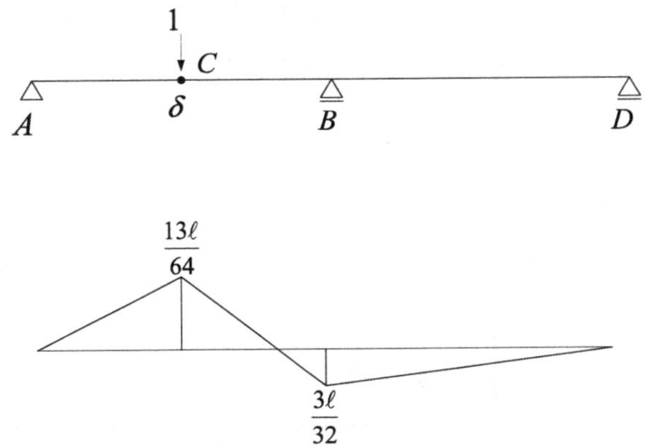

영향선의 개념은 가상일의 원리를 통하여 설명할 수 있다. 그림 10.1(b)는 단순보에 집중하중이 작용할 때, A 점의 반력 R_A 에 관한 영향선이다. 여기에 가상일의 원리를 작용하면, 그림 10.1(a)에서의 힘 R_A 와 1 이 그림 10.1(b)에서 한 일은 다음과 같다.

▶식 10.2

$$W_E = R_A \times 1 - 1 \times \Delta = 0$$

이 식에서 외력이 한 일 W_E 는 영이 되어야 한다. 왜냐하면 보에 변형이 발생하지 않았으므로 내력이 한 일 W_i 가 영이기 때문이다. 따라서 반력 R_A 는 변형 Δ 와 같게 된다.

02. 따라하기

02.1 모델 개요

3 경간 연속보에 이동하중(표준트럭하중) 재하 시 영향선을 이용한 부재위치별 최대 단면력을 산정하고, 최대 단면력을 발생시키는 이동하중의 위치를 확인한다.

▶그림 10.5
해석모델

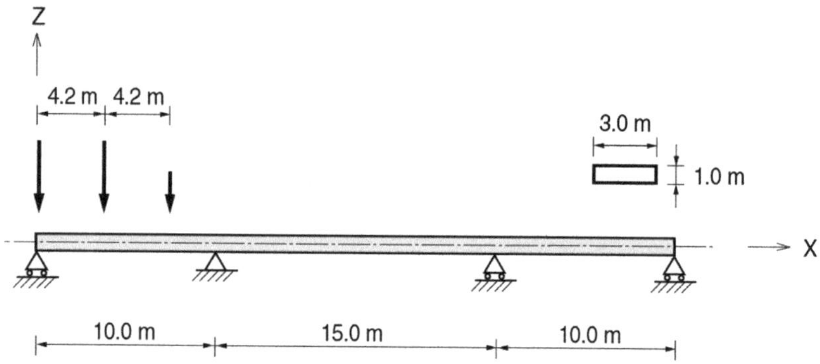

- ***Material***

  콘크리트 27 MPa (탄성계수 $E = 2.6681 \times 10^4 N/mm^2$)

- ***Section***

  형상 : Solid Rectangle

  형상 : B×H = 3,000mm×1,000 mm

- ***Load***

  1. 표준트럭하중 : DB 24

  2. 지점침하 : 10 mm

02.2 작업환경 설정

구조해석 모델링을 시작하기 위해 새 문서를 열고 파일을 저장한다.

Main Menu 에서 ***[File]*** *Tab* **>** ***[New Project]***

Main Menu 에서 ***[File]*** *Tab* **>** ***[Save]***

1. 파일 이름 : **'Moving-Load'** 입력 후 [저장] 클릭

예제에서 사용할 단위계를 설정한다.

Main Menu 에서 ***[Tools]*** *Tab* **>** ***[Setting]*** *Group* **>** ***[Unit System]***

1. Length > **m**, Force(Mass) > **kN(ton)** 선택
2. **[OK]** 클릭

▶그림 10.6
파일 저장
단위계 설정

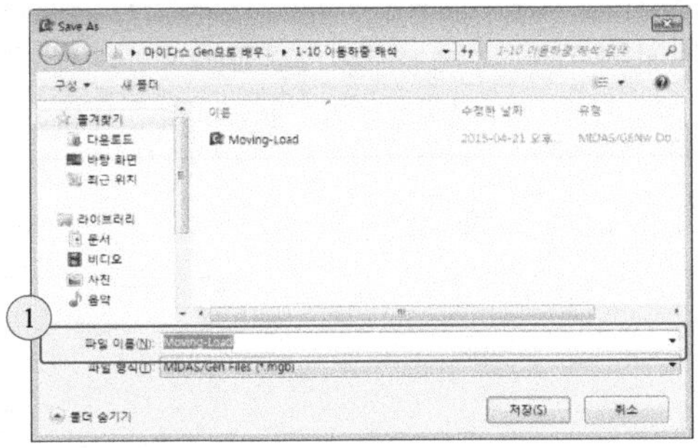

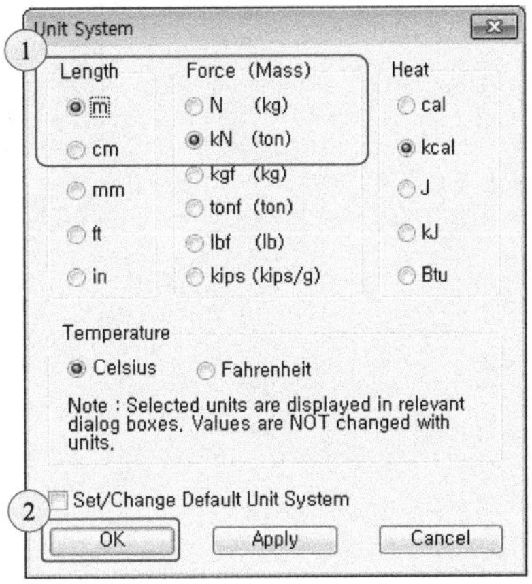

예제 모델은 X-Z 평면 연속보이므로 Structure Type 에서 구조물이 X-Z 평면 내에서만 거동하도록 설정한다.

Main Menu 에서 ***[Structure]** Tab* **>** ***[Type]** Group* **>** ***[Structure Type]***

1. Structure Type > **X-Z Plane** 선택
2. **[OK]** 클릭

▶그림 10.7
작업평면 설정

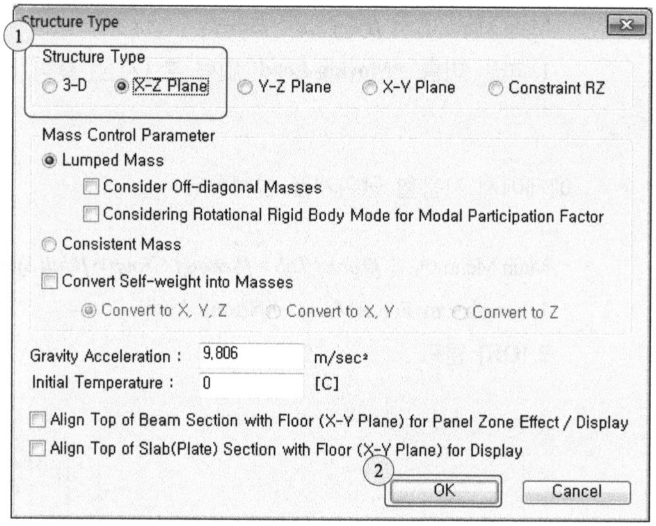

02.3 재질 및 단면 정의

연속보의 재질을 콘크리트(설계기준 압축강도 27 MPa)로 선택하고 단면치수를 입력한다.

Main Menu 에서 ***[Properties]** Tab* > ***[Material]** Group* > ***[Material Properties]***

1. **[Add...]** 클릭, Type of Design > **Concrete** 선택
2. Concrete > Standard > **KS01(RC)** 선택, Code > **KCI-2012** 선택, DB > **C27** 선택
3. **[OK]** 클릭
4. Section 탭 클릭, **[Add]** 클릭, 단면형상 목록 > **Solid Rectangle** 선택
5. Name : **'Beam'** 입력, 단면 정의 방법 > **User** 선택
6. H : **'1'**, B : **'3'** 입력
7. **[OK]** 클릭, **[Close]** 클릭

▶그림 10.8
재질 정의
단면 정의

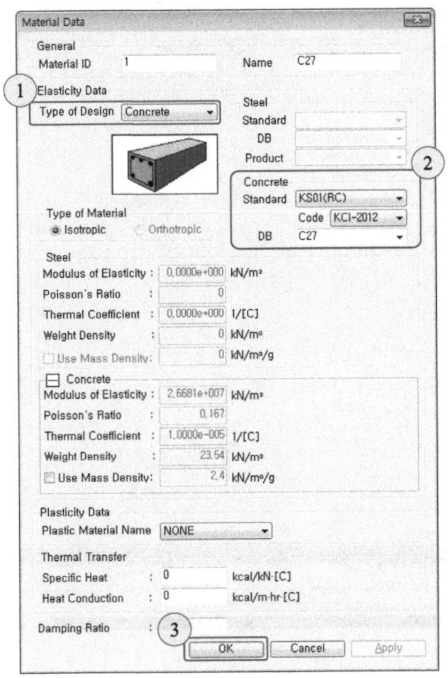

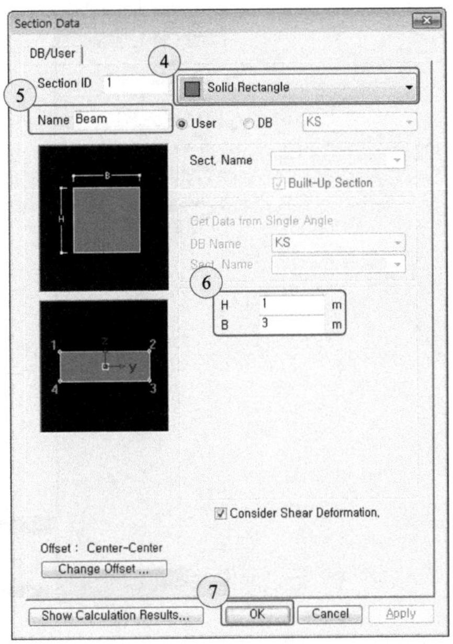

02.4 절점과 요소 생성

02.4.1 절점 생성

연속보를 생성하기 위해 절점을 먼저 입력한다.

절점은 요소의 시작점과 끝점, 하중과 경계조건 등의 입력에 필요한 위치, 해석결과를 확인하고자 하는 위치 등 구조물의 기하형상이나 속성을 정의하기 위해 필요한 모든 곳에 생성한다.

Main Menu 에서 ***[Node/Element]** Tab* > ***[Nodes]** Group* > ***[Create Nodes]***

1. Coordinates (x, y, z) 에 **'0, 0, 0'** 입력
2. **[Apply]** 클릭
3. **Auto Fitting, Front View** (Toggle on)

▶그림 10.9
절점 생성

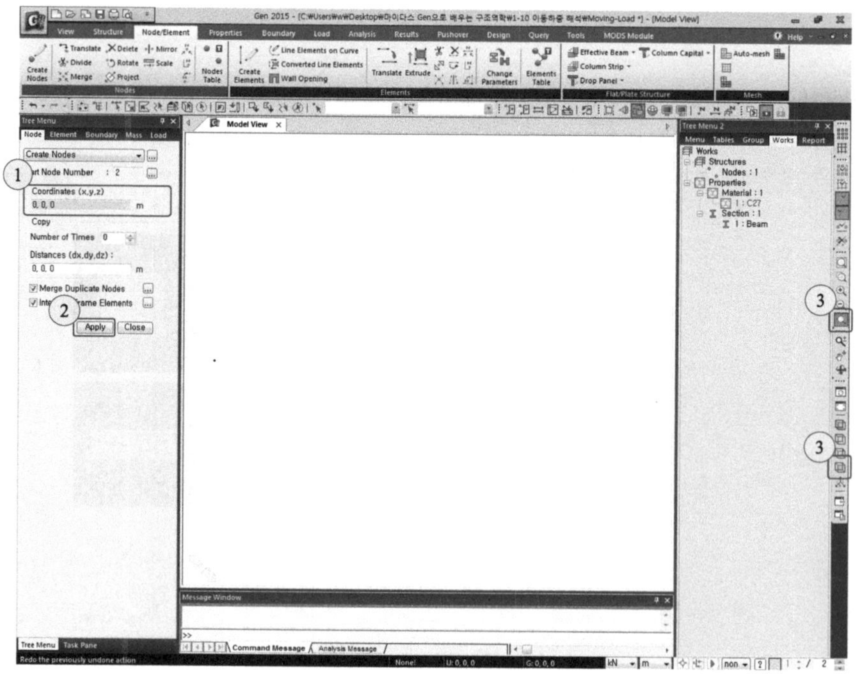

02.4.2 요소 생성

절점을 선요소로 확장 변환하는 Extrude Elements 기능으로 연속보를 생성한다.

Main Menu 에서 ***[Node/Element]** Tab > **[Elements]** Group > **[Extrude]***

1. Extrude Type > **Node → Line Element** 선택
2. Element Attribute > Element Type > **Beam** 선택
3. Material > **1:C27**, Section > **1:Beam** 선택, Beta Angle : **'0'** 입력
4. Generation Type > **Translate** 선택
5. Translation > **Equal Distance** 선택
6. dx, dy, dz : **'35/14, 0, 0'** 입력, Number of Times : **'14'** 입력
7. **Select All** (on) 모드에서 모든 절점 선택
8. **[Apply]** 클릭

▶그림 10.10
보요소 생성

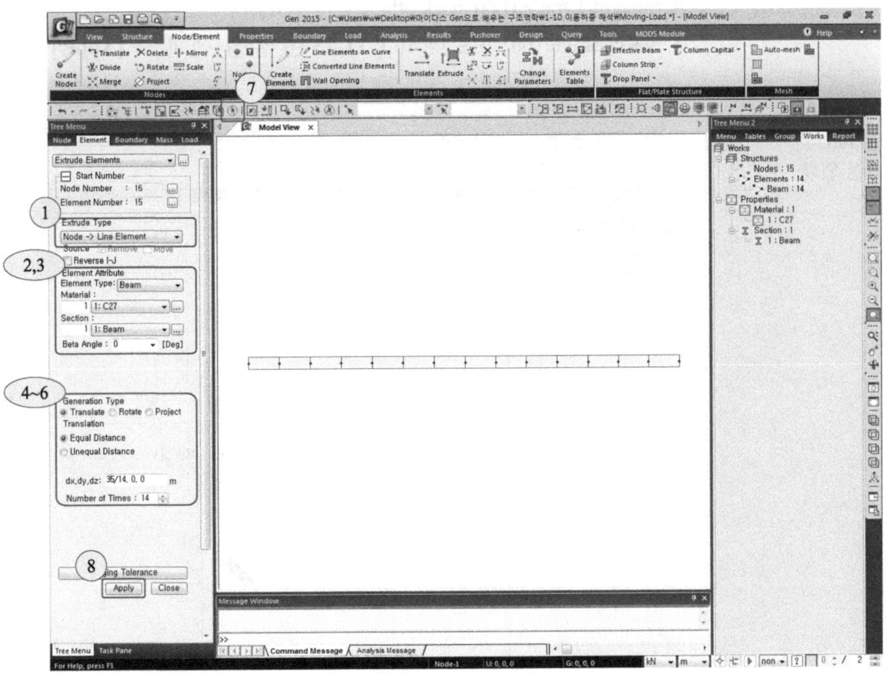

02.5 경계조건 입력

연속보의 지점조건을 입력한다.

핀 지지조건은 Dx, Dz 의 자유도를 구속시키고 롤러조건의 경우 Dz 의 자유도만 구속시킨다.

Main Menu 에서 ***[Boundary]** Tab >* ***[Supports]** Group >* ***[Define Supports]***

1. **Display Node Numbers** (Toggle on)
2. Options > **Add**, Support Type > **D-ALL** (Check on)
3. **Select Single** (on) 모드에서 **5** 번 절점 선택 후 **[Apply]** 클릭
4. Support Type > **Dx** (Check off)
5. **Select Single** (on) 모드에서 **1, 11, 15** 번 절점 선택 후 **[Apply]** 클릭

▶그림 10.11
지점조건 입력

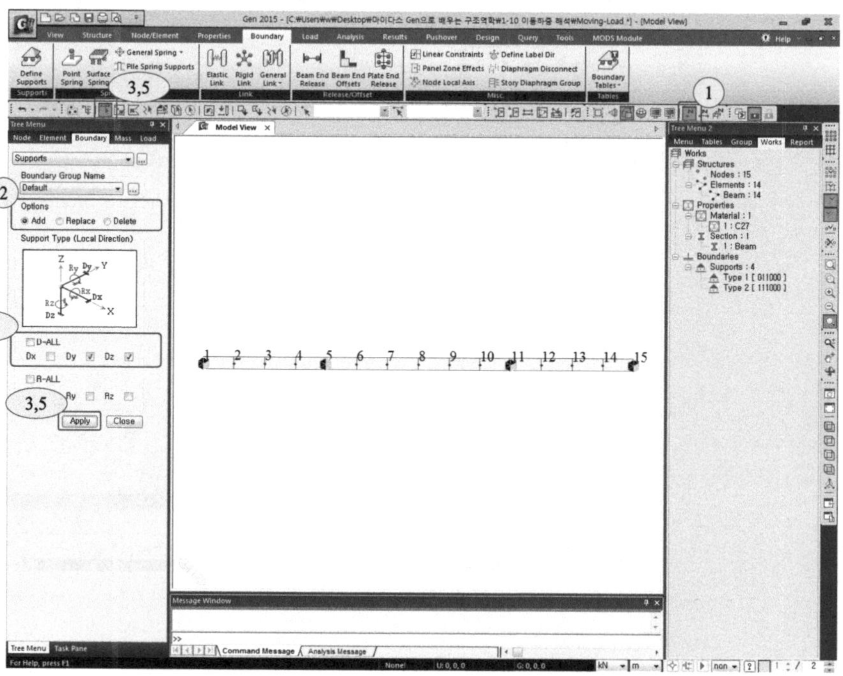

02.6 하중 입력

02.6.1 차선 정의

이동하중에 의한 부재력을 계산하기 위해서는 영향선 산출이 선행되어야 한다. 영향선을 산출하기 위하여 먼저 차선을 입력한다. 지간장(L)에 따라 다음 식으로 계산되는 충격계수(impact factor)를 차선 정의 시 같이 입력한다. 지간장이 다른 연속보이므로 각 지간별로 각각의 충격계수를 구분하여 입력한다.

▶식 10.3

$$i = \frac{15}{40+L} \qquad i = \text{충격계수}, \quad L = \text{지간장}$$

Main Menu 에서 ***[Load]*** *Tab* **>** ***[Load Type]*** *Group 에서* ***[Moving Load]*** *선택* **>** ***[Moving Load Code]*** *Group 에서* ***[Korea]*** *선택* **>** ***[Moving Load Analysis Data]*** *Group* **>** ***[Traffic Surface Line]*** *선택*

1. **[Add]** 클릭
2. Lane Name : **'L1'** 입력
3. Eccentricity : **'0'** 입력, Wheel Spacing : **'0'** 입력
4. Impact Factor : **'15/(40+10)'** 입력
5. Selection by > **2Point** 선택 후 **1, 5** 번 절점 클릭
6. Impact Factor : **'15/(40+15)'** 입력
7. Selection by > **2Point** 선택 후 **5, 11** 번 절점 클릭
8. Impact Factor : **'15/(40+10)'** 입력
9. Selection by > **2Point** 선택 후 **11, 15** 번 절점 클릭
10. **[OK]** 클릭
11. Traffic Line Lanes 리스트에서 L1 확인 후 **[Close]** 클릭

▶그림 10.12
차선 정의

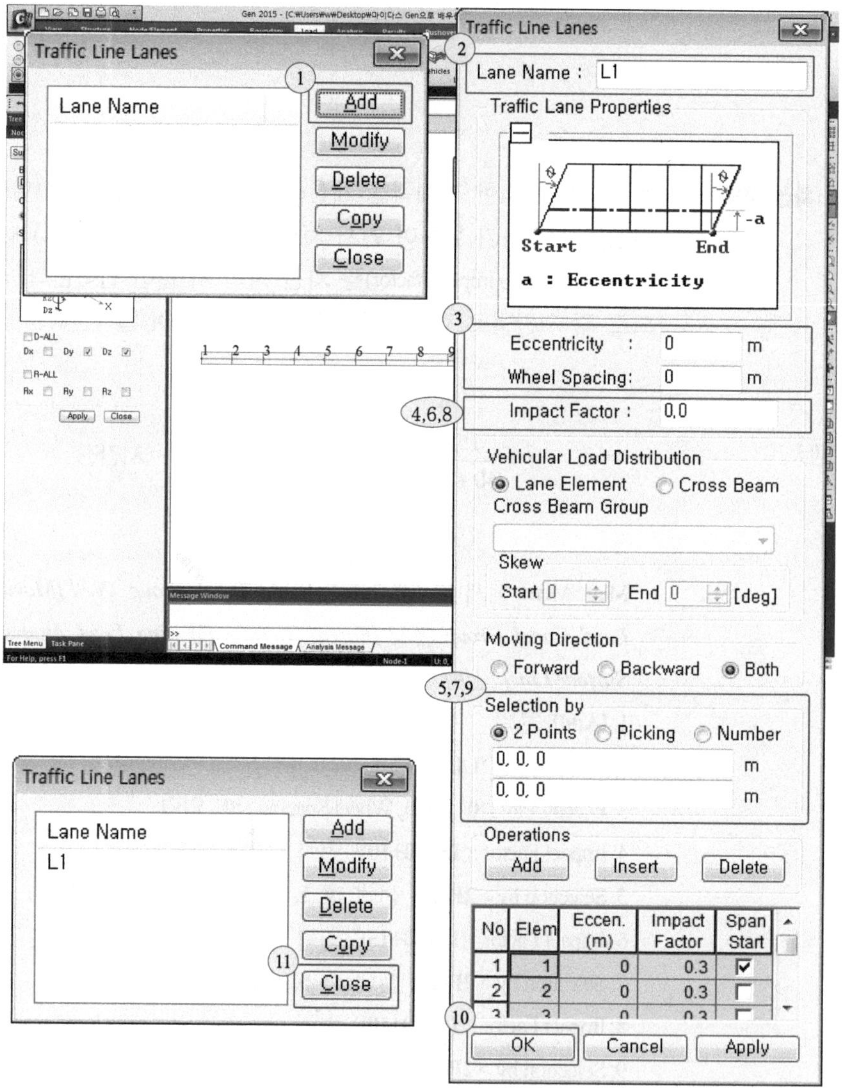
Traffic Line Lanes
Lane Name
Add
Modify
Delete
Copy
Close
1
Traffic Line Lanes
2
Lane Name : L1
Traffic Lane Properties
Start
End
-a
a : Eccentricity
3
Eccentricity : 0 m
Wheel Spacing: 0 m
4,6,8
Impact Factor : 0.0
Vehicular Load Distribution
Lane Element
Cross Beam
Cross Beam Group
Skew
Start 0
End 0
[deg]
Moving Direction
Forward
Backward
Both
5,7,9
Selection by
2 Points
Picking
Number
0, 0, 0 m
0, 0, 0 m
Operations
Add
Insert
Delete
No
Elem
Eccen. (m)
Impact Factor
Span Start
1 1 0 0.3
2 2 0 0.3
10
OK
Cancel
Apply
Traffic Line Lanes
Lane Name
L1
Add
Modify
Delete
Copy
11
Close
D-ALL
R-ALL
Apply
Close
Message Window
Command Message
Analysis Message
Tree Menu
Task Pane
For Help, press F1

02,.6.2 **이동하중 정의** 이동하중(표준트럭하중 ; DB 24)은 프로그램에 내장되어 있는 데이터베이스를 이용하여 입력한다.

Main Menu 에서 ***[Load]*** *Tab* **>** ***[Moving Load Analysis Data]*** *Group* **>** ***[Vehicles]***

1. **[Add Standard]** 클릭
2. Standard Name > **Korean Standard Load(2005)** 선택
3. Vehicular Load Properties > Vehicular Load Name : **'DB-24'** 입력,
   Vehicular Load Type > **DB-24** 선택
4. **[OK]** 클릭
5. Vehicles 리스트에서 DB-24 확인 후 **[Close]** 클릭

▶그림 10.13
이동하중 정의

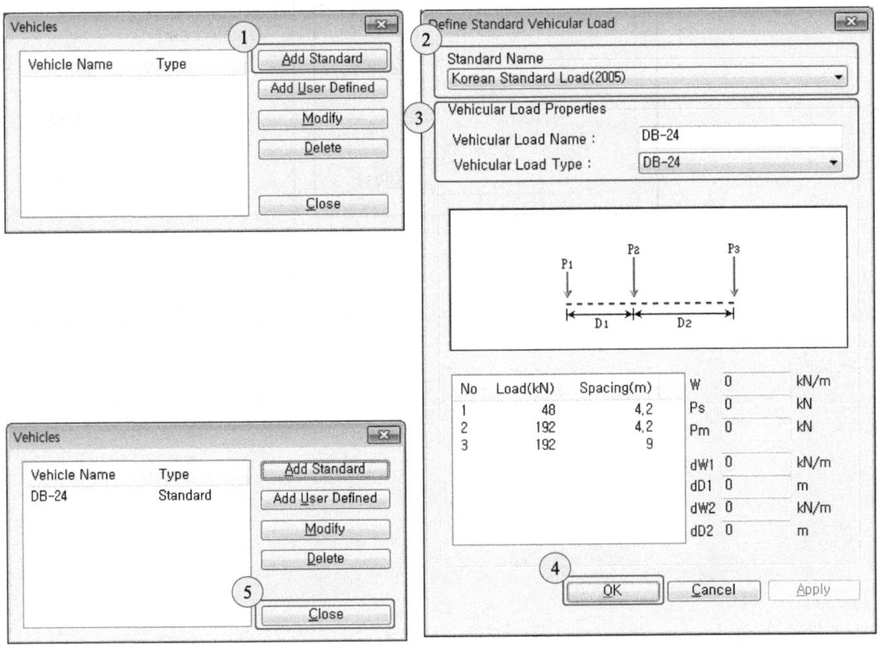

02.6.3 **차량하중그룹 정의**

이동하중 해석에 사용되는 차량하중그룹을 정의한다.

Main Menu 에서 ***[Load]*** *Tab* > ***[Moving Load Analysis Data]*** *Group* > ***[Vehicle Classes]***

1. **[Add]** 클릭
2. Vehicle Class Name : **'DB-24'** 입력
3. Vehicle Load 리스트에서 DB-24 클릭 후 [->] 클릭
4. Selected Load 리스트에서 DB-24 확인 후 **[OK]** 클릭
5. **[Close]** 클릭

▶그림 10.14
차량하중그룹 정의

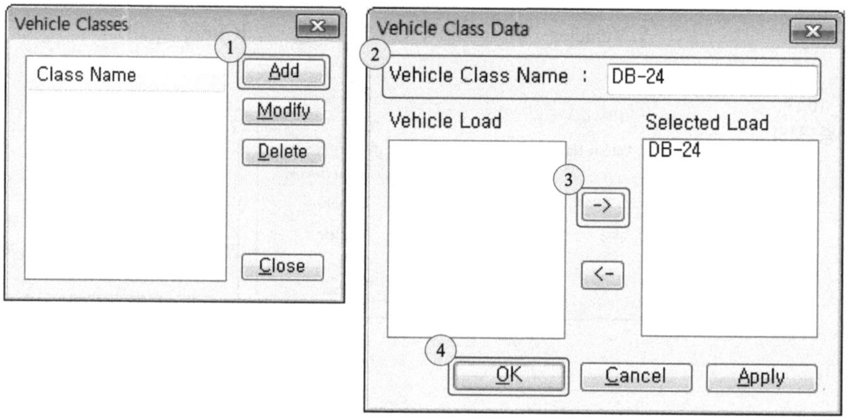

02.6.4 이동하중조건 입력

영향선을 이용하여 부재력을 산출하기 위한 이동하중조건을 정의한다.

Main Menu 에서 ***[Load] Tab > [Moving Load Analysis Data] Group > [Moving Load Cases]***

1. **[Add]** 클릭, Load Case Name : **'MV'** 입력
2. Sub Load Cases > **[Add]** 클릭
3. Load Case Data > Vehicle Class > **VC:DB-24** 선택
4. Scale Factor : **'1'** 입력
5. Min Number of Loaded Lanes : **'1'** 입력, Max Number of Loaded Lanes : **'1'** 입력
6. Assignment Lanes > List of Lanes 리스트에서 L1 클릭 후 [–>] 클릭
7. Selected Lanes 리스트에서 L1 확인 후 **[OK]** 클릭
8. Sub-Load Cases > Vehicle class 리스트에서 **VC:DB-24** 확인 후 **[OK]** 클릭
9. **[Close]** 클릭

▶그림 10.15
이동하중조건 입력

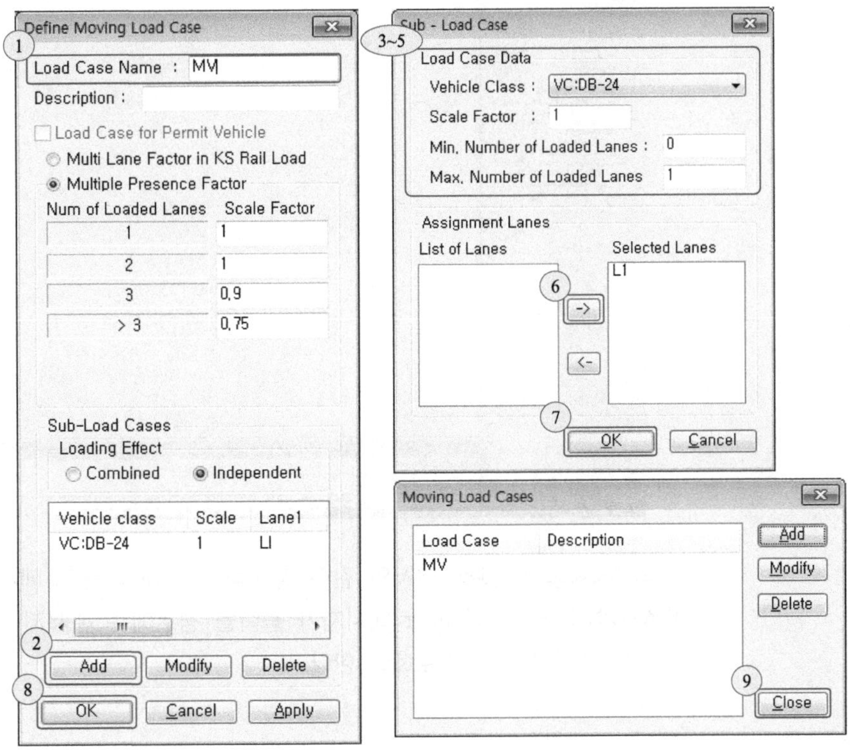

02.7 구조해석 수행

부재 생성과 차량 이동하중조건 입력을 완료하고 구조해석을 수행한다.

Main Menu 에서 ***[Analysis]** Tab* > ***[Perform]** Group* > ***[Perform Analysis]*** 수행

1. **Display Node Numbers** (Toggle off)
2. Message Window 에서 해석 정상 종료 메시지 확인

▶그림 10.16
해석 정상 종료 메시지

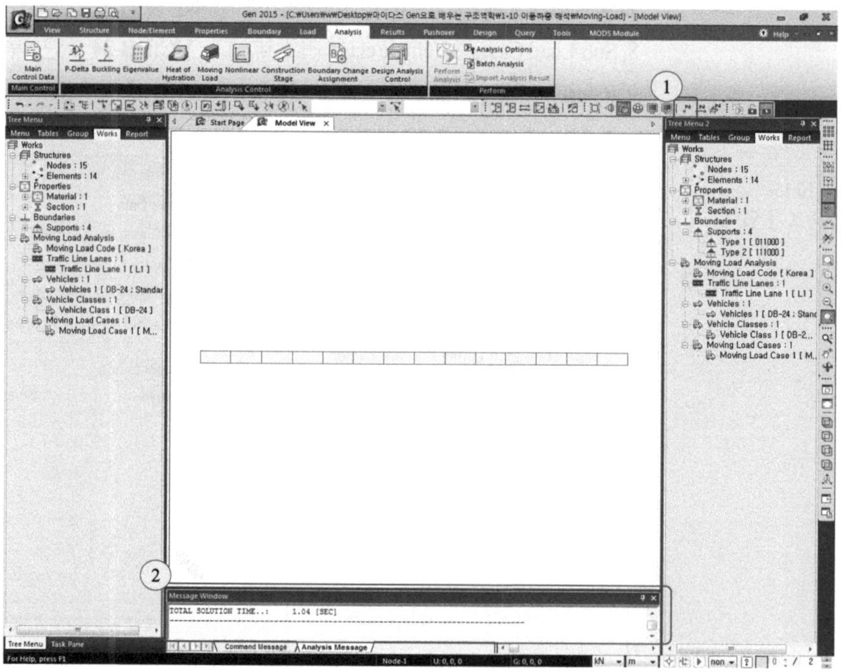

위의 Message Window 에서와 같이 정상적으로 해석 종료 메시지가 출력되지 않고 WARNING 메시지나 Error 메시지가 출력될 경우에는 메시지 내용을 확인 후, 앞서 입력된 내용을 다시 검토해야 한다.

02.8 해석결과 확인

02.8.1 영향선 확인

두 번째 지점(절점 5)에서 반력에 대한 영향선을 확인한다.

Main Menu 에서 ***[Results]*** *Tab* > ***[Moving Load]*** *Group* > ***[Influ. Lines]*** > ***[Reactions]***

1. **Hidden** (Toggle off), **Iso View** (Toggle on)
2. Line/Surface Lanes > **L1** 선택
3. Key Node : **'5'** 입력, Scale Factor : **'2'** 입력
4. Components > **FZ** 선택
5. **[Apply]** 클릭

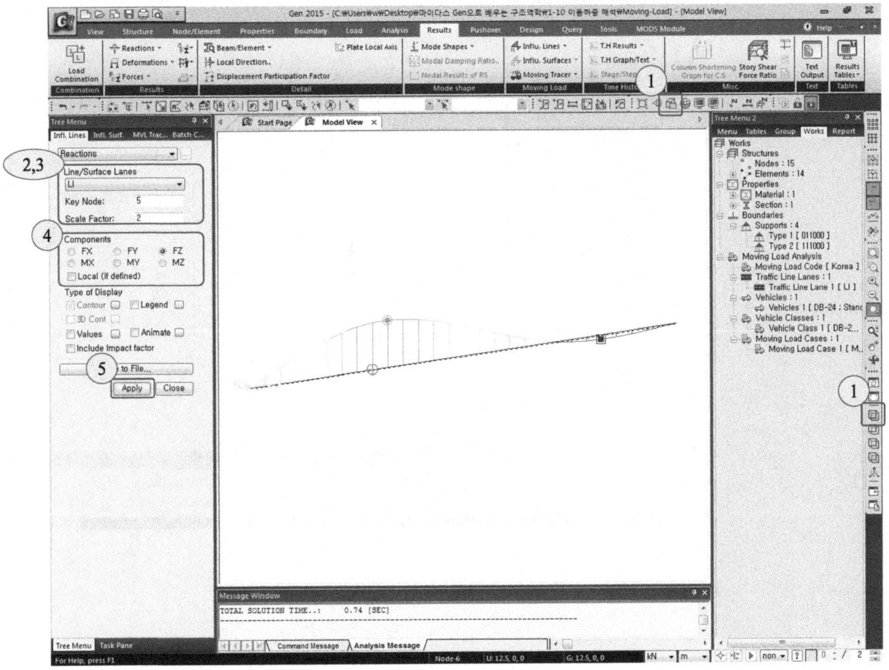

▶그림 10.17 절점 5 에서 반력에 의한 영향선도

4번 부재 j단 모멘트에 대한 영향선을 확인한다.

Main Menu 에서 ***[Results]*** *Tab* **>** ***[Moving Load]*** *Group* **>** ***[Influ. Lines]***
> ***[Beam Force/Moments]***

1. **Display Node Numbers** (Toggle off), **Display Element Numbers** (Toggle on)
2. Line/Surface Lanes > **L1** 선택, Key Element : **'4'** 입력, Scale Factor : **'2'** 입력
3. Parts > **j** 선택
4. Component > **My** 선택
5. **[Apply]** 클릭

▶그림 10.18
4번 부재 j단 모멘트에 대한 영향선도

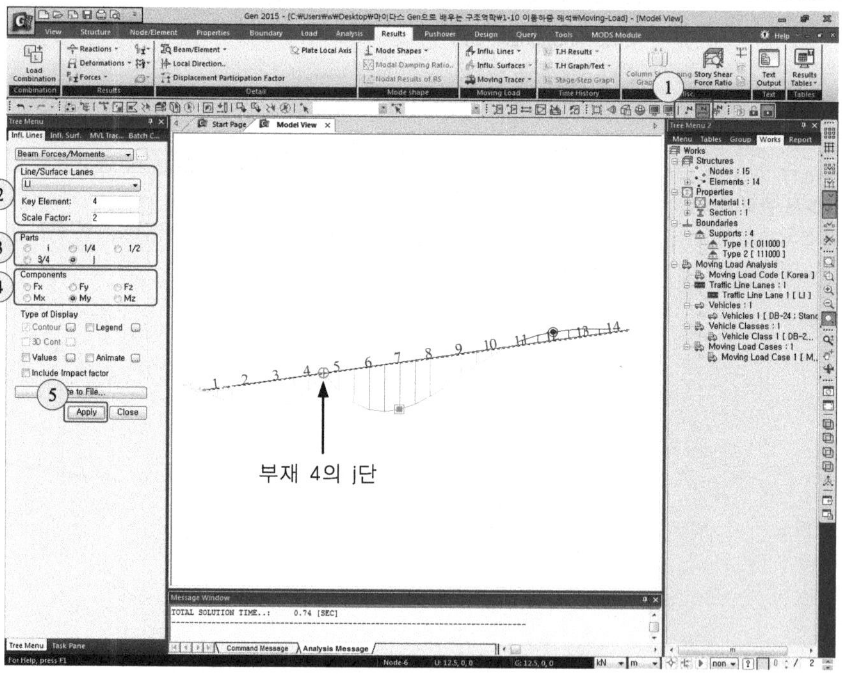

02.8.2 이동하중에 의한 부재력

이동하중에 의한 연속보의 부(-)모멘트를 확인한다.

Main Menu 에서 ***[Results]** Tab* **>** ***[Results]** Group* **> *[Forces]* > *[Beam Diagrams]***

1. **Display Element Numbers** (Toggle off), **Front View** (Toggle on)
2. Load Cases/Combinations > **MVmin : MV** 선택
3. Components > **My** 선택
4. Display Options > **5 Points** 선택
5. Type of Display > **Contour, Values** (Check on)
6. Values 옆의 **[...]** 클릭, **MinMax Only, Abs Max** (Check on),
   Set Orientation 클릭, **'0'** 입력, **Apply upon OK** (Check off), **[OK]** 클릭
7. Output Section Location > **All** 선택
8. **[Apply]** 클릭

▶그림 10.19
이동하중에 의한 부모멘트도

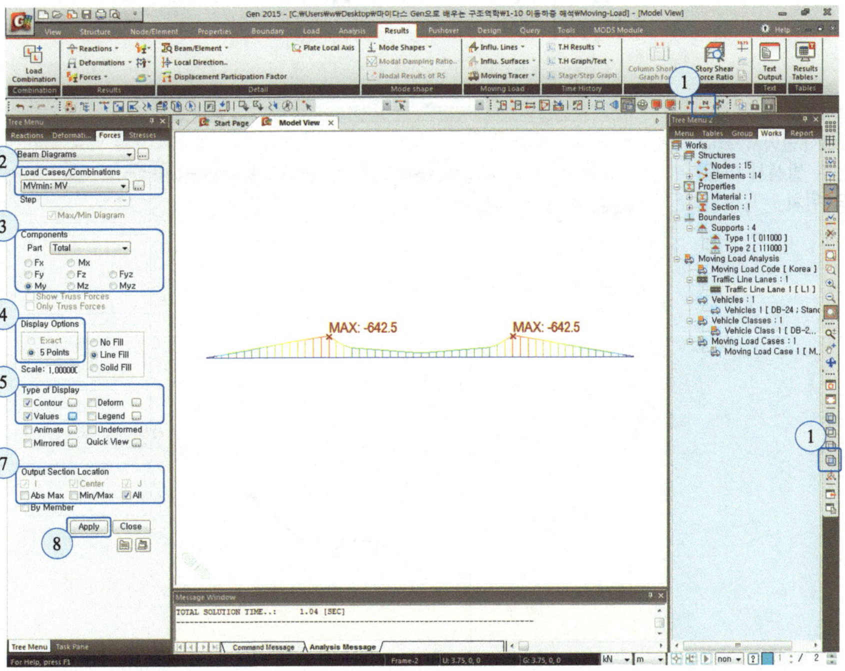

앞에서 이동하중에 의해 요소 4 의 j 단(절점 5)에서 최대 부모멘트가 발생하는 것을 알 수 있다. 이때 이동하중의 재하 위치를 확인한다. 이동하중의 재하 위치는 영향선에 의해 결정되며, 아래 그림을 보면 모멘트에 대한 영향선상에서 최대 부모멘트를 유발하는 이동하중의 위치를 확인할 수 있다.

Main Menu 에서 ***[Results]*** *Tab* **>** ***[Moving Load]*** *Group* **>** ***[Moving Tracer]*** **>** ***[Beam Forces/Moments]***

1. Moving Load Cases > **MVmin : MV** 선택
2. Key Element : **'4'** 입력, Scale Factor : **'2'** 입력
3. Parts > **j** 선택
4. Components > **My** 선택
5. Type of Display > **Contour, Applied Loads** (Check on)
6. **[Apply]** 클릭

▶그림 10.20
4 번요소 j 단에서 최대 부모멘트 발생시 이동하중의 위치

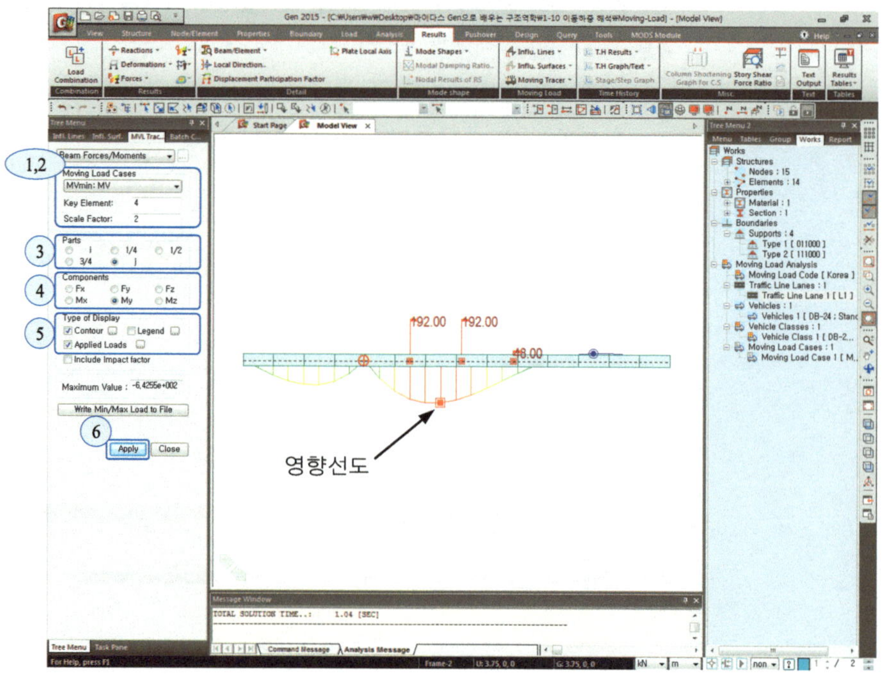

03. 풀어보기

03.1 역학적 개념의 이해 및 수 계산

DB-24 이동하중에 대한 바퀴하중은 192 kN, 192 kN, 48 kN 이며, 충격계수는 중앙부에서 0.273 이다. 아래 그림 10.21 은 Gen 에 의한 영향선 해석에서 B 점에서 최대 부모멘트가 발생하게 하는 트럭의 위치 및 그때의 영향선을 나타낸 것이다. 프로그램에서는 영향선의 정확한 값은 출력되지 않기 때문에, 그림에서 영향선의 값은 해석에서 얻어진 값으로부터 직선보간하여 산정한 것이다. 따라서 B 점의 최대 부모멘트는 다음과 같이 계산된다.

$$M_{B,\max} = (192\times1.231 + 192\times1.286 + 48\times0.471)\times(1+0.273) = 643.77 \text{ kN}$$

▶그림 10.21
영향선 계산결과

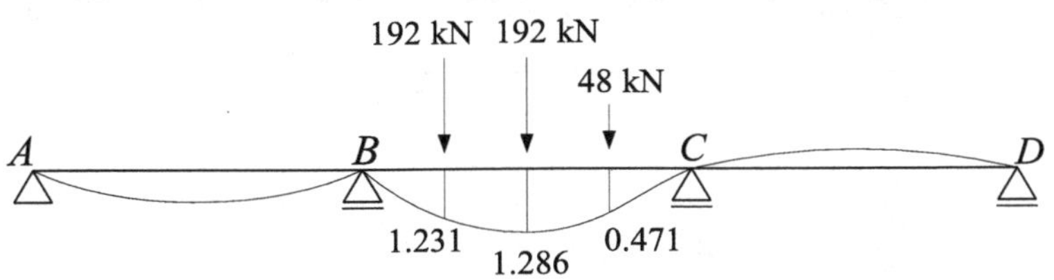

컴퓨터(Gen)를 통한 계산에서 얻어진 최대 모멘트는 644.7 1kN 이 얻어졌기 때문에 상당히 근접한 값이 얻어졌다고 할 수 있다.

04. 연습문제

1. 그림과 같이 지간보다 긴 재하 길이를 갖는 이동하중이 재하될 때 단순보에 발생하는 최대 휨모멘트, 전단력, 반력을 확인하고, 그때의 이동하중의 위치를 확인하시오(재질 및 단면은 예제와 동일).

단위 : kN, m

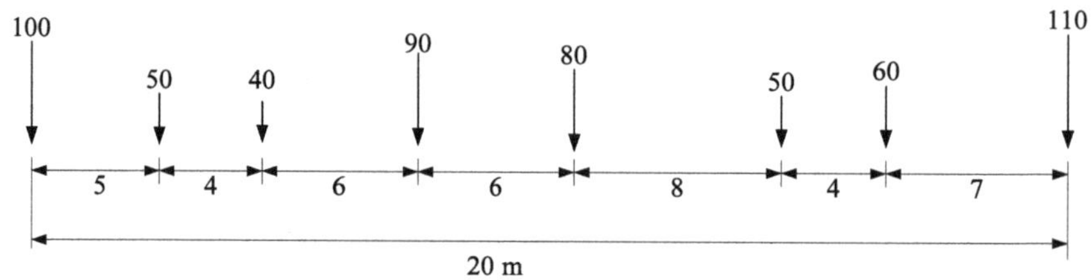

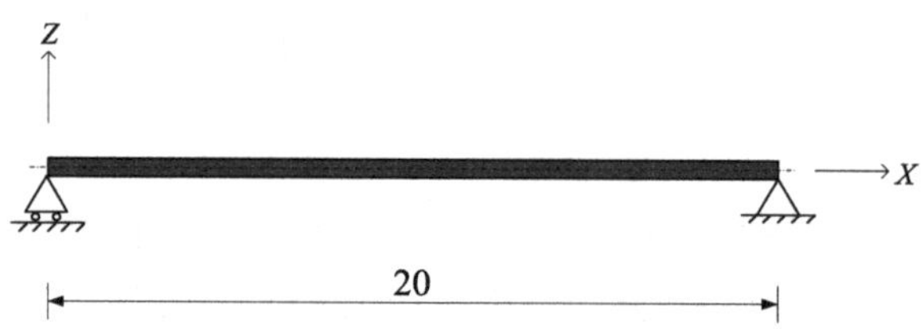

About MIDAS IT

마이다스아이티 회사소개

건설공학 소프트웨어 세계 1위 보급율

* 2013년 1월 기준

No.1
건설 공학 소프트웨어 보급률 세계 1위

150
세계 150개국 수출

550
마이다스아이티 임직원 550명

7,000
마이다스아이티 고객사 7,000개사

30,000
마이다스 소프트웨어 사용자 30,000명

마이다스아이티 (MIDAS Information Technology Co., Ltd.)는 공학기술용 소프트웨어 개발 및 보급 그리고 구조분야 엔지니어링 서비스와 웹 비즈니스 통합 솔루션 서비스를 제공하는 회사입니다.
2000년 9월에 설립되어 현재 550여 명의 글로벌 전문 기술 인력을 보유하고 있으며, 미국, 일본, 중국, 인도, 영국, 러시아의 현지법인과 27개국의 전 세계 네트워크를 통해 150개국에 공학 기술용 소프트웨어를 수출하는 세계적 기업으로 성장하였습니다.

마이다스아이티는 공학해석 분야의 핵심 기술인 컴퓨터 그래픽 기반의 시뮬레이션 기술과 첨단 해석 및 최적화 설계분야에서 세계 수준의 기술을 보유하고 있습니다. 마이다스아이티가 개발하고 보급하는 MIDAS Family Program은 모든 공학 및 산업 영역에서 안전성과 경제성 분석을 위한 해석과 설계에 적용 되고 있으며, 특히 건축, 토목, 지반 등 건설분야에서의 시장 점유율은 세계 1위 라는 선도적인 위치에 있습니다. 마이다스아이티는 향후 글로벌 엔지니어링 솔루션 개발 및 보급사로 성장할 비전을 다지고 있습니다. 대한민국 공학기술 자립화의 꿈을 넘어, 장차 우리의 기술이 바로 세계 표준이 되는 그날까지 부단히 정진하는 것이 마이다스아이티가 추구하는 궁극적인 목표입니다. 마이다스아이티를 역동적으로 살아 움직이게 하는 원천은 항상 최고를 향한 최선의 노력을 아끼지 않는 마이다스아이티의 모든 임직원입니다. 그리고 불가능의 역사를 가능의 현실로 만들어 온 마이다스아이티는 대한민국의 공학 기술과 인터넷 기술의 우수성을 전 세계에 알리는 대표 기업이 될 것입니다. 마이다스아이티는 끊임없는 열정과 정진으로 세계로의 드높은 비상을 위한 도약대에 우뚝 서있습니다.

Global Network

글로벌 네트워크

글로벌 전문 기술인력을 중심으로
전세계 150개국으로 수출하는 세계적인 기업

마이다스아이티는 550여명의 글로벌 전문기술인력을 중심으로 미주, 중국, 일본, 인도, 유럽, 러시아의 현지 법인과 27개국의 글로벌 네트워크를 통해 전세계 150개국에 공학 기술용 소프트웨어를 수출하는 명실상부한 대한민국 공학 분야 소프트웨어의 대표 기업으로 성장하였습니다.

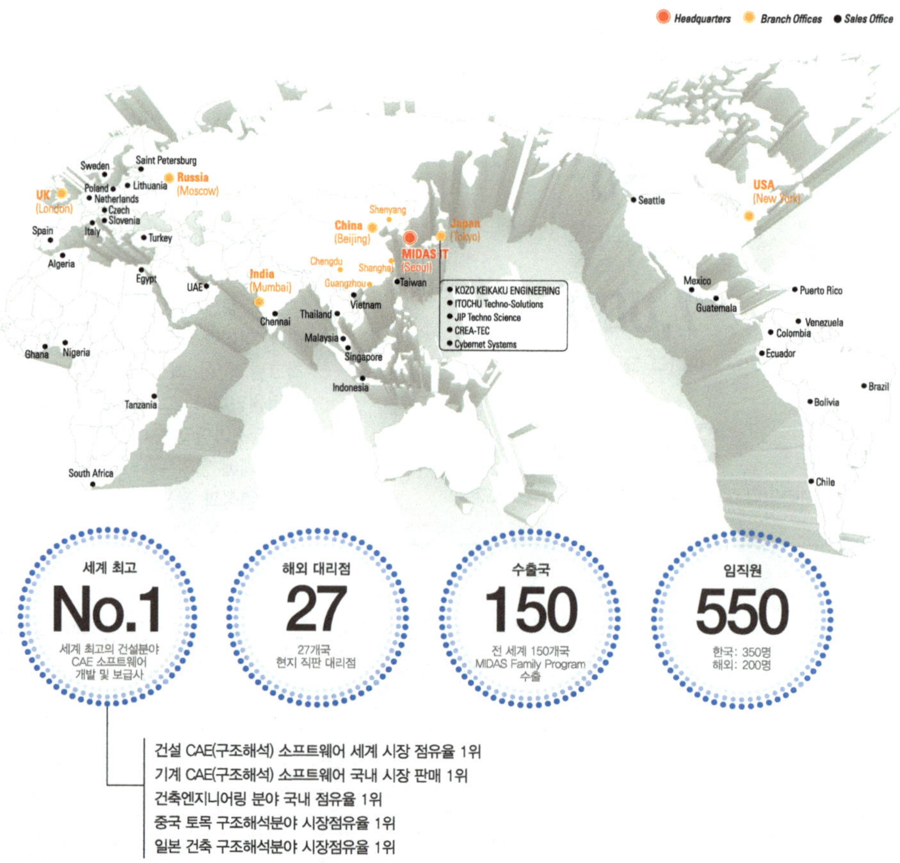

세계 최고
No.1
세계 최고의 건설분야 CAE 소프트웨어 개발 및 보급사

해외 대리점
27
27개국 현지 직판 대리점

수출국
150
전 세계 150개국 MIDAS Family Program 수출

임직원
550
한국: 350명
해외: 200명

- 건설 CAE(구조해석) 소프트웨어 세계 시장 점유율 1위
- 기계 CAE(구조해석) 소프트웨어 국내 시장 판매 1위
- 건축엔지니어링 분야 국내 점유율 1위
- 중국 토목 구조해석분야 시장점유율 1위
- 일본 건축 구조해석분야 시장점유율 1위

MIDAS Family Program

마이다스 패밀리 프로그램 소개

MIDAS Family Program은 국산기술로 탄생시킨 최첨단 CAE(computer Aided Engineering) 솔루션 입니다.

MIDAS Family Program은 구조기술의 국산화를 통하여 기술 자립 및 선진 기술력을 확보한다는 목표 이래 1989년 개발에 착수, MIDAS 기술진의 희생과 열정 그리고 기술자들의 관심과 격려 속에서 10여 년의 개발 기간을 거쳐 순수한 국내 기술로 탄생시킨 국내 최초의 첨단 구조해석 및 최적설계 소프트웨어입니다.

MIDAS Family Program은 1996년 출시 이후 국내외 5,000여 프로젝트에 적용되어 시스템의 우수성과 신뢰성이 입증되었으며, 현재는 과학 기술용 소프트웨어의 본고장인 미국, 일본, 유럽에 역수출됨으로써 마이다스아이티와 대한민국 구조기술의 우수성을 세계에 떨치고 있습니다. 또한 2001년 2월 국산 과학 기술용 소프트웨어로는 최초로 해외에 수출한 이래 현재는 미국, 일본, 중국, 인도, 영국의 현지 독자 법인을 포함하여 150여 개국에 수출하고 있습니다.

MIDAS Family Program은 건축, 토목, 지반, 기계분야에서 약 20여종의 소프트웨어가 전 세계 관련 기술자들에 의해 사용되고 있습니다. 향후 글로벌 엔지니어링 솔루션 개발 및 보급사로 성장할 비전을 실현하기 위하여 우리의 핵심기술인 CAD SW 솔루션 개발 기술을 조선, 항공, 전자, 환경 및 의료 분야 등 차세대 첨단공학 및 미래 산업 분야에 확대 적용해 나갈 계획입니다.

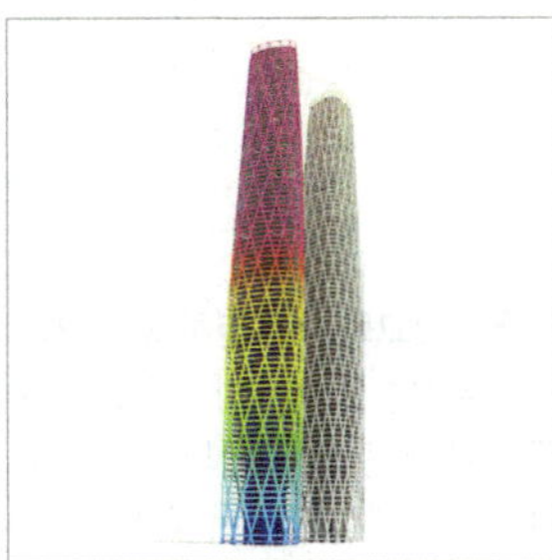

Building Software

midas Gen
midas eGen
midas Building
midas ADS
midas SDS
midas Modeler
midas Drawing
midas Set/ Design+

Bridge Software

midas Civil
midas FEA
midas UMD

Geotechnical Software

midas GTS
SoilWorks
midas GeoXD
Soil + (CTC in Japan)

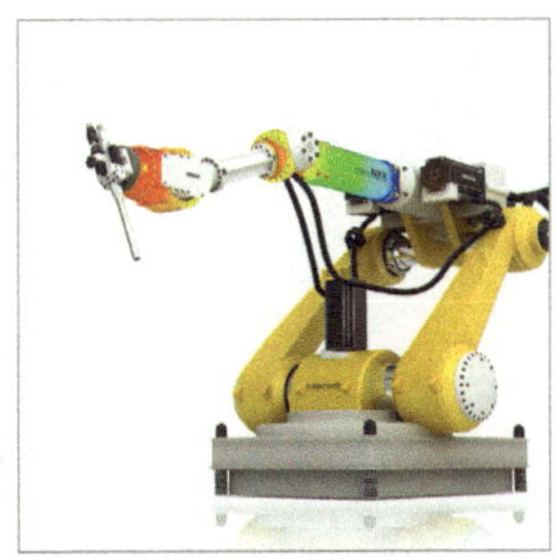

Mechanical Software

midas NFX
Nastran FX
midas FX+
FEpartner

On-Line Training
온라인 교육센터

http://kor.midasuser.com/building/education/guide.asp

마이다스아이티는 구조해석의 기본개념부터 프로그램을 활용한 실무해석기술을 효과적으로 학습할 수 있는 온라인 교육센터를 운영하고 있습니다.

다양한 고객지원 프로그램을 통해 누구나 쉽게 사용!

마이다스아이티는 사용자가 프로그램을 쉽고 편리하게 사용할 수 있도록 **온라인교육**을 운영하고 있으며, 기술자(실무자)의 실무능력 배양과 기술 경쟁력 향상을 위한 기술세미나와 기술강좌를 제공하고 있습니다. **기본과정**에서는 midas Gen, midas ADS, midas SDS를 이용하여 건축구조물, 플랜트, 가설, 에너지 등 실무에 프로그램을 사용하고자 하는 분을 위해 모델링에서 해석, 설계, 결과물 출력까지 모든 과정에서의 기본적인 사용법을 온라인 동영상으로 제공하고 있습니다.

향상과정에서는 기본과정의 온라인교육에서 다루어지는 내용뿐만 아니라 Midas Family Program을 학습하기 위한 다양한 과정을 포함하고 있습니다. 각 프로그램마다 따라하기 문서와 모델파일을 통하여 모델링부터 해석, 설계까지의 모든 과정을 손쉽게 학습하고 실무에 응용할 수 있는 따라하기로 제공됩니다.

실무활용과정에서는 마이다스아이티에서 정기적으로 실시되는 기술강좌나 기술세미나를 시간적, 공간적 제한으로 참석하지 못하거나 참석 후 반복학습을 원하는 MODS 고객분들을 위하여 제공되는 서비스입니다.

Second Edition

midas Gen으로 배우는 구조역학 | 구조편 |

2013년 8월 26일 1판 1쇄 발행
2015년 6월 30일 2판 1쇄 발행
2021년 7월 10일 2판 3쇄 발행
2025년 2월 10일 2판 4쇄 발행

저 자 마이다스아이티
발 행 처 기문당
주 소 서울시 성동구 무학봉 28길 4-1
전 화 02) 2295-6171~2
팩 스 02) 6971-8188
홈페이지 www.kimoondang.com
I S B N 978-89-6225-670-3 93540